军事海洋学丛书

丛书主编 ◎史剑　张韧

海洋环境风险评估与智能决策

洪　梅　汪杨骏　张瑶佳　史　剑　韩　佳　等著

海洋出版社

2025 年 · 北京

图书在版编目（CIP）数据

海洋环境风险评估与智能决策 / 洪梅等著 . --北京：海洋出版社，2025. 1. -- ISBN 978-7-5210-1481-5

Ⅰ. X834

中国国家版本馆 CIP 数据核字第 2025ZD2823 号

审图号：GS 京（2025）0437 号

责任编辑：程净净
责任印制：安　森
海洋出版社　**出版发行**
http：//www. oceanpress. com. cn
北京市海淀区大慧寺路 8 号　邮编：100081
涿州市般润文化传播有限公司印刷　新华书店经销
2025 年 1 月第 1 版　2025 年 1 月北京第 1 次印刷
开本：787mm×1092mm　1/16　印张：19. 25
字数：400 千字　定价：228. 00 元
发行部：010-62100090　总编室：010-62100034

军事海洋学丛书

《海洋环境风险评估与智能决策》

编写组成员

洪　梅	汪杨骏	张瑶佳	史　剑	韩　佳	张永垂
钱龙霞	胡王江	张　云	汪　洋	陈祥国	张　韧
郭海龙	王大卫	王　宁	杜　辉	韩开锋	闫恒乾
葛晶晶	王辉赞	李　倩	杨理智	王本洪	王彦磊
安玉柱	龚　峰	董兆俊	刘新旺	丁亚梅	赵世梅
余丹丹	张文静	郑　贞	李汉霖	张运祥	郭子龙
王莹莹	孙　莹	字映萍			

丛书序

海洋是一个亘古的话题，海洋承载和养育了人类；海洋是风雨的故乡、生命的摇篮。海洋又是一个浪漫的话题，演绎了诸如海纳百川、海内存知己、海上生明月、海阔天空、海誓山盟、四海之内皆兄弟等脍炙人口的浪漫诗词。

海洋还是一个沉重的话题，中国近代的闭关锁国和政治腐败使西方列强的坚船利炮叩开了中国的大门；甲午海战、鸦片战争、《马关条约》和《辛丑条约》，以及随之而来的割地赔款，都阐明了一个道理，那就是落后就会挨打。

人类对海洋的认知、探索和开发都是服务于自身的海洋权益与经济利益的需要。美国海军战略家阿尔弗雷德·塞耶·马汉在其《海权论》中指出，海洋的主要航线能带来大量的商业利益，因此，必须有强大的舰队确保制海权，以及足够的商船与港口来利用该利益。海洋权益和海洋安全事关国家富强和民族尊严，当今世界各国的经济发展和军事实力竞争大多围绕海洋展开。

两千多年前古罗马哲学家西塞罗就指出："谁控制了海洋，谁就控制了世界。"明代航海家郑和也指出："欲国家富强，不可置海洋于不顾。财富取之于海，危险亦来自海上。"这深刻地反映了海洋对一个国家安全体系的构建是多么的重要。可以说，制海权掌握了多少，国家安全就掌握了多少。

党的十八大报告提出"提高海洋资源开发能力，发展海洋经济，保护海洋生态环境，坚决维护国家海洋权益，建设海洋强国"，将海洋强国建设提到关乎中华民族前途命运的高度。

我军是捍卫国家主权、维护国家利益、保障国家安全的坚强柱石，要适应现代海上战争，特别是联合作战、应急作战、域外作战等多样化军事任务保障，必须建立系统、完备、科学的海战场保障体系和技术规范，客观、定量、精准的评估方法和决策模型，做到标准统一、信息互联、资源共享，适应不同用户、不同对象和不同场景的共性需求和个性化定制，满足目标拓展和任务延伸需要。特别是针对海战场环境保障中现实存在的信息不完备、知识不确定条件下客观、定量评估和决策等科学问题和关键技术进行创新探索和技术突破；围绕强对抗、高影响和快时变等战场环境保障和动态演化评估、对抗博弈评估等实战化海战场环境保障体系和评估决策技术，开展深入思考和超前布局，为适应信息化条件下海上联合作战、应急作战和多样化军事行动对战场环境保障的客观、定量、实时要求提供理论依据和技术支持。这正是本套丛书编撰的动机和初衷。本套"军事海洋学丛书"

共包括6部：

第一部《军事海洋学》，主要描述海战场环境影响效应诊断与特征提取方法，介绍了这些方法应用于大气和海洋环境对主战武器装备和海上军事行动影响的案例分析评估；针对海战场环境对武器装备平台的影响，进行了海战场环境效应分析，包括海洋环境对水面舰艇影响效应分析和海洋环境对潜艇影响效应分析；阐述了军事运筹分析思想和方法及其在军事行动保障辅助决策中的应用。

第二部《高等军事海洋学》，主要关注大气和海洋环境稀疏、缺损数据拟合、插补和重构技术研究，以及资料不充分、信息不完备条件下的风险评估建模应用，改进发展了部分计算方法和算法模型，提出了一些新的研究思想和技术途径（如海战场复杂信息条件下混合效能评估模型和智能决策模型）；率先将马尔科夫、贝叶斯和效用概率等统计决策理论应用于海战场环境保障的风险决策中。

第三部《海洋环境风险评估与智能决策》，主要阐述海洋环境风险基本概念；气候变化情景下海洋环境响应及其风险识别与诊断；海洋环境对不同作战样式和场景的影响评估；海洋环境风险评估概念模型和动态风险评估技术；海战场环境智能决策技术及其应用案例示范。

第四部《信息不完备条件下海洋环境扩充与智能评估技术》，主要阐述信息不完备条件下海洋环境关联样本扩充的建模思想和技术途径、高维小样本条件下海洋环境风险评估建模技术等，可为海上军事活动和气象水文保障提供信息服务和技术支持。

第五部《海洋环境对远洋船舶影响动态评估与决策支持》，主要阐述海洋环境影响远洋船舶航行安全的动态评估建模技术、船舶航迹规划技术，以及战术辅助决策技术，旨在为远洋船舶规避航行风险提供技术支持和保障建议。

第六部《军事海洋学综合实践》，主要从实践角度阐述海洋环境对武器装备和海上军事行动的影响，理论与实践结合得更加密切。

本套丛书可作为军事海洋学、海洋环境保障，以及航海学和海洋环境监测预报等专业方向的研究生、本科生参考用书，也可供军地海洋环境预报保障部门业务人员参考。本书内容多、跨度大、体系复杂，加之作者是一支年轻的博士团队，从事本领域研究时间不长、工作积累不足、知识水平和认知能力有限，书中不当和谬误之处在所难免，敬请读者批评指正。

当前，世界正面临百年未有之大变局，希望作者团队在军事海洋学人才培养和科技创新领域奋力拼搏、锐意进取，为服务我军海战场环境保障能力提升再立新功。是为序。

主编：史剑 张韧

2023年11月8日于长沙

前 言

海洋覆盖了地球表面约71%的面积，是一种绝佳的自然系统，为人类提供呼吸的大部分空气和饮用的淡水。它是全球气候的主要调控者，使地球适宜人类居住。它蕴含丰富的资源，提供了人类所需的17%的动物蛋白，承载着地球99%动植物的生活空间。它也是全球90%贸易的通道，为人类经济生产生活创造巨大潜力。正因为如此，海洋已然成为全球各国争相研究、开发和控制的战略性、关键性区域。在美国全球战略布局中，被誉为“海上生命线”的马六甲海峡是美国必须要控制的海上咽喉要道之一，毋庸置疑，它是连接太平洋和印度洋的战略交通要道，也是沟通欧洲、亚洲和非洲的海上交通纽带，经济价值和军事价值极高。谁控制了这个地方，就等于谁控制了很多国家的海上运输和交通命脉，有利于进一步稳固自己的海上霸主地位。

海洋环境是影响武器装备和海上军事活动的重要因素，军事活动的各个方面或环节都不同程度地受海洋环境要素的影响和制约。本书中的海洋环境主要指海洋气象和海洋水文环境要素。军事海洋保障任务之一就是客观分析和定量评估海洋环境要素对武器装备和军事行动的影响，提出相应的辅助决策建议。此外，武器装备或作战平台的气象水文环境效能影响评估也是研制、规划、配置武器系统的基本依据，是评估武器系统优劣的重要综合性指标，也是武器装备作战对抗的能力和判断胜负的重要依据。

本书主要阐述了风险和评估、决策的基本理论，全球气候变化对海洋环境，特别是国家海洋战略的影响，构建了海洋环境影响评估与决策模型，开展了海洋环境风险评估，并进一步研究了海洋环境对多样化军事活动的影响评估和智能决策技术。一些研究成果在海洋环境保障和军事风险分析中得到了运用，本书许多内容即这些工作的总结和展现。对加强我军气象水文保障的战场适应能力和远洋延伸能力、维护我国海洋权益和国家利益，对海上一体化联合作战、海洋灾害防御、能源交通安全、海洋资源开发等都具有重要的军事效益、经济效益和很好的推广应用前景。

本书中参考引用了大量国内外相关论著的研究方法和成果，在此表示感谢。

本书第一章由张文静、郑贞撰写；第二章由钱龙霞、洪梅、汪洋、张瑶佳撰写；第三章由汪杨骏、张韧、史剑、张永垂撰写；第四章由王辉赞、张韧、王宁、韩开锋撰写；第五章由洪梅、闫恒乾、李倩撰写；第六章由洪梅、钱龙霞、王本洪、韩佳撰写；第七章由洪梅、钱龙霞、张永垂、丁亚梅撰写；第八章由张瑶佳、杨理智、陈祥国、王本洪撰写；

第九章由杨理智、李倩、张云撰写；第十章由龚峰、王彦磊、安玉柱、董兆俊撰写；第十一章由洪梅、葛晶晶、赵世梅、余丹丹撰写；第十二章由钱龙霞、李汉霖、王莹莹、王大卫撰写；第十三章由张运祥、郭子龙、郭海龙、杜辉撰写；第十四章由张云、胡王江、张永垂、王宁撰写；第十五章由刘新旺、孙莹、字映萍撰写。全书由洪梅统一校对和定稿。

由于作者从事本领域的研究时间不长、工作积累不足、知识水平和认识能力有限，书中定有不当和谬误之处，敬请读者批评指正。

洪　梅

2024 年 2 月

目 录

第一部分 风险评估与决策的基本理论

第一章 风险分析的基本理论

1.1 风险与不确定性

“风险”一词的英文是“risk”，来源于古意大利语“riscare”，意味着“to dare”（敢），实指冒险，是利益相关者的主动行为。“风险”一词最早出现在19世纪末西方经济学领域，现在已经广泛运用于社会、经济、环境、自然灾害等多个学科领域。风险的定义角度有很多种，如美国风险问题学者威特雷认为：“风险是有关不愿发生事件发生的不确定性的客观体现”；中国学者郭明哲认为：“风险是指决策面临的状态为不确定性产生的后果”；Lirer等（2001）认为，风险与期望损失有关；Kaplan等（1981）认为，风险包括两个基本的维度：不确定性和后果。在上述有关风险的描述中，既有仅强调不确定性的，也有仅强调后果的，还有强调不确定性和后果两个方面的，下面我们首先从不确定性的角度给出国内外研究中有关风险的定义。

1.1.1 不确定性的含义

不确定与确定是特定时间下的概念。在《韦伯斯特新词典》中，“确定”的一个解释是“一种没有怀疑的状态”，不确定是确定的反义词。对于不确定性，笔者做如下理解：对未来活动或事件发生的可能性、发生的时间、发生的后果等事先无法精确预测，即持一种怀疑的态度。刘新立（2006）认为，不确定描述的是一种心理状态，它是存在于客观事物与人们认识之间的一种差距，反映了人们由于难以预测未来活动和事件的后果而产生的怀疑状态，并把不确定性的水平分成3级（表1-1）。

表 1-1　不确定性的水平

高 ↑ 不确定性程度 低	第 3 级	未来的结果与发生的概率均无法确定	
	第 2 级	知道未来会有哪些结果，但每种结果发生的概率无法客观确定	主观不确定
	第 1 级	未来有多种结果，每种结果及其概率可知	客观不确定
	无（完全确定）结果可以精确预测		不确定性等于 0

1.1.2　不确定性的种类

王清印等（2001）认为，不确定性主要分为随机不确定性、模糊不确定性、灰色不确定性和未确知性，并给出这 4 种不确定性的定义。

（1）随机不确定性：指由于客观条件不充分或偶然因素的干扰，人们已经明确的几种结果在观测中出现偶然性，在某次试验中不能预知哪一个结果发生，这种试验中的不确定性被称为随机不确定性。

（2）模糊不确定性：由于事物的复杂性，其元素特性界限不分明，不能给出其概念确定性的描述，不能给出确定的评定标准，这种不确定性被称为模糊不确定性。

（3）灰色不确定性：由于事物的复杂性，信道上存在各种噪声的干扰，以及接收系统能力限制，人们只能获得事物的部分信息或信息量的大致范围，这种部分已知和部分未知的不确定性被称为灰色不确定性。

（4）未确知性：在进行决策时，某些因素和信息可能既无随机性又无模糊性，但是决策者纯粹由于条件的限制而对它认识不清，这种纯主观上和认识上的不确定性被称为未确知性。

1.1.3　风险与不确定性之间的关系

不确定性是风险事件的本质特征，如果我们对某项活动的结果是准确预知的，那么就不存在风险，因此，风险的含义与不确定性概念是密切相关的，但是不确定并不等同于风险，它们之间既有联系也有区别。不确定性导致的后果既有损失的一面，也有盈利的一面。在风险管理研究中，我们不能说不确定性事件就是风险事件，只有那些可能导致损失的不确定性事件才是风险事件（Kaplan et al.，1981）。刘新立（2006）认为，风险中的不确定性指的是表 1-1 中第 1 级和第 2 级的不确定性。

1.1.4　风险的不确定性的来源

刘新立（2006）认为，风险的不确定性主要来源于以下 4 个方面：

（1）与客观过程本身的不确定有关的客观不确定性；

（2）由于所选择的为了准确反映系统真实物理行为的模拟模型只是原型的一个，造成了模型的不确定性；

（3）不能精确量化模型输入参数而导致的参数不确定性；

（4）数据的不确定性，包括测量误差、数据的不一致性和不均匀性、数据处理和转换误差，以及由于时间和空间限制，数据样本缺乏足够的代表性。

1.2 风险的定义

不确定性有多种，目前有关风险的定义中有些仅考虑了一种不确定性，如随机性、模糊性或灰色性，也有的考虑了两种不确定性，如随机性和模糊性、随机性和灰色性等。下面简要介绍这些风险定义。

1.2.1 基于不确定性的风险定义

1.2.1.1 随机性风险定义

Lowrance 等（1976）定义风险为不利事件或影响发生的概率和严重程度的一种度量。Kaplan 等（1981）认为，风险是一个三联体的完备集，可以表示为

$$\text{Risk}=\{(s_i,\ p_i,\ x_i)\},\quad i=1,\ 2,\ \cdots,\ N \tag{1-1}$$

式中，Risk 代表风险；s_i 表示第 i 种情景；p_i 表示第 i 种情景发生的可能性；x_i 表示第 i 种情景的结果，即损失的度量。风险是某个事件发生的概率和发生后果的结合（ISO，2002）；联合国国际减灾战略（United Nations International Strategy for Disaster Reduction，UNISDR）（2004）给出：风险是由于自然灾害或人为因素导致的不利影响或期望损失发生的概率。

Aven（2010）将这类风险统一表示为

$$\text{Risk}=(A,\ C,\ P) \tag{1-2}$$

式中，A 代表危险事件；C 代表事件 A 的后果；P 代表事件 A 发生的概率。

1.2.1.2 模糊性风险定义

黄崇福（2001）认为，风险系统往往十分复杂，仅用概率推理方法不足以很好地对系统加以认识，因为概率风险要以大样本为基础，对概率分布进行不适当假设可能导致总体方向上的错误，模糊风险也就作为更适应于实际条件的方法而被采用。黄崇福（2001）给出灾害模糊风险的定义：

设灾害指标论域为 $L=\{l\}$，T 年灾害超越 l 的概率是可能性分布 $\pi(l,x)$，$x\in[0,1]$，且 $\exists x_0$，使 $\pi(l,x)=1$，称

$$R_T=\{\pi(l,x)\mid l\in L,\ x\in[0,1]\} \tag{1-3}$$

为 T 年内的灾害可能性分布；称 $\pi(l,x)$ 为可能性风险。

Davidson 等（2006）认为，当已有样本和信息不足以用概率来估计风险中的不确定性，需要建立模糊不确定性来代替风险中的随机不确定，用模糊关系来估计风险发生的概率。

1.2.1.3 模糊随机性风险定义

Karimi 等（2007）在风险评估模型中考虑了两种不确定性：灾害发生的可能性和强度的不确定；灾害参数和损失之间关系的不确定，并且称这两种不确定性为随机性和模糊性，用模糊概率来表示风险。Suresh 等（2004）将风险事件看成一个模糊事件，将风险定义为模糊事件发生的概率。王红瑞等（2009）考虑了风险系统的模糊不确定性和随机不确定性，认为水资源短缺风险是指在特定的环境条件下，由于来水和用水存在模糊不确定性与随机不确定性，使区域水资源系统发生供水短缺的概率，以及由此产生的损失。

1.2.1.4 灰色性风险定义

左其亭等（2003）分别给出灰色概率、灰色风险率和灰色风险度的表达式。灰色概率 $P(\hat{A})$ 的表达式为

$$P(\hat{A})=\int_U \frac{\underline{\mu}(x)+\bar{\mu}(x)}{2}\mathrm{d}p=E\left[\frac{\underline{\mu}(x)+\bar{\mu}(x)}{2}\right] \tag{1-4}$$

当灰色事件 $\hat{A}$ 为“安全事件”，则 $\hat{A}$ 的灰色风险率为

$$FP(\hat{A})=P(\hat{A}) \tag{1-5}$$

当灰色事件 $\hat{A}$ 为“失事事件”，则 $\hat{A}$ 的灰色风险率为

$$FP(\hat{A})=1-P(\hat{A}) \tag{1-6}$$

1.2.1.5 灰色随机性风险定义

胡国华等（2001）基于概率论和灰色系统理论方法，针对系统的随机不确定性和灰色不确定性，定义了灰色概率、灰色概率分布、灰色概率密度、灰色期望和灰色方差等基本概念。

总结以上风险的定义不难看出，不确定性均体现在发生概率或可能性的角度上，在后果中并没有体现出不确定性。黄崇福（2008）认为，风险是与某种不利事件有关的一种未

来情景，因此，不利事件产生的后果也应该是不确定的。Kaplan 等（1981）考虑了后果的不确定性，并给出一般化的表达式：

$$R = \{ < s_i, p_i(\varphi_i), \zeta_i(x_i) > \} \tag{1-7}$$

式中，s_i 表示第 i 个有害事件；φ_i 表示第 i 个事件发生的频率，即可能性；$p_i(\varphi_i)$ 表示第 i 个有害事件发生的可能性为 φ_i 的概率；x_i 表示第 i 个事件的结果；$\zeta_i(x_i)$ 表示第 i 个事件结果为 x_i 的概率。

此外，有关后果不确定的风险定义还有很多，如风险是指行动或事件的不确定性（Cabinet Office，2002）；风险是指一种情景或者事件，在这种情景下，人或物处于危险之中，且产生的结果是不确定性的（Rosa，1998）；风险是事件或后果与相关不确定性的结合（Aven，2007）；风险是不利事件发生的不确定性及产生后果的严重程度（Aven et al.，2009）。

1.2.2 基于其他特性的风险定义

Haimes（2009）从系统论的角度提出了一种复杂的风险定义，他认为：①系统的性能是状态向量的函数；②系统的脆弱性和可恢复性向量是系统输入、危险发生的时间和系统状态的函数；③危险造成的结果是危险的特征和发生时间、系统的状态向量，以及系统的脆弱性和可恢复性的函数；④系统是时变的且充满各种不确定性；⑤风险是概率和后果严重性的度量。

Aven（2011）认为，Haimes（2009）的风险定义存在不足，并针对这些不足提出了新的风险定义。他认为风险包括以下成分：不利事件 A 和这些事件造成的影响或后果 C；相关的不确定性 U(A 是否发生及什么时候会发生、影响或后果 C 会有多大)，风险是不利事件后果的严重程度和不确定性。

1.3 风险的种类与划分

不同的风险具有不同的特性，为便于科学研究和风险管理，可从不同的角度对风险进行分类。风险分类之前，应对风险进行考察，不仅需要了解风险源和风险影响范围，而且应建立对风险的考察和研究机制，这是对风险进行有效管理的关键所在。由于分类标准不同，风险有许多种不同的分类（刘新立，2006）。

1.3.1 宏观风险分类

1.3.1.1 基本风险与特定风险

按照风险的起源和影响范围不同，风险可以分为基本风险与特定风险。基本风险是由非个人的，或至少个人往往不能阻止的因素所引起的，且损失通常波及很大范围的风险。特定风险是由特定的社会个体所引起的，通常是由某些个人或者某些家庭来承担损失的风险。

1.3.1.2 纯粹风险与投机风险

按照风险导致的后果不同，可以将风险分为纯粹风险与投机风险。纯粹风险指只有损失机会而无获利机会的风险，它导致的后果只有两种：或者损失，或者无损失，没有获利的可能性。投机风险是指那些既存在损失可能性，也存在获利可能性的风险，它所导致的结果有 3 种可能：损失、无损失也无获利、获利。

1.3.2 专业风险分类

1.3.2.1 按导致风险损失的原因分类

按导致风险损失的原因可以将风险分为自然风险、社会风险、经济风险、政治风险和技术风险。

需要注意的是，自然风险、社会风险、经济风险和政治风险是相互联系、相互影响的，有时很难明确区分。例如，由于人的行为引起的风险，以某种自然现象表现出来，则风险本身属于自然风险，但由于它是人们行为的反常所致，又属于社会风险。又如，由于价格变动引起产品销售不畅，利润减少，这本身是一种经济风险，但价格变动导致某些部门、行业生产不景气，造成社会不安定，于是又是一种社会风险。还有，社会问题累积可能演变成政治问题，因此，社会风险酝酿着政治风险。

1.3.2.2 按风险的潜在损失形态分类

按风险的潜在损失形态可以将风险分为财产风险、人身风险指责任风险。

财产风险指导致财产发生毁损、灭失和贬值的风险。人身风险是由于人的生、老、病、死而导致损失的风险。人身风险通常又分为生命风险和健康风险两类。责任风险是由于社会个体（经济单位）的侵权行为造成他人财产损失或人身伤亡，按照法律负有经济赔偿责任，以及无法履行契约致使对方蒙受损失应负的契约责任风险。与财产风险和人身风险相比，责任风险更为复杂并难以识别与控制。

1.3.2.3 按承受能力分类

按承受能力可以将风险分为可承受的风险和不可承受的风险。可承受的风险是预期的风险事故的最大损失程度在单位或个人经济能力和心理承受能力的最大限度之内。不可承受的风险是预期的风险事故的最大损失程度已经超过了单位或个人承受能力的最大限度。

1.3.2.4 按风险控制程度分类

按风险控制程度可以将风险分为可控风险和不可控风险。可控风险是指人们能够比较清楚地确定形成风险的原因和条件，能采取相应措施控制产生的风险。不可控风险是由于不可抗力而形成的风险，人们不能确定这种风险形成的原因和条件，表现为束手无策或无力控制。

1.3.2.5 按损失的环境分类

按损失的环境可以将风险分为静态风险和动态风险。静态风险是由于自然力的不规则作用，或者由于人们的错误或失当行为而招致的风险。静态风险是在社会经济正常情况下存在的一种风险，故谓之“静态”。动态风险是以社会经济的变动为直接原因的风险，通常由人们欲望的变化、生产方式和生产技术，以及产业组织的变化等所引起。

静态风险与动态风险的区别主要在于：第一，静态风险的风险事故对于社会而言一般是实实在在的损失，而动态风险的风险事故对社会而言并不一定都是损失，即可能对部分社会个体（经济单位）有益，而对另一部分个体则有实际的损失。第二，从影响的范围来看，静态风险一般只对少数社会成员（个体）产生影响；而动态风险的影响则较为广泛。第三，静态风险对个体而言，风险事故的发生是偶然的，不规则的。但就社会整体而言，可以发现其具有一定的规律性，然而动态风险则很难找到其规律。

1.3.2.6 按承担风险的主体分类

按承担风险的主体可以将风险分为个人风险、家庭风险、企业风险和国家风险，其中，个人风险、家庭风险和一般企业风险也可以称为个体风险，而国家（政府）风险和跨国企业的风险则称为总体风险。

1.3.2.7 按风险所涉及的范围分类

按风险所涉及的范围可以将风险分为局部风险和全局风险。局部风险指在某一局部范围内存在的风险。全局风险是一种涉及全局、牵扯面很大的风险。

1.3.2.8 按风险存在的方式分类

按风险存在的方式可以将风险分为潜在风险、延缓风险和突发风险。潜在风险是一种已经存在风险事故发生的可能性，且人们已经估计到损失程度与发生范围的风险；延缓风险是一种由于有利条件增强而抑制或改变了风险事故发生的风险；突发风险是由偶然发生的事件引起的人们事先没有预料到的风险。

专业风险分类的结果如表 1-2 所示。

表 1-2　专业风险分类结果

分类标准	分类结果
导致风险损失的原因	自然风险、社会风险、经济风险、政治风险、技术风险
风险的潜在损失形态	财产风险、人身风险、责任风险
承受能力	可承受的风险、不可承受的风险
风险控制程度	可控风险、不可控风险
风险损失的环境	静态风险、动态风险
承担风险的主体	个人风险、家庭风险、企业风险、国家风险
风险涉及的范围	局部风险、全局风险
风险存在的方式	潜在风险、延缓风险、突发风险

1.3.3　其他风险分类

国际风险管理理事会（International Risk Governance Council，IRGC）依据人们对风险形成过程的理解程度把风险分为以下 4 类：简单风险、复杂风险、不确定风险、模糊风险。黎鑫（2010）从风险的致灾原因考虑，把南海-印度洋海域海洋环境风险分为固有风险和现实风险，其中，固有风险也叫作自然风险，指“一些固有的致灾因子对承灾体所产生的风险，具体指由于自然地理特征、气象水文灾害等自然因素造成的无法回避的风险”；而现实风险也叫作人为风险，指“由于人为因素，如恐怖袭击、海盗活动、主权争端等造成的风险”。

除了以上分类标准外，还有很多其他的分类标准，这里就不再赘述了。另外，这些风险分类的界定也不是一成不变的，它们随着时代和观念的改变而改变。

1.4　风险的要素及形成机制

研究风险的要素及形成机制，从系统论的角度，似乎更容易理解。首先定义风险系统：描述未来可能出现灾害或不利状态的系统称为风险系统。

1.4.1 风险的要素

风险的要素即风险系统的基本组成要素，可归纳为以下几个方面。

1.4.1.1 风险源

风险产生和存在与否的第一个必要条件是要有风险源。风险源不但在根本上决定着某种风险是否存在，而且还决定着该种风险的大小（章国材，2009）。风险源是促使损失频率和损失幅度增加的要素，是导致事故发生的潜在原因，是造成损失的直接或间接的原因。例如，海洋战略风险中的风险源也称风险因子，主要包括由于全球气候变化引发的不利事件。当气候系统的一种异常过程或超常变化达到某个临界值时，风险便可能发生，这种过程或变化的频度越大，对社会经济系统造成破坏的可能性就越大；过程或变化的超常程度越大，对社会经济系统造成的破坏就可能越强烈；因此，社会经济系统承受的来自该风险源的风险就可能越高。不同领域的风险源表现形态各异。根据风险源的性质，大致可将其分为自然风险源、经济风险源、政治风险源、物理风险源、道德风险源和心理风险源。

风险源的这种性质通常被描述为危险性（hazard）（苏桂武等，2003），并用下式表示：

$$H=f(I_n, P) \tag{1-8}$$

式中，H 为风险源的危险性；I_n 为风险源的变异强度；P 为不利事件发生的概率。

上述公式中只是说明危险性是强度和概率的函数，并没有给出函数的表达式。参考钱龙霞等（2011）水资源供需风险研究中危险性的定义和表达式，本书定义危险性为“研究系统处于不同强度失事状态下的概率”，并用下列公式表示危险性：

$$T(x)=\int_0^x D(t)f(t)\,\mathrm{d}t \tag{1-9}$$

$$D(x)=\begin{cases}0, & 0\leqslant x\leqslant W_{\min}\\ \dfrac{x-W_{\min}}{W_{\max}-W_{\min}}, & W_{\min}<x<W_{\max}\\ 1, & x\geqslant W_{\max}\end{cases} \tag{1-10}$$

式中，x 表示自变量，如自然灾害中的震级、风力、温度及降水等；$D(t)$ 表示这些因变量的变异程度，用来刻画研究系统的模糊性；$f(x)$ 表示自变量的概率密度函数，用来刻画系统的随机性。

1.4.1.2 承险体

承险体是风险的承担者，即致险因子的作用对象。对于区域人类社会而言，承险体可划分为人员、财产及经济活动和生态系统3个部分（葛全胜等，2008）。比如，海洋战略风险的承险体包括我国周边广大海域、海洋资源、海峡及水道、近海及远洋船舶，以及沿海地区及岛屿的人口、经济、设施等。

承险体特征要素反映承险体的脆弱性、承险能力和可恢复性，主要包括承险体种类、范围、数量、密度、价值等。在国外，风险载体的脆弱性被统一表示为“vulnerability”，用下式表示：

$$V = f(p, e, \cdots) \tag{1-11}$$

式中，V为脆弱性；p为人口；e为经济。

学术界目前关于脆弱性的定义还没有统一的认识。Chambers（1989）引入了一个更加系统的脆弱性定义，即脆弱性是人类社会遭受意外事故、压力和困难时的暴露性；还提出了关于脆弱性的外在和内在的性质：面对外部打击和压力的暴露性和无法完全避免损失的防御能力。UNISDR（2002）将脆弱性定义为由于自然、社会、经济和环境因素引起的一系列状况和过程，这些状况会增加一个团体对灾害冲击的易损程度。2004年，UNISDR又将脆弱性定义为“一种状态”，这种状态取决于能够导致社会群体对灾害影响的敏感性增加的一系列自然、社会、经济和环境因素或过程（UNISDR，2004）。UNDP（2004）将脆弱性定义为自然、社会、经济和环境等因素而导致的人群的状况和过程决定了人群受害的可能性和程度。Alexander（2000）将脆弱性定义为伤亡、毁灭、损害、破坏或其他形式的潜在损失。Dilley等（2005）将脆弱性界定为，当面对某个特定的危险时，自然和社会系统表现出一种明显的脆弱。钱龙霞等（2011）将水资源供需风险脆弱性定义为供水不足带来的潜在损失，包括破坏程度和经济损失。

总结以上各种定义，不难发现脆弱性的定义主要有以下几种。

（1）当一个不利事件引发一种灾害时，系统表现出的一种特殊的条件和状态，经常用一些指标来描述系统的这种状态，如敏感性、局限性和控制能力等。

（2）某个特定危险所带来的直接后果。

（3）当系统面对与某个危险有关的外部事件时，发生不利后果的概率或可能性。可以用潜在损失（如伤亡人数、经济损失或个人和群体抵抗某种困难的可能性）来表示。

本书将脆弱性界定为，承险体在面对潜在的危险时，由于自然、社会、经济和环境等因素的作用，所表现出的物理暴露性和应对外部打击的固有敏感性。

1.4.1.3 风险防范能力

风险防范能力是人类社会，特别是风险承担者用以应对风险所采取的方针、政策、技术、方法和行动的总称，一般分为工程性防范措施和非工程性防范措施两类。防范能力也是某类风险能否产生，以及产生多大风险的重要影响因素，可表示为

$$R = f(c_e, c_{ne}) \tag{1-12}$$

式中，R 表示防范能力；c_e 表示工程性防范措施；c_{ne} 表示非工程性防范措施。

工程性防范措施是人类为了抵御风险主动进行的工程行为，如为了防御风暴潮、保护城市和农田而筑起的防浪堤；非工程性防范措施包括，灾害监测预警、防灾减灾政策、组织实施水平和应急预案策略，以及公众的抗风险意识和知识能力等方面。

1.4.2 风险的形成机制

风险是风险源的危险性和承险体的脆弱性综合作用的结果，风险是危险性和脆弱性的一个函数（张继权等，2006）。其中，危险性的大小与致险因子的强度、频率和作用范围等因素有关，故致险因子的危险性大小可表达为（张继权和李宁，2007）

$$H = f(M, P) \tag{1-13}$$

式中，H 表示危险性大小；M 表示致险因子的变异强度；P 表示致险因子出现的频率。

单个承险体的脆弱性主要与其本身对致险因子的敏感程度有关；而对区域承险体而言，其脆弱性的大小与风险区内承险个体的种类、数量、密度、价值和区域社会的应险能力有关（张继权和李宁，2007；葛全胜等，2008），区域承险体的脆弱性可表示为

$$V = f(E, R, S) \quad E = f(e_p, e_f, e_r) \quad R = f(r_p, r_f, r_r) \quad S = S(s_p, s_f, s_r) \tag{1-14}$$

式中，V 表示区域脆弱性大小；E 表示区域承险体的暴露程度，反映了在一定强度致险因子影响下，可能遭受的损失的承险体的数量，可表示为人口数量(e_p)、财产数量(e_f) 和自然资源损失数量(e_r) 的函数；R 表示区域应险能力，可表示为风险区内有助于降低风险的人力资源(r_p)、财力资源(r_f) 和物力资源(r_r) 的函数；S 表示风险区内人员、财产及自然资源对气候变化风险损失的敏感性，可表示为人员敏感性(s_p)、财产敏感性(s_f) 和资源敏感性(s_r) 的函数。

本书认为风险是由风险源的危险性、承险体的脆弱性和防治能力三要素相互综合作用而形成的。

1.5 风险的数学模型

风险可以用风险度来表达，它是一个归一化的函数，是基于对风险定义和形成机制的理解而得来的。

Maskrey（1989）提出的风险表达式为

$$\text{风险度} = \text{危险度} + \text{易损度} \tag{1-15}$$

该表达式首次将风险度表达为危险度和易损度的函数，即风险不仅与致灾体的自然属性有关，而且与承灾体的社会经济属性有关。然而，风险是风险源对承险体的非线性作用产生的，将风险源的危险度与承险体的易损度线性叠加，从方法而论是不正确的，会造成极不合理的结果。例如，内陆城市根本不存在风暴潮的风险，但是因为任何城市都存在易损性，二者相加得出内陆城市仍然存在风暴潮风险这样荒谬的结论。

Smith（1996）提出的风险表达式为

$$风险度 = 概率 \times 损失 \tag{1-16}$$

Deyle 等（1998）和 Hurst（1998）提出的风险表达式为

$$风险度 = 概率 \times 结果 \tag{1-17}$$

这两种表达式将灾害发生的概率与灾害造成的损失（结果）有机地联系起来。

Nath 等（1996）提出的风险表达式为

$$风险度 = 概率 \times 潜在损失 \tag{1-18}$$

Tobin 和 Montz（1997）提出的风险表达式为

$$风险度 = 概率 \times 易损度 \tag{1-19}$$

上述两种表达式实质上是相同的。将损失改为潜在损失或期望损失，是一个很大的进步，体现出风险是损失的可能性，对风险本质的把握更加准确。

联合国人道主义事务部（United Nations Department of Humanitarian Affairs，1991）提出的自然灾害风险表达式为

$$风险度 = 危险度 \times 易损度 \tag{1-20}$$

该表达式基本上反映出了风险的本质特征。其中，危险度反映了灾害的自然属性，是灾害规模和发生频率（概率）的函数；易损度反映了灾害的社会属性，是承灾体人口、财产、经济和环境的函数。这一评价模式目前已得到国内外越来越多学者的认同。

UNISDR（2004）从危险性和脆弱性的角度提出风险的数学表达式为

$$R = f(Hazard, Vulnerability) \tag{1-21}$$

式中，f 表示危险性（*Hazard*）和脆弱性（*Vulnerability*）之间的函数，最简单的函数形式是危险性和脆弱性的乘积。Alexander（2000）定义风险是各种损失（可预测的人员伤亡和经济损失等）之和与危险性和脆弱性的乘积，表达式为

$$R = \left(\sum elementsatrisk\right) \times Hazard \times Vulnerability \tag{1-22}$$

目前，一些文献在风险的表达式中加入了一些其他项，如控制能力（*Coping Capacity*）、暴露性（*Exposure*）和缺乏度（*Deficiencies in Preparedness*）等，如

$$R = \frac{Hazard \times Vulnerability}{Coping\ Capacity} \tag{1-23}$$

式中，*Coping Capacity* 是指人员或组织承受或控制风险的能力。对于脆弱性，有一个有趣

的表达式（White et al.，2005）：

$$Vulnerability = \frac{Exposure \times Susceptibility}{Coping\ Capacity} \tag{1-24}$$

Dilley 等（2005）指出风险是危险性、暴露性和脆弱性 3 个量的乘积，其中，危险性是威胁发生的强度和频率等，脆弱性是指系统的固有性质。Hahn（2003）建立一种风险模型，其表达式为

$$R = Hazard + Exposure + Vulnerability - Coping\ Capacitiy \tag{1-25}$$

张继权和李宁（2007）提出气象灾害风险的表达式为

$$\text{气象灾害风险度} = \text{危险性} \times \text{暴露性} \times \text{脆弱性} \times \text{防灾减灾能力} \tag{1-26}$$

王红瑞等（2009）从模糊概率的角度建立风险的表达式为

$$R = \int_0^{+\infty} \mu_w(x) f(x)\,\mathrm{d}x \tag{1-27}$$

式中，$\mu_w(x)$ 表示变量 x 的隶属函数，表征系统的模糊不确定性，用来刻画风险造成的损失程度；而 $f(x)$ 表示变量 x 的概率密度函数，表征系统的随机不确定性，用来刻画风险发生的概率。

综上所述，风险的表达式有多种形式，但总结起来主要有以下 3 类：

（1）第一类表达式从风险的定义出发，认为风险是概率和损失（结果）的函数，函数的形式多为乘积的形式。

（2）第二类表达式从风险的指标出发，认为风险是危险性和脆弱性的函数，有些表达式中增加了暴露性、控制能力等变量，函数的形式比较简单，多为乘积或加减的形式，这也是目前学术界比较公认的函数形式。

（3）另外一些学者从模糊概率的角度建立风险表达式，在一定程度上丰富和改进了风险的数学模型。

但是，笔者认为，这些风险的数学模型只能用来解决某个特定的问题，且没有建立相应的检验标准。因此，目前还没有一个确定的数学模型可以用来定义风险。

1.6 风险分析的流程与方法

1.6.1 风险分析的流程

一个完整的风险分析过程可以归纳为风险辨识（风险识别）、风险评估、风险决策和残余风险评估与处置。风险分析的一般过程如图 1-1 所示。

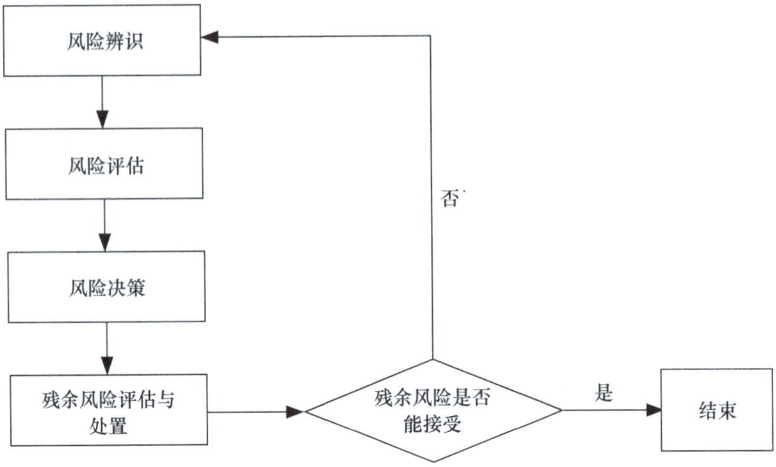

图 1-1　风险分析的一般过程

1.6.2　风险辨识

1.6.2.1　风险辨识的含义

风险辨识（risk identification）是发现、识别系统中存在的风险源的工作，是风险分析的基础，也是风险分析过程中最重要的一项工作内容。由于目前许多风险目标规模庞大、技术复杂、综合性强，风险源又是“潜在的”不安全因素，有一定的隐蔽性，故风险辨识工作是一项既重要又困难的任务。风险辨识的内容包括确定风险的种类和特征、识别主要的风险源，以及预测可能出现的后果。

1.6.2.2　风险辨识的原则

1）完整性原则

完整性原则指应全面完整地识别出影响计划完成所潜伏的风险。为了保证风险识别的完整性，可以采用多种风险识别方法，从多个角度进行分析和识别，多角度的风险分析可以避免遗漏风险。

2）系统性原则

系统性原则就是要求从全局的角度系统地识别风险。系统性主要表现为按照事件的流程、顺序、内在结构关系识别风险。

3）重要性原则

重要性原则是指风险识别应有所侧重。侧重点应放在两个方面：一是风险属性，着力把一些重要的风险即期望风险损失较大的风险识别出来，对于影响较小的风险可以忽略，这样有利于节约成本和保证风险识别的效率。二是风险载体，那些对整个活动目标都有重要影响的工作结构单元，必然是风险识别的重点。

1.6.2.3 风险辨识的方法

风险辨识目前尚无固定、普适的方法。常用的风险辨识方法包括头脑风暴法、德尔菲法、情景分析法和等级全息建模 4 种。

1）头脑风暴法

头脑风暴法（brainstorming），也称集体思考法，是以专家的创造性思维来索取未来信息的一种直观预测和识别方法。此法由美国人奥斯本于 1939 年首创，从 20 世纪 50 年代起就得到了广泛应用。头脑风暴法一般在一个专家小组内进行。以“宏观智能结构”为基础，通过专家会议，发挥专家的创造性思维来获取未来信息。我国 20 世纪 70 年代末开始引入头脑风暴法，并受到广泛的重视和应用。

2）德尔菲法

德尔菲法（Delphi method），又称专家调查法，它是 20 世纪 50 年代初美国兰德公司（Rand Corporation）研究美国受苏联核袭击风险时提出的，并在世界上快速地盛行起来。它是依靠专家的直观能力对风险进行识别的方法，现在此法的应用已遍及经济、社会、工程技术等各领域。用德尔菲法进行项目风险识别的过程是由项目风险小组选定项目相关领域的专家，并与这些适当数量的专家建立直接的函询联系，通过函询收集专家意见，然后加以综合整理，再匿名反馈给各位专家，再次征询意见。这样反复经过四五轮，逐步使专家的意见趋向一致，作为最后识别的根据。我国在 20 世纪 70 年代引入此法，已在许多项目管理活动中进行了应用，并取得了比较满意的结果。

3）情景分析法

情景分析法（scenarios analysis）是由美国 SllELL 公司的科研人员 Pierr Wark 于 1972 年提出的。它是根据发展趋势的多样性，通过对系统内外相关问题的综合分析，设计出多种可能的未来前景，然后用类似于撰写电影剧本的手法，对系统发展态势做出自始至终的情景和画面的描述。当一个项目持续的时间较长时，往往要考虑各种技术、经济和社会因素的影响，可用情景分析法来预测和识别其关键风险因素及其影响程度。情景分析法对以下情况是特别有用的：提醒决策者注意某种措施或政策可能引起的风险或危机性的后果；建议需要进行监视的风险范围；研究某些关键性因素对未来过程的影响；提醒人们注意某种技术的发展会给人们带来哪些风险。情景分析法从 20 世纪 70 年代中期以来在国外得到了广泛应用，并衍生出目标展开法、空隙添补法、未来分析法等具体应用方法。但是，由于其操作过程比较复杂，目前此法在我国的具体应用还不多见。

4）等级全息建模

等级全息建模（hierarchical holographic modeling，HHM）是一种全面的思想和方法论，目的是在于捕捉和展现一个系统（在其众多的方面、视角、观点、维度和层次中）内在的不同特征和本质。这个方法的核心是不同全息模型间的重叠，这些模型是根据目标函数、约束变量、决策变量及系统的输入输出之间的关系建立的。HHM 在对大规模的、复杂的、具有等级结构的系统进行建模时非常有效，HHM 的多视角、多方位使风险分析变得更加可行。

1.6.3 风险评估

风险评估也称安全评估，它是以实现安全为目的，综合运用有关风险评估原理和方法、专业理论知识和工程实践经验，在对保障目标或系统中存在的危险源进行辨识的基础上，研究危险发生的可能性及其产生后果的严重程度，并进行分类排序，从而为进一步的风险控制措施与策略提供依据。风险评估方法多种多样，归纳起来，大致可分为定性风险评估、定量风险评估，以及定性与定量相结合的综合风险评估方法。

1.6.4 风险决策

所谓决策就是为了实现特定的目标，根据客观的可能性，在占有一定信息和经验的基础上，借助一定的工具、技巧和方法，对影响目标实现的诸因素进行准确的计算和判断优选后，对未来行动作出决定（徐国祥，2005）。风险决策也是决策，从决策的定义出发我们很容易得到风险决策的定义，即根据风险管理的目标和宗旨，在风险评估的基础上，借助决策的理论与方法合理地选择风险管理工具，进而制定风险管理方案和行动措施，即对几个备选风险管理方案进行比较筛选，选择一个最佳方案，从而制定出处置风险的总体方案。

风险决策应包含 4 个基本内容（范道津等，2010），①信息决策过程：了解和识别各种风险的存在、风险的性质，估计风险的大小；②方案计划过程：针对某一具体的客观存在的风险，拟定风险处理方案；③方案选择过程：根据决策的目标和原则，运用一定的决策手段选择某一最佳处理方案或几个方案的最佳组合；④风险管理方案评价过程。

1.6.5 残余风险评估与处置

在风险理论中，残余风险是对风险源的危险性后果采取应急措施或减灾对策后仍可能残存的风险。因为风险评估与风险决策所采取的风险控制也并不能完全消除风险，而只是降低或减小风险。因此，在风险分析中要正确识别和科学评价残余风险，这既是对所采取的应急处置策略效果的检验，也是风险控制与善后处置的必然要求。本书中的残余风险指承险体进行风险防御后仍可能具有的残存风险。根据风险评估的结果，通过风险决策选择一个最佳的风险管理方案进行风险防御，此时对承险体的风险需要进行重新评估和动态修正，这样的过程称为残余风险评估。

1.6.5.1　残余风险评估流程

残余风险评估通常包括评估准备、目标识别和风险分析 3 个阶段。

1）评估准备阶段

本阶段主要是前期的准备和计划工作，包括明确评估目标、确定评估范围、组建评估管理团队，对救援业务、组织结构、规章制度和信息系统等进行初步调研，科学确定风险评估方法，组织制定风险评估方案。

2）目标识别阶段

评估准备阶段完成之后，将依照准备阶段确定的风险分析实施方案进行评估。首先进行致险因子与承险体等风险目标的特征识别，如资产价值、危险性和脆弱性识别；然后验证已有安全控制措施的有效性，进而为下一阶段的风险分析收集必要的基础数据。

3）风险分析阶段

目标识别阶段之后，基于获取的评估系统风险基本数据，包括资产价值、危险性、脆弱性和安全控制措施等，根据被评估对象的实际情况制定出一套合理、清晰的残余风险等级判据；然后根据这些判据，对主要危险场景进行分析，描述和评价各主要危险场景的潜在影响及其残余风险，最后提交残余风险分析报告和进一步的风险控制建议。

1.6.5.2　残余风险处置原则

基于风险评估与风险等级划分，在采取适宜的应急响应措施进行风险防范与控制之后，若残余风险评估结果达到可接受的阈值范围，则认为应急响应行动所实施的风险控制基本达到目标；若残余风险仍处于不可接受的范围和水平，则表明所实施的应急响应行动力度或降险对策尚不到位，未达到预定的风险控制目标，残余风险仍具有危险性或灾害性，此时必须有针对性地制定出进一步的风险防范和风险控制方案，以使风险进一步降低至可接受范围之内。

残余风险评价应依照国际和国家的风险评价准则和等级划分标准（一般为 5 级）开展，若残余风险为 5~4 级，表明虽然经过应急响应降险措施，但仍存在较大风险，必须立刻采取行动以进一步防范和降低风险；若残余风险为 3 级，表明经应急响应降险措施之后，风险得到了一定程度的抑制，但仍具有一定的潜在危险性，应继续保持或强化风险防范与处置措施，使残余风险等级进一步降低；若残余风险评定为 2~1 级，表明风险得到了有效控制，可暂不采取进一步处理措施，但应密切关注事态发展。需注意的是，在具体案例中，除了参照上述残余风险评价规范标准外，应充分考虑具体风险对象和风险案例的复杂性和特殊性，原则性与灵活性有机结合。

第二章 风险评估的基本理论

评估通常又称为评价，是人类社会中一项经常性的、非常重要的活动，在海洋水文气象保障中，评估也是无处不在，例如，登陆作战显著地受海区水文气象条件的影响，在确定登陆日期、时间，选择登陆地段和登陆工具时，需要对登陆海区的水文气象条件的影响进行定量评估；大气海洋环境会影响舰载机起降、飞行安全和作战行动等，对环境影响进行客观、准确的分析与评估，能够辅助指挥员充分利用战场环境条件，趋利避害，正确决策，赢得战争胜利主动权；雷达是现代战争中极为重要的目标探测装备，在海上军事活动和两军对抗中起着十分关键的作用，雷达的探测与搜索效能的发挥受海洋环境的影响十分显著，需要定量分析环境的影响，评估技术是常用的一种工具。

2.1 评估的基本概念

评估是现代管理科学中的一个重要的学科。“评估”在词典中的解释是：对方案进行评价和论证，以决定是否采纳或进行改进。许茂祖等（1997）认为，评估是一个价值判断的过程，其中“评”是评定、评价、评判的意思，即搞清对象的价值的高低；“估”是估量、估计、估价、推测的意思，即估计对象的价值。侯定丕等（2001）认为，评估一般指明确目标测定对象的属性，并把它变成主观效用（满足主题要求的程度）的行为，即明确价值的过程。《宋史·戚同文传》中有“市物不评价，市人知而不欺”，这里“评价”是还价的意思，后来“评价”发展成为衡量人或事物的价值的意思。在一些国内文献或专著中，评价、评估、评定、评鉴、估价等概念的使用比较混乱，国外的学术界对这些术语的用法也并不规范，在英文中有 evaluate、assess、appraise 和 measure 等词。本书认为以 assess 表示评估比较恰当。

2.2 评估的功能

评估的功能大致可以归纳为以下几点（侯定丕等，2001）。

2.2.1 鉴定功能

鉴定是指对工作和结果的鉴别与评定。用评估标准判断被评对象达到目标的程度，就是用标准与对象比较，以标准鉴别对象的过程。鉴定功能是评估的基本功能，其他功能是在科学鉴定的基础上实现的，只有认识对象才能改变对象，“鉴定”首先是“鉴”，即仔细审查评估的对象，然后才是“定”结论。科学的鉴定应该在事实判断以后才做价值判断。

2.2.2 导向功能

通过评估，可以引导管理决策按正确的方向进行，一般来说，导向功能表现在以下方面。①对评估对象在今后发展中应注意的方面加以引导。②对管理评估对象的机构及其中的工作人员今后如何努力指明方向。③对于社会的需求及舆论进行引导。④对研究者的下一步研究方向加以引导。

2.2.3 调控功能

在事物运行过程中，根据评估结果可以不断调整其行为，以期实现预定的目标。评估工作用科学方法系统地收集信息，对其加以分析和评价，作出肯定或否定的评判，对优点提出加以强化，对缺点提出加以改进，以期提高管理的水平。当然，评估本身不是调控而是提高调控的依据，是改进管理的前提性工作。

2.2.4 探讨功能

通过评估实践能够不断丰富评估理论，探讨各种评估方法的适用性和有效性、评估模型的检验及将新的数学理论应用到评估中的可能性等。

2.2.5 激励和教育功能

通过评估能激发受评者的积极性，产生努力学习、认真工作、奋起直追的效果，同时也是对受评者进行思想品德教育的过程。

在海洋水文气象保障实践中，评估功能主要体现在鉴定、导向、调控及探讨等方面。

2.3 评估的程序

从系统科学的角度来看，评估是一项系统工程，是定性分析与定量评价的结合，一个完整的评估过程，一般需要经历以下几个步骤。

2.3.1 明确系统目标，熟悉系统方案

为了进行科学的评估，必须把要评估的对象当成系统看待，反复调查了解建立这个系统的目标，以及为完成系统目标所考虑的具体事项，熟悉系统方案，进一步分析和讨论已经考虑到的各个因素。

2.3.2 分析系统要素

根据评估目标，集中收集有关资料和数据，对组成系统的各个要素及系统的性能特征进行全面分析，找出评估的项目。

2.3.3 建立评估指标体系

指标指根据研究的对象和目的，能够确定地反映研究对象在某一方面情况的特征依据；指标体系指一系列相互联系的指标所构成的整体。对每一个评价对象，通常涉及多个因素，评估是多因素相互作用下的综合判断。例如，选择最佳战斗机机型时，要考虑多个因素，如最大航速、越海自由航程、最大净载质量、购置费、可靠性及机动灵活性等；若要对舰载机的搜救效能进行评估，需要考虑风、浪及能见度等因素的影响。因此，对于所评估的系统，必须建立能对照和衡量各个方案的统一标准，即评估指标体系。评估指标体系必须科学地、客观地、尽可能全面地考虑影响系统目标的各个因素。

2.3.4 指标预处理

在评估过程中，如果只是给出一个定性的评估结果，而没有定量的分析和判断，就难以作出科学的评估。因此，要对指标体系中定性描述的指标进行定量化处理。定量化处理的方法有很多，评分法是最常用的一种简单方法，即按照具体情况人为地分成若干等级，进行相对比较。除此以外，有时候还要求对指标进行无量纲化处理，因为各指标所代表的物理含义不同。指标的无量纲化，也称为数据的标准化、规格化，是一种通过数学变换来消除原始变量量纲影响的方法，有直线型无量纲化方法、标准化法及比重法等。

2.3.5 评估方法的选择

评估的常规方法非常多，有定性评估方法、定量评估方法及定量与定性相结合的评估方法。其中，定性评估方法包括专家调查打分法、层次分析法及历史比较法等，定量评估方法有加权综合法、统计分析法、模糊数学法及灰色关联度法等。对于具体的评估问题，

我们首先要仔细分析这个问题的性质，然后选择一种合适的评估方法，当然我们也可以构建一个评估模型。

2.3.5.1 定性评估方法

定性评估方法主要是依据研究者的知识和经验、历史教训、政策走向及特殊案例等非量化资料对风险状况做出判断的过程。典型的定性分析方法有专家调查打分法、层次分析法、事故树分析法、因素分析法、逻辑分析法、历史比较法等。定性评估法的优点是可以挖掘出一些蕴含很深的思想，使评估的结论更全面、更深刻，但它又存在主观性强、对评估者本身的要求高等不足。这里只详细介绍专家调查打分法和事故树分析法的数学原理。

1）专家调查打分法

这是一种最常用也最简单易用的方法。它的应用由两步组成：首先，辨识出某一特定目标或系统可能遇到的所有风险，列出风险调查表（checklist）；然后，利用专家经验对可能的风险因素的重要性进行评价，综合成整个系统风险。具体步骤如下：

（1）确定每项风险因素的权重，以表征其对项目风险的影响程度；

（2）确定每项风险因素的等级值，按可能性很大、比较大、中等、不大、较小 5 个等级，分别以 1.0、0.8、0.6、0.4、0.2 打分；

（3）将每项风险因素的权重与等级值相乘，求出该项风险因素的得分。

（4）求出所有风险因素的总分。

2）事故树分析法

事故树分析（fault tree analysis，FTA）法是一种演绎推理法，这种方法把系统可能发生的某种事故与导致该事故发生的各种原因之间的逻辑关系用一种称为事故树的树形图表示，通过对事故树的定性与定量分析，找出事故发生的主要原因，为确定安全对策提供可靠依据，以达到预测与预防事故发生的目的。其分析步骤分为以下 4 步。

（1）准备阶段：①确定系统。在分析过程中，明确所要分析的系统、外界环境及其边界条件，确定所要分析系统的范围，明确影响系统安全的主要因素。②熟悉系统。这是事故树分析的基础和依据。对于已经确定的系统进行深入的调查研究，收集系统的有关资料与数据，包括系统的结构、性能、工艺流程、运行条件、事故类型、维修情况、环境因素等。③调查系统发生的事故。收集、调查所分析系统曾经发生过的事故和将来有可能发生的事故，同时还要收集、调查本单位与外单位、国内与国外同类系统曾发生的所有事故。

（2）事故树的编制：①确定事故树的顶事件。确定顶事件指确定所要分析的对象事件。根据事故调查报告分析其损失大小和事故频率，选择易于发生且后果严重的事故作为事故树的顶事件。②调查与顶事件有关的所有原因事件。从人、机、环境和信息等方面调查与事故树顶事件有关的所有事故原因，确定事故原因并进行影响分析。③编制事故树。采用一些规定的符号，按照一定的逻辑关系，把事故树顶事件与引起顶事件的原因事件，绘制成反映因果关系的树形图。

（3）事故树定性分析：事故树定性分析主要是按事故树结构，求取事故树的最小割集或最小径集，以及基本事件的结构重要度，根据定性分析的结果，确定预防事故的安全保障措施。

（4）事故树定量分析：事故树定量分析主要是根据引起事故发生的各基本事件的发生概率，计算事故树顶事件发生的概率；然后计算各基本事件的概率重要度和关键重要度。根据定量分析的结果，以及事故发生以后可能造成的危害，对系统进行风险分析，以确定安全投资方向。

2.3.5.2 定量评估方法

典型的定量评估方法主要有概率统计法、模糊风险分析法和灰色随机风险分析法等。除此之外，还有一些新型风险评估方法，如包络分析法和投影寻踪法。定量风险评估方法的优点是用直观的数据来表述评估的结果，使研究成果更科学、更严谨。

1）概率统计法

概率统计法主要有直接积分法、蒙特卡罗模拟方法、CIM 模型、最大熵风险分析方法等。

（1）直接积分法：它是通过对荷载和抗力的概率密度函数进行解析和数值积分得到风险评估结果，这种方法理论性强，只适用于处理线性的、变量为独立同分布且影响因素的个数较少的简单系统，但影响因素较多时，无法求解系统的失事概率，因此，直接积分法适用性不强。

（2）蒙特卡罗模拟方法：又称随机模拟法或统计实验法。其基本数学原理如下：先制定各影响因素的操作规则和变化模式；然后利用随机数生成的办法，人工生成各因素的数值并进行计算，从大量的计算结果中找出风险的概率分布。它是估计经济风险和工程风险常用的一种方法。在研究不确定因素问题的决策中，通常只考虑最好、最坏和最可能 3 种估计，如敏感性分析方法。如果不确定性很多，只考虑这 3 种估计便会使决策发生偏差，而蒙特卡罗方法的应用可以避免这些情况的发生，使在复杂情况下的决策更为合理和准确。

其基本过程如下：① 编制风险清单。通过结构化方式，把已辨识出的影响目标或系统的重要风险因素构造成一份标准化的风险清单。这份清单能充分反映出风险分类的结构和层次性。② 采用专家调查法确定风险因素的影响程度和发生概率。这一步可以编制出风险评价表。③ 采用模拟技术，确定风险组合。这一步是对上一步专家的评价结果加以定量化。在对专家观点的评价统计中，可以采用模拟技术评价专家调查中获得的主观数据，最后在风险组合中表现出来。④ 分析与总结。通过模拟技术可以得到项目总风险的概率分布曲线。从曲线中可以看出项目总风险的变化规律，据此确定风险防范措施。

蒙特卡罗模拟法精度高，但是该方法的结果依赖于样本容量和抽样次数，且对变量分布的假设很敏感，因此，其计算结果表现出不唯一性；除此以外，该方法所用机时较多。

（3）CIM 模型：当多项风险因素影响系统目标时，就会涉及概率分布的叠加，CIM 模型是解决这一技术点的有效方法。该方法的特点是用直方图替代变量的概率分布，用和代替概率函数的积分，并按串联或并联响应模型进行概率叠加。

（4）最大熵风险分析方法：1929 年，匈牙利科学家 L. Szilard 首先提出了熵与信息不确定的关系，使信息科学应用熵成为可能，1948 年，贝尔实验室的 C. Shannon 创立了信息论，他把通信过程中信源信号的平均信息量称为熵。最大熵方法的基础是信息熵，此熵定义为信息的均值，它是对整个范围内随机变量不确定性的度量。风险分析的依据是风险变量的概率特征，因此，首先根据所获得的一些先验信息设定先验分布。利用最大熵原理设定风险因子的概率分布，实质是将问题转化为信息处理和寻优问题，而许多致灾因子的随机特征都无先验样本，而只能获得它的一些数字特征，如均值，然而它的概率分布有无穷多个，要从中选择一个分布作为真分布，就要利用最大熵准则。模型的数学原理如下。

设致灾强度为随机变量 x（假定为连续型变量），则

$$\max S = -\max\int_R f(x)\ln[f(x)]\,\mathrm{d}x$$

$$\begin{cases}\text{s. t.} \int_R f(x)\,\mathrm{d}x = 1 \\ \int_R x^i f(x)\,\mathrm{d}x = M_i, \quad i = 1, 2, \cdots, m\end{cases} \tag{2-1}$$

式中，$f(x)$ 为 x 的概率密度函数，正是模型所要求解的；M_i 为样本的第 i 阶原点矩；b 为保证变量有意义的值，模型的约束条件为 $m+2$ 个。模型的求解是一个泛函条件极值问题。根据变分法引入拉格朗日乘子可得出最大熵概率密度函数的解析形式如下：

$$f(x) = \exp\left(\lambda_0 + \sum_{i=1}^{m} \lambda_i x^i\right) \tag{2-2}$$

式中，参数 λ_0，λ_1，…，λ_m 可利用非线性优化的方法求出。

2）模糊风险分析法

黄崇福等（1995）认为，由于概率风险评价模型没有描述系统的模糊不确定性，在应用于实际评估时，可行性和可靠性仍存在问题。而客观世界中许多概念的外延存在着不确

定性，对立概念之间的划分具有中间过渡阶段，这些都是典型而客观存在的模糊现象，应采用模糊集理论进行研究。模糊风险评估模型包括模糊综合评判模型、模糊聚类分析模型、信息扩散模型及内集-外集模型等。其中信息扩散方法的基本思想是：对于一个非完备样本，我们可通过某个扩散函数$\mu(x)$来获取该样本携带的更多信息，信息扩散的关键是寻求一个合理、有效的扩散函数，有正态信息扩散函数和非均匀信息扩散函数。黄崇福（2005）模仿分子扩散，推导得出了正态信息扩散函数，其二维形式为

$$q = \frac{1}{2\pi h_x h_y} \exp\left(-\frac{x^2}{2h_x^2} - \frac{y^2}{2h_y^2}\right) \tag{2-3}$$

式中，h_x、h_y为扩散系数。黄崇福（2005）基于“平均距离模型”和“两点择近原则”导出了计算扩散系数的简便公式，扩散系数的大小与样本的数量和取值范围有关。若令$x' = \frac{x}{\sqrt{2}h_x}$，$y' = \frac{y}{\sqrt{2}h_y}$，即除去量纲和单位的影响，二维正态信息扩散函数可变为

$$q = \frac{1}{2\pi h_x h_y} \exp[-(x'^2 + y'^2)] \tag{2-4}$$

该函数的指数部分是圆方程，这表明在去掉量纲和单位的影响后，各个样本点上的信息向各个方向均匀扩散。

正态信息扩散表现的是一种均匀信息扩散过程，但在实际应用中，我们所获取的不完备样本各要素间可能存在某些非对称的结构或规律，如变量间的不规则正比关系，即随着自变量增加，因变量呈非线性增加。对某些不完备样本进行信息扩散时需要考虑不同方向的扩散速度和扩散方式，即考虑信息的非均匀扩散。对此，我们以“圆”特征向周围均匀扩散的正态函数进行改进和发展，将其扩展为更广义的“椭圆”非均匀信息扩散函数，扩散快的方向与椭圆的长轴对应，扩散慢的方向与椭圆的短轴对应，由此得到如下形式扩散函数：

$$q = \frac{1}{2\pi h_x h_y} \exp\left\{-\frac{1}{k^2+1}\left[\frac{1}{\lambda}\left(\frac{x}{\sqrt{2}h_x} + k\frac{y}{\sqrt{2}h_y}\right)^2 + \left(k\frac{x}{\sqrt{2}h_x} - \frac{y}{\sqrt{2}h_y}\right)^2\right]\right\} \tag{2-5}$$

式中，k为椭圆长轴的斜率（调节方向）；λ为椭圆长轴与短轴比的平方，这里定义为伸缩系数（用以调节椭圆的“胖瘦”，当$\lambda = 1$时，即为常规的“圆”均匀信息扩散函数）。

3）灰色随机风险分析法

Jon（1994）在处理复杂系统的风险评价中将不确定性分为随机不确定性和主观不确定性，并认为前者的产生源于系统的特性，而后者的产生则源于对系统认识的信息的缺乏。胡国华等（2001）将源于对系统认识的缺乏所产生的主观不确定性归结为灰色不确定性。所谓灰色随机风险分析法就是综合考虑系统的随机不确定性和灰色不确定性，用灰色-随机风险率来量化系统失效的风险性。灰色随机风险分析法代表了风险分析的一个方向，

但其理论体系尚需进一步完善。

4）新型风险评估方法

概率统计法和灰色随机风险分析法的本质均是模拟风险的分布，只不过概率统计模型中只考虑系统的随机不确定性，而灰色随机风险分析模型中考虑了随机性和灰色性两种不确定性；模糊风险分析法的几种模型的思路为建立风险度或风险等级与风险指标之间的函数关系。以上这些方法都是传统的风险评估方法，随着评估理论与技术的发展，涌现了一批新型风险评估方法，主要有数据包络分析法和投影寻踪法。

（1）数据包络分析法：数据包络分析（DEA）方法是一种非参数估计方法，适于处理多指标数据，并且不需要数据本身满足一个明确的函数形式，只需评判者给出评判对象（称为决策单元）作为一个具有反馈性质的封闭系统的“投入”和“产出”向量，即可获得对应的相对效率评判值。此方法不受人为主观因素的影响，相对于一般方法存在一定的优越性，尤其适用于缺乏相关专业知识或不方便给指标赋予权重的评判者。由于 DEA 方法的原理很复杂，这里就不再赘述了，其应用流程如图 2-1 所示。

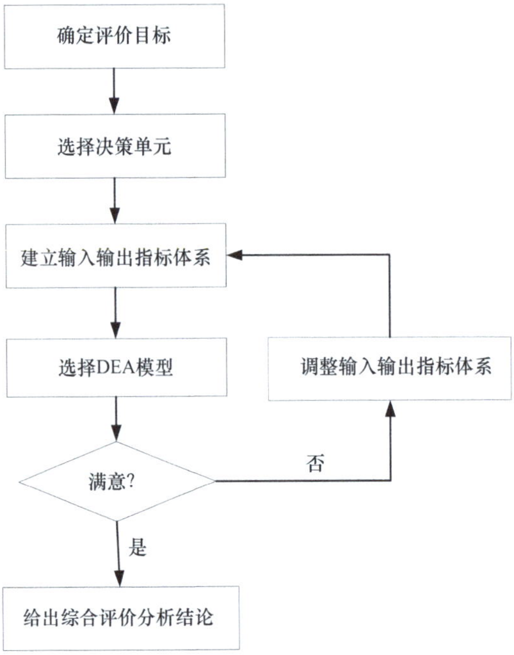

图 2-1　数据包络分析的应用流程

（2）投影寻踪法：投影寻踪法是分析和处理非正态高维数据的一类新兴探索性统计方法。它的基本方法是把高维数据投影到低维子空间上，对于投影到的构形，采用投影指标函数来衡量投影暴露某种结构的可能性大小，寻找出使投影指标函数达到最优的投影值，然后根据该投影值来分析高维数据的结构特征或根据该投影值与研究系统的输出值之间的散点图构造数学模型以预测系统的输出。

设风险等级及其评价指标分别为 $y(i)$ 及 $\{x^*(j, i) \mid j = 1 \sim p\}$，$i = 1 \sim n$，其中 n、p 分别为样本个数和指标个数。设风险最低等级为 1、最高等级为 N。建立风险综合评价模型就是建立 $\{x^*(j, i) \mid j = 1 \sim p\}$ 与 $y(i)$ 之间的数学关系。利用投影寻踪方法进行风险评估的基本步骤如下。

第一步：构造投影指标函数。投影寻踪方法就是把 p 维数据 $\{x^*(j, i) \mid j = 1 \sim p\}$ 综合成以 $a = \{a(1), a(2), a(p)\}$ 为投影方向的一维投影值 $z(i)$。然后根据 $z(i)$ 和 $y(i)$ 的散点图建立数学关系。

$$z(i) = \sum_{j=1}^{p} a(j)x(j, i) \tag{2-6}$$

第二步：优化投影指标函数。当给定综合评价等级和评价指标的样本数据时，投影指标函数 $Q(a)$ 只随投影方向的变化而变化。可通过求解投影指标函数最大化问题来估计最佳投影方向。

$$\begin{aligned} &\max\ Q(a) = S_z \left| R_{zy} \right| \\ &\text{s. t. } \sum_{j=1}^{p} a^2(j) = 1 \end{aligned} \tag{2-7}$$

式中，S_z 为投影值 $z(i)$ 的标准差；R_{zy} 为 $z(i)$ 与 $y(i)$ 的相关系数。

第三步：建立风险综合评价模型。把由第二步求得的最佳投影方向的估计值 a^* 代入式（2-6）后，即可得到第 i 个样本投影值的计算值 $z(i)$，根据 $z(i) \sim y(i)$ 的散点图可建立相应的数学模型。经研究表明，用 Logistic Curve 作为综合评价模型是很合适的，即

$$y^*(i) = \frac{N}{1 + \mathbf{e}^{c(1) - c(2)z^*(i)}} \tag{2-8}$$

式中，$y^*(i)$ 为第 i 个样本综合评价值；最大等级 N 为该曲线的上限值；$c(1)$、$c(2)$ 为待定参数，它们通过求解最小化问题来确定，即

$$\min F[c(1), c(2)] = \sum_{i=1}^{n} [y^*(i) - y(i)]^2 \tag{2-9}$$

2.3.5.3 综合风险评估方法

定性与定量相结合的综合风险评估方法可以相互取长补短，具有很大优势。定量分析是定性分析的基础和前提，而定性分析只有在定量分析的基础上才能更客观地揭示客观事物的内在规律。所以在风险评估过程中，不是将定性分析和定量分析割裂开，而是将它们融合起来，采用综合的风险评估方法。

2.3.6 评估结果

根据选用的或构建的评估模型，代入相关的数据，得到综合评估结果，结合评估对象，进行结果的分析和评判，进一步做出决策。

评估的基本程序如图 2-2 所示。

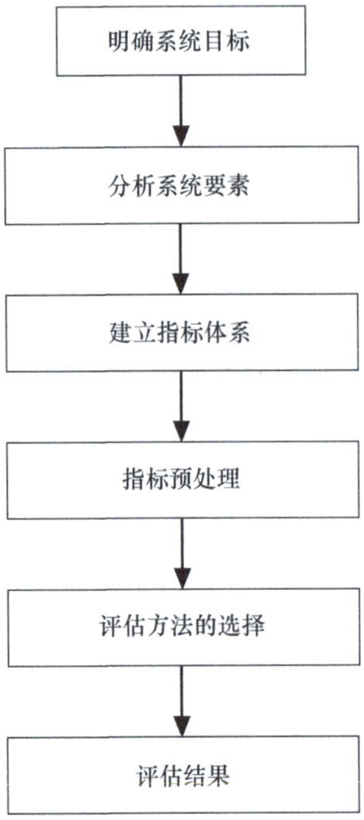

图 2-2　评估的基本程序

2.4 评估指标体系的建立

2.4.1 指标选取的原则

2.4.1.1 科学性原则

科学性又称客观性，指选取的评估指标能反映评价事物的性质和要求。例如，我们在选取战场环境对舰载雷达探测效能的影响评估指标时，如果将舰载雷达的价格作为其中的一个指标就有失偏颇，因为它不符合科学性的原则。

2.4.1.2 完备性原则

完备性指评估指标要尽可能完整地、全面地反映和度量被评估的对象，当体系中全部指标取定了值以后，评估结果不会随其他变量而改变。例如，影响常规潜艇作战效能的海洋环境要素有很多，如海流、跃层、海洋内波、波浪、海水温度、潮汐和潮流等，在设计指标体系时，必须系统地、全面地考虑各种影响因素，尽可能使评估的结果准确可靠。

2.4.1.3 系统性原则

评估是一项复杂的系统工程，研究对象通常是一个多属性的复杂巨系统，涉及多方面的因素，而这些因素又有着极其复杂的联系，因此，所选取的指标应能够对研究系统的多属性特征和演变过程进行全面描述。

2.4.1.4 独立性原则

在设计评估指标时，有些指标之间往往具有一定程度的相关性，因而要采用一些数学方法处理指标体系中彼此相关程度较大的因素，使选取的指标之间的相关程度达到最低且能科学地、准确地反映评估对象的实际情况。

2.4.1.5 可测性原则

指标的可测性原则指所设置的末级指标必须直接可测，否则必须把它分解为下一级指标，直至直接可测为止。这是由末级指标具有可测性的特征所决定的。

2.4.1.6 可比性原则

指标体系中所设置的指标，应保证在这一项指标下，各个客体之间可以互相比较，即要求评估指标反映的必须是各评估客体都具有的共同的属性，因为只有共同的属性才有可能互相比较。

2.4.1.7 简练性原则

指标体系要力求简练，次要的指标可以略去，即指标层次结构不能太复杂，末级指标数目不宜过多。如果指标层次结构过于复杂，或末级指标数目过多，在实际评估中，可行性将降低，评估工作就难以坚持下去。

2.4.2 指标建立的方法

建立指标体系的方法有好多种，德尔菲法是常用且有效的方法。下面主要介绍用德尔菲法建立指标体系的过程。

2.4.2.1 预备知识

定义 1：对于实数列 $\{a_j\}_{j=1}^{n}$，如果存在实数 M，满足数列中有一半数项不小于 M，一半数项不大于 M，则称 M 为数列$\{a_j\}_{j=1}^{n}$ 的中位数。

定义 2：若 M 为实数列$\{a_j\}_{j=1}^{n}$ 的中位数，则小于等于 M 的一半数项的中位数为数列 $\{a_j\}_{j=1}^{n}$ 的下四分位数，记为 Q^-；大于等于 M 的一半数项的中位数为数列 $\{a_j\}_{j=1}^{n}$ 的上四分位数，记为 Q^+。

定义 3：对于递增实数列 $\{a_j\}_{j=1}^{n}$，若存在 $e>0$，满足 $Q^+ - Q^- = e(a_n - a_1)$；则称 e 为数列 $\{a_j\}_{j=1}^{n}$ 的集中系数。集中系数越小，说明数列越集中；反之，则数列越分散。

2.4.2.2 德尔菲法的基本思想

德尔菲法（图 2-3）是专家咨询法的一种，它是使一群专家意见集中起来的方法，目前已被广泛用于规划、计划、评估、预测和建议等方面。德尔菲法的特征有以下几点。

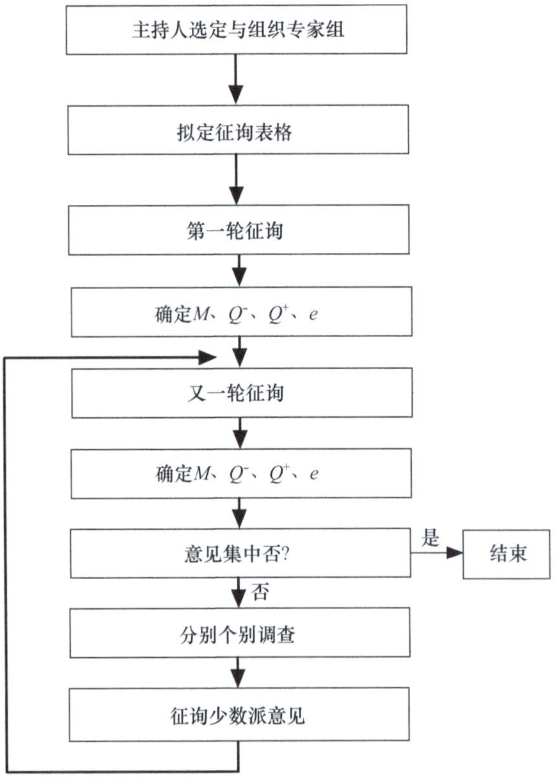

图 2-3　德尔菲法流程

（1）由主持人采取保密的方式与其他选定的若干名专家（通常有十余名）沟通。

（2）主持人精密设计沟通的内容，以询问的方式传送，在收到专家们的回答后，主持人进行关于意见集中程度的统计，纳入下一次沟通的内容。

（3）沟通—统计—再沟通—再统计，反复多次，直到集中系数满足要求为止。

（4）对选定的专家需要保密，也不能让他们彼此知道。对每次沟通的结果只以统计的形式再进行沟通，而不透露其他人的意见，这样做的目的是防止少数权威人士影响其他专家的意见。

征询往往采用问卷调查的形式，征询表格要精心设计，问题应浅显易懂，易于回答。征询表格的形式总是要求专家给予数量的回答。一般来说，征询的次数不宜过多，3 轮就足够了。

例如，用德尔菲法选取影响舰载直升机起降与搜救的海洋环境因子时，表格可设计成类似表 2-1 的形式，要求在同意的一栏中打“○”，其他栏空白。

表 2-1 海洋环境因子调查表

打分 指标	1 分 很不重要	2 分 不重要	3 分 一般	4 分 重要	5 分 很重要
低云					
风速					
浪高					
降水					
能见度					

2.4.2.3 德尔菲法的计算过程

下面还是以影响舰载直升机起降与搜救的海洋环境因子的重要性顺序的筛选过程为例说明德尔菲法的计算过程。此例中每项指标重要性的最大值为 5，最小值为 1，集中系数上限 e 一般取 0.3 即可。因此，根据定义 3，若 $Q^+ - Q^- < 1.2$，则认为意见已经集中。3 轮征询的统计结果分别列于表 2-2、表 2-3 和表 2-4 中。

表 2-2 海洋环境因子调查第一次统计

第一次统计	M	Q^-	Q^+	$Q^+ - Q^-$	
低云	2	2	3	1	<1.2

续表

第一次统计	M	Q^-	Q^+	$Q^+ - Q^-$	
风速	3	2	4	2	>1.2
浪高	3	2	4	2	>1.2
降水	2	1	3	2	>1.2
能见度	3	3	4	1	<1.2

表 2-3　海洋环境因子调查第二次统计

第二次统计	M	Q^-	Q^+	$Q^+ - Q^-$	
低云	2	2	2	0	<1.2
风速	4	4	5	1	<1.2
浪高	3	2	4	2	>1.2
降水	1	1	2	1	<1.2
能见度	3	3	4	1	<1.2

表 2-4　海洋环境因子调查第三次统计

第三次统计	M	Q^-	Q^+	$Q^+ - Q^-$	
低云	2	2	2	0	<1.2
风速	5	4	5	1	<1.2
浪高	3	3	4	1	<1.2
降水	1	1	2	1	<1.2
能见度	3	3	4	1	<1.2

由表 2-3 可见，专家意见集中了。因此，按“很重要”到“很不重要”的顺序（按中位数 M 的大小）排列，这 5 项指标依次为：风（评分为 5）、波浪（评分为 3）、能见度（评分为 3）、低云（评分为 2）和降水（评分为 1）。

2.4.3　指标体系的简化

利用德尔菲法建好指标体系后，还需要对指标体系进行简化，才能最后得出一个优化的、切实可行的指标体系。为什么要非常强调指标体系的简化呢？这是由于一个好的评估指标体系既可以比较全面地反映出目标中重要的、本质的特征与属性，也可以使指标个数尽量少，符合简练性原则。指标的简化方法主要有以下几个步骤。

2.4.3.1 指标的相关分析

指标的独立性原则要求任意两个末级指标之间不应有较大的交叉或覆盖，更不允许一个末级指标包含另一个末级指标。两个指标之间有交叉、覆盖或包容，表明它们之间是相关的。相关程度较大，表明指标间交叉、覆盖的面较大甚至出现包容，这是不允许的，可以采用统计学中的相关分析法对指标进行分析，去掉被包容的指标，简化末级指标。相关分析就是研究两个或两个以上变量之间相互关系密切程度的统计分析方法。

2.4.3.2 重要性指标的筛选

假设一个问题有 n 个指标 I_1，I_2，…，I_n，从这 n 个指标中筛选出重要的指标，剔除不重要的指标，即重要性指标筛选。指标重要性的定义为，设有 m 位专家，分别对 n 个指标打分，x_{ij} 为第 i 个专家对第 j 项指标的打分，则第 j 项指标的重要性大小为 $x_j = \sum_{i=1}^{m} x_{ij}$。重要性指标筛选方法如下：设 n 个指标的重要性大小分别为 x_1，x_2，…，x_n，并记 $x = \sum_{i=1}^{n} x_i$，求最小的 p，使 $\sum_{i=1}^{\Delta p} x_2/x \geqslant a(0 < a < 1)$，$x_1$，$x_2$，…，$x_p$ 对应的指标 I_1，I_2，…，I_p 即为重要性指标。其中，a 的选取并无定量规定，应视实际情况而定，一般取 $a \geqslant 0.7$。经验表明，取 $a = 0.7$ 是合适的，能较好地满足下面两个要求：

（1）所选的指标是重要的；

（2）重要的指标已被选上。

2.4.4 指标体系的建立过程

综上所述，一个完整的指标体系建立的过程如下。

（1）根据指标的选取原则罗列被选指标，设计咨询表格。这一步由主持人完成，罗列指标要全面周到，做到集思广益，咨询表格要设计得科学、严密，且易于操作。

（2）用德尔菲法征询指标的重要性，初步建立指标。邀请的专家要有丰富的实践经验和理论知识，要努力调动专家们的积极性，使他们准确、独立地发表意见。

（3）利用相关分析法和重要性指标筛选法简化指标体系，得到一个优化合理的指标体系。首先利用相关分析法进行指标的初步提炼，然后利用重要性指标筛选法剔除不重要的指标，最后筛选出最终的指标。重要性指标筛选过程中以德尔菲法征询的最后一轮专家打分作为指标重要性排序的依据。

指标体系建立的流程如图 2-4 所示。

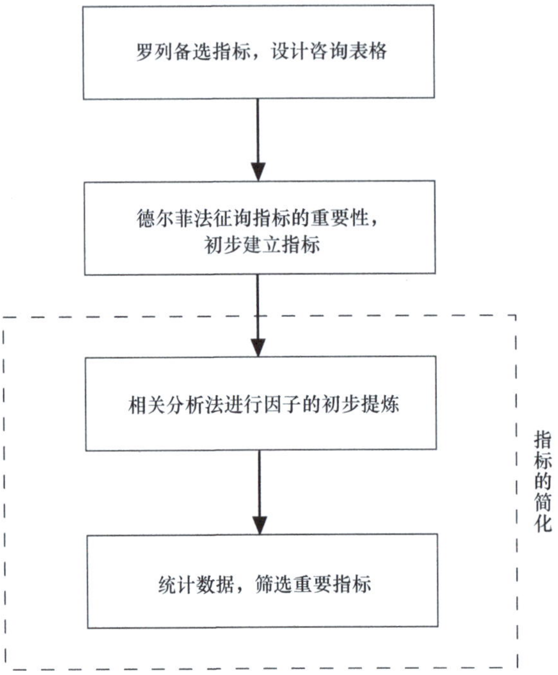

图 2-4　评估指标的建立流程

2.4.5　指标体系的处理

在进行综合评价前，往往要对指标体系进行一些数据处理，如定量化处理、标准化处理、无量纲化处理等。具体来说，在建立的指标体系中，有些指标是定性的，定性指标的信息不能直接加以利用，通常需要进行量化处理。其次，某些综合评价方法需要保持指标的同趋势化，以保证指标间的可比性，因此，需要对指标进行标准化处理。而指标往往分成以下类型：成本型、效益型、适度型和区间型，其中，成本型指标指数值越小越好的指标，效益型指标指数值越大越好的指标，适度型指标指数值越接近某个常数越好的指标，区间型指标指数值越接近某个区间（包括落在该区间）越好的指标。对于不同类型的指标，处理方法是不同的，后面结合实际情况再进行详细讨论。再次，对于定量指标，其性质和量纲也有所不同，造成了各指标间的不可共度性，为了排除由于各项指标的单位不同及数值数量级间的悬殊差别所带来的影响，避免不合理现象的发生，需要对各项指标进行无量纲化处理。

2.5 指标权重的确定

2.5.1 指标权重的基本概念

2.5.1.1 指标权重的含义

相对于某种评价目标来说，评价指标之间的相对重要性是不同的。评价指标之间相对重要性的大小可用权重系数来刻画。指标的权重系数，简称权重，是指标对总目标的贡献程度（杜栋等，2008）。权重以某种数量形式对比、权衡被评价事物总体中诸因素相对重要程度的量值，权重越大，表示所对应的指标对目标的贡献程度越大；权重越小，表示所对应的指标对目标的贡献程度越小。

2.5.1.2 指标权重差异的原因

指标的权重应是评价过程中其相对重要程度的一种主观和客观度量的反映。一般而言，指标间的权重差异主要是由以下 3 个方面的原因造成的（杜栋等，2008）：

（1）评价者对各指标的重视程度不同，反映了评价者的主观差异。

（2）各指标在评价中所起的作用不同，反映了各指标间的客观差异。

（3）各指标的可靠程度不同，反映了各指标所提供的信息量和可靠性不同。

本书认为指标间的权重差异主要是由前两个方面的原因造成的，即主观差异和客观差异。

2.5.2 指标权重的确定方法

既然指标间的权重差异主要是主观方面的差异和客观方面的差异，因此，我们在确定指标的权重时就应该从这两个方面来考虑。目前，确定指标权重的方法主要有主观赋权法、客观赋权法和主客观综合赋权法。

2.5.2.1 主观赋权法

主观赋权法是一种经验判断法，主要有以下两种模式：①基于专家咨询法确定权重，首先请若干名专家就各指标的重要性进行评分，然后将各专家的评分进行平均，最后进行归一化得到各指标的权重；②运用层次分析法求解指标权重，或者使用一些改进的层次分析法进行求解。

1）专家咨询法

专家咨询一般采用调查问卷的形式或评委投票表决法。调查问卷中咨询表格的形式类似于表 2-1；评委投票表决法方便易行，其主要过程如下：每个评委通过定性分析，给以定量的回答，领导小组对回答进行统计处理。在数据处理时，一般用算术平均值代表评委们的集中意见，其计算公式为

$$a_j = \sum_{i=1}^{n} a_{ji}/n, \quad j = 1, 2, \cdots, m \tag{2-10}$$

式中，n 为评委的数量；m 为评价指标总数；a_j 为第 j 个指标的权数平均值；a_{ji} 为第 i 个专家或评委给第 j 个指标权数的打分值。

然后进行归一化处理，归一化的公式为

$$w_j = a_j / \sum_{j=1}^{m} a_j, \quad j = 1, 2, \cdots, m \tag{2-11}$$

$w_j(j = 1, 2, \cdots, m)$ 就是各指标的权重值。

2）层次分析法

层次分析（analytic hierarchy process，AHP）法是美国著名的运筹学家 T. L. Satty 等在 20 世纪 70 年代提出的一种定性与定量相结合的多准则决策方法，其特点为，在对复杂决策问题的本质、影响因素及内在关系等进行深入分析后，构建一个层次结构模型，然后利用较少的定量信息，把决策的思维过程数学化，从而为求解多目标、多准则或无结构特性的复杂决策问题，提供一种简便的决策方法。层次分析法的基本原理为，将复杂问题分解为目标、准则、方案等层次，在最低层通过两两对比得出各因素的权重，通过由低到高的层次分析计算，最后计算出各方案对总目标的权重。

运用层次分析法进行建模，大致可按下面建立层次结构模型、构建比较判断矩阵、判断矩阵的一致性检验、层次单排序和层次总排序 5 个步骤进行。

（1）建立层次结构模型。应用层次分析法分析社会、经济、军事及科学管理领域的问题，首先要把问题条理化、层次化，构造出一个层次分析结构的模型。构造一个好的层次结构对于问题的解决极为重要，它决定了分析结果的有效程度。下面以一个具体的例子来说明如何建立一个层次结构模型。

例 2.1：国家甲决定从国家乙购买喷气式战斗机，国家甲的空军采购团经过商议，一致同意把以下 6 个属性作为喷气式战斗机机型优选的准则，即 A1 最大航速、A2 越海自由航程、A3 最大净载质量、A4 购置费、A5 可靠性、A6 机动灵活性。国家乙国防部提供 3 种型号喷气式战斗机 D1、D2、D3 可供选择。

通过仔细分析，上述例子中的最终目的是从 3 种战斗机中选择一个最佳机型，而机型优选的准则为最大航速、越海自由航程等 6 个属性，于是可以把战斗机优选问题分解成目

标层 A、准则层 B、方案层 C 等层次（图 2-5）。

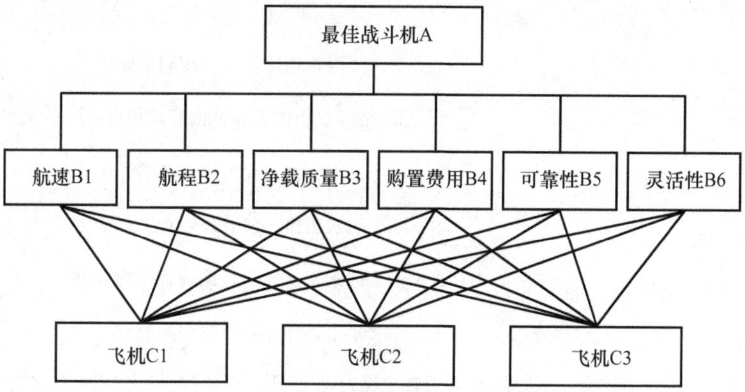

图 2-5 战斗机机型选择的层次结构模型

对于更一般的问题来说，层次结构模型的构建是 AHP 法中最重要的一步。层次结构模型的特点包括：①最高层只有一个元素，它表示决策者要达到的目标；②中间层次一般为准则、子准则，表示衡量是否达到目标的判断准则；③最低一层表示要选用的解决问题的各种措施、决策、方案等，或者是末级指标层；④除目标层外，每个元素至少受上一层一个元素支配，除最低层外，每个元素至少支配下一层一个元素；⑤层次的数目和问题的复杂程度与需要分析的详尽程度有关，且每一层次中的元素一般不超过 9 个。

（2）构建比较判断矩阵。建立层次结构模型后，上、下层元素之间的关系就被确定了。假设以上一层次元素 C 为准则，它所支配的下一层次元素为 u_1，u_2，…，u_n，我们的目的是要按照它们对准则 C 的相对重要性赋予 u_1，u_2，…，u_n 相应的权重。层次分析法导出权重的方法就是两两比较法，即在各层元素中进行两两比较，构造比较判断矩阵。那么怎样比较才能提供可信的数据呢？可以采取对因子进行两两比较并建立成对比较矩阵的办法。设现在要比较 n 个因子 $X=\{x_1, \cdots, x_n\}$ 对某因素 Z 的影响大小，即每次取两个因子 x_i 和 x_j，以 a_{ij} 表示 x_i 和 x_j 对 Z 的影响大小之比，全部比较结果用矩阵 $\boldsymbol{A}=(a_{ij})_{n\times n}$ 表示，称 $\boldsymbol{A}$ 为 Z 与 X 之间的成对比较判断矩阵（简称判断矩阵）。容易看出，若 x_i 与 x_j 对 Z 的影响之比为 a_{ij}，则 x_j 与 x_i 对 Z 的影响之比应为 $a_{ji}=\dfrac{1}{a_{ij}}$。

定义 1：若矩阵 $\boldsymbol{A}=(a_{ij})_{n\times n}$ 满足① $a_{ij}>0$，② $a_{ji}=\dfrac{1}{a_{ij}}$（i，$j=1$，2，…，n），则称之为正互反矩阵（易见 $a_{ii}=1, i=1$，…，n）。

关于如何确定 a_{ij} 的值，可以引用数字 1~9 及其倒数作为标度。表 2-5 列出了 1~9 标度的含义。

表 2-5　判断矩阵标度及其含义

标度	含　　义
1	表示两个因素相比，具有相同重要性
3	表示两个因素相比，前者比后者稍重要
5	表示两个因素相比，前者比后者明显重要
7	表示两个因素相比，前者比后者强烈重要
9	表示两个因素相比，前者比后者极端重要
2，4，6，8	表示上述相邻判断的中间值
倒数	若因素 i 与因素 j 的重要性之比为 a_{ij}，那么因素 j 与因素 i 重要性之比为 $a_{ji} = 1/a_{ij}$

从心理学观点来看，分级太多会超越人们的判断能力，既增加了做判断的难度，又容易因此而提供虚假数据。用实验方法比较在各种不同标度下人们判断结果的正确性，实验结果也表明，采用 1~9 标度最为合适。

最后，应该指出，一般做 $n(n-1)/2$ 次两两判断是必要的。有人认为，把所有元素都和某个元素比较，即只做 $n-1$ 个比较就可以了。这种做法的弊病在于，任何一个判断的失误均可导致不合理的排序，而个别判断的失误对难以定量的系统往往是难以避免的。进行 $n(n-1)/2$ 次比较可以提供更多的信息，通过各种不同角度的反复比较，从而导出一个合理的排序。

（3）判断矩阵的一致性检验。建立判断矩阵的过程使判断思维数学化，简化了问题的分析，使复杂的社会、经济及其管理领域中的问题定量分析成为可能。由于客观事物的复杂性，会使我们的判断带有主观性和片面性，要求每次比较判断的思维标准完全一致是不大可能的。所谓判断思维的一致性是指专家在判断指标重要性时，各判断之间协调一致，不致出现相互矛盾的结果。然而，对实际问题建立起来的判断矩阵往往满足不了一致性，原因有很多，如客观事物的复杂性和人们认识上的多样性等（杜栋等，2008），因此，要求每一个判断都有完全的一致性不大可能，特别是因素多、规模大的问题，但是应该要求判断矩阵具有大体的一致性。因此，为了保证应用层次分析法得到的结论合理，需要对构造的判断矩阵进行一致性检验。

判断矩阵一致性检验的步骤如下：

①计算一致性指标 CI，在层次分析法中引入判断矩阵最大特征根以外的其余特征根的负平均值，作为度量判断矩阵偏离一致性，即

$$CI = \frac{\lambda_{\max} - n}{n - 1} \tag{2-12}$$

②查找相应的平均随机一致性指标 RI 。对于 $n=1, 2, \cdots, 9$，给出 RI 的值，如表 2-6 所示。

表 2-6 判断矩阵标度及其含义

n	1	2	3	4	5	6	7	8	9
RI	0	0	0.58	0.90	1.12	1.24	1.32	1.41	1.45

③计算一致性比例 CR ，表达式为

$$CR=\frac{CI}{RI} \tag{2-13}$$

当 $CR<0.1$ 时，认为判断矩阵的一致性是可以接受的，否则应对判断矩阵做适当修正。

（4）层次单排序。判断矩阵 $\boldsymbol{A}$ 对应于最大特征值 $\lambda_{\max}$ 的特征向量 $\boldsymbol{W}$，经归一化后即为同一层次相应因素对于上一层次某因素相对重要性的排序权值，这一过程称为层次单排序。那么，如何求判断矩阵 $\boldsymbol{A}$ 的最大特征根呢？这实际上有一定的困难，特别当阶数很高时。由于建立判断矩阵时基本上是定性比较量化的结果，精确计算特征根是没有必要的，常常用一些简便的方法计算判断矩阵的最大特征根及所对应的特征向量，常用方法主要有和法与根法两种。

和法的计算步骤如下：

①将判断矩阵的列向量归一化，即

$$\bar{\boldsymbol{a}}_{ij}=\frac{\boldsymbol{a}_{ij}}{\sum_{k=1}^{n}\boldsymbol{a}_{kj}}, \qquad i, j=1, 2, \cdots, n \tag{2-14}$$

②将每一列经归一化后的矩阵按行相加，即

$$M_i=\sum_{j=1}^{n}\bar{\boldsymbol{a}}_{ij}, \qquad i=1, 2, \cdots, n \tag{2-15}$$

③将向量 $\boldsymbol{M}=(M_1, M_2, \cdots, M_n)^{\mathrm{T}}$ 归一化，即

$$W_i=\frac{M_i}{\sum_{j=1}^{n}M_j}, \qquad i=1, 2, \cdots, n \tag{2-16}$$

所求的 $\boldsymbol{W}=(W_1, W_2, \cdots, W_n)^{\mathrm{T}}$ 即为所求权重向量。

④计算判断矩阵最大特征根，即

$$\lambda_{\max}=\frac{1}{n}\sum_{i=1}^{n}\frac{(AW)_i}{W_i} \tag{2-17}$$

式中，$(AW)_i$ 表示向量 $\boldsymbol{AW}$ 的第 i 个元素。

根法的计算步骤如下：

①将判断矩阵的列向量归一化，即

$$\bar{a}_{ij}=\frac{a_{ij}}{\sum_{k=1}^{n}a_{kj}},\quad i,\ j=1,\ 2,\ \cdots,\ n \tag{2-18}$$

②将每一列经归一化后的矩阵按行相乘并开方，即

$$M_i=\left(\prod_{j=1}^{n}\bar{a}_{ij}\right)^{1/n},\quad i=1,\ 2,\ \cdots,\ n \tag{2-19}$$

③将向量 $M=(M_1,\ M_2,\ \cdots,\ M_n)^T$ 归一化，即

$$W_i=\frac{M_i}{\sum_{j=1}^{n}M_j},\quad i=1,\ 2,\ \cdots,\ n \tag{2-20}$$

所求的 $W=(W_1,\ W_2,\ \cdots,\ W_n)^T$ 即为所求权重向量。

④计算判断矩阵最大特征根，即

$$\lambda_{max}=\frac{1}{n}\sum_{i=1}^{n}\frac{(AW)_i}{W_i} \tag{2-21}$$

式中，$(AW)_i$ 表示向量 AW 的第 i 个元素。

（5）层次总排序。依次沿递阶层次结构由上而下逐层计算，即可计算出最低层因素相对于最高层（总目标）的相对重要性或相对优劣的排序值，即层次总排序。具体计算方法如下：

设上一层次（A 层）包含 A_1，A_2，…，A_m 共 m 个因素，它们的层次总排序权重分别为 a_1，a_2，…，a_m。又设其后的下一层次（B 层）包含 n 个因素 B_1，B_2，…，B_n，它们关于 A_j 的层次单排序权重分别为 b_{1j}，…，b_{nj}（当 B_i 与 A_j 无关联时，$b_{ij}=0$）。现求 B 层中各因素关于总目标的权重，即求 B 层各因素的层次总排序权重 b_1，b_2…，b_n，计算按表 2-7 所示方式进行，即 $b_i=\sum_{j=1}^{m}b_{ij}a_j$，$i=1,\ 2,\ \cdots,\ n$。

表 2-7　总排序权重计算过程

A 层 / B 层	A_1 a_1	A_2 a_2	… …	A_m a_m	B 层总排序权值
B_1	b_{11}	b_{12}	…	b_{1m}	$\sum_{j=1}^{m}b_{1j}a_j$
B_2	b_{21}	b_{22}	…	b_{2m}	$\sum_{j=1}^{m}b_{2j}a_j$

续表

A层 B层	A_1 a_1	A_2 a_2	… …	A_m a_m	B层总排序权值
…	…	…	…	…	
B_n	b_{n1}	b_{n2}	…	b_{nm}	$\sum_{j=1}^{m} b_{nj}a_j$

应用层次分析法解决例2.1中提到的问题，计算过程如下。

①建立两两对比的判断矩阵，如表2-8至表2-14所示。

表2-8 比较判断矩阵1

最佳机型	B_1	B_2	B_3	B_4	B_5	B_6
B_1	1	1	4	3	3	4
B_2	1	1	1/3	5	1	1/3
B_3	1/4	3	1	7	1/5	1
B_4	1/3	1/5	1/7	1	1/5	1/6
B_5	1/3	1	5	5	1	3
B_6	1/4	3	1	6	1/3	1

表2-9 比较判断矩阵2

B_1	C_1	C_2	C_3
C_1	1	1/3	1/2
C_2	3	1	3
C_3	2	1/3	1

表2-10 比较判断矩阵3

B_2	C_1	C_2	C_3
C_1	1	9	7
C_2	1/9	1	1/5
C_3	1/7	5	1

表 2-11　比较判断矩阵 4

B_3	C_1	C_2	C_3
C_1	1	1	1
C_2	1	1	1
C_3	1	1	1

表 2-12　比较判断矩阵 5

B_4	C_1	C_2	C_3
C_1	1	5	1
C_2	1/5	1	1/5
C_3	1	5	1

表 2-13　比较判断矩阵 6

B_5	C_1	C_2	C_3
D_1	1	1/2	1
D_2	2	1	2
D_3	1	1/2	1

表 2-14　比较判断矩阵 7

B_6	C_1	C_2	C_3
C_1	1	6	4
C_2	1/6	1	1/3
C_3	1/4	3	1

②一致性检验相关数据结构依次为

$$\lambda_{max} = 7.49, \quad CR = 0.24$$

$$\lambda_{max} = 3.05, \quad CR = 0.04$$

$$\lambda_{max} = 3.21, \quad CR = 0.18$$

$$\lambda_{max} = 3.00, \quad CR = 0$$

$$\lambda_{max} = 3.00, \quad CR = 0$$

$$\lambda_{\max} = 3.00, \quad CR = 0$$

$$\lambda_{\max} = 3.05, \quad CR = 0.04$$

大部分判断矩阵一致性检验系数均小于0.1，由此可以认为，判断矩阵具有满意的一致性。

③得出各方案对总目标的权重为 $W = (0.37,\ 0.38,\ 0.25)$，第二个方案权重最大，因此，选择喷气式飞机C2最佳。

3）层次分析法改进模型1——群组决策

从AHP法的数学原理中可以看出，人的主观因素的作用占有很大的比重，对于一个决策问题来说，如果只有一名专家进行决策，计算结果可能难以为众人所接受。因此，为了克服决策时人的主观判断、选择、偏好对结果的影响，常常采用群组决策，以尽量使决策结果得到众人的认可。当有若干个专家参加决策时，各个专家均可以给出一个比较判断矩阵，那么如何根据众多的比较判断矩阵进行最终决策呢？一般有两类处理方法（李柏年，2007）：一类是将各个专家的比较判断矩阵综合成一个判断矩阵，然后求出这个矩阵的排序向量，称为比较判断矩阵综合法；另一类是先求出各个专家的排序向量，然后将它们综合成群组排序向量，称为权重向量综合排序法。

（1）比较判断矩阵综合法。

①加权几何平均法：设由 s 个专家组成的评判矩阵 $\boldsymbol{A}^{(k)} = [a_{ij}^{(k)}]$，$k = 1, 2, \cdots, s$，构造比较判断矩阵 $\boldsymbol{A} = (a_{ij})$，其中 $a_{ij} = \prod_{k=1}^{s} [a_{ij}^{(k)}]^{\lambda_k}$，$i, j = 1, 2, \cdots, n$；$\lambda_1 + \lambda_2 + \cdots + \lambda_s = 1$，$\lambda_k$ 为第 k 个专家的权重。

②加权算术平均法：设由 s 个专家组成的评判矩阵 $\boldsymbol{A}^{(k)} = [a_{ij}^{(k)}]$，$k = 1, 2, \cdots, s$，构造比较判断矩阵 $\boldsymbol{A} = (a_{ij})$，其中 $a_{ij} = \sum_{k=1}^{s} \lambda_k a_{ij}^{(k)}$，$i, j = 1, 2, \cdots, n$，$\lambda_1 + \lambda_2 + \cdots + \lambda_s = 1$，$\lambda_k$ 为第 k 个专家的权重。

（2）权重向量综合排序法。

①加权几何平均法：设第 t 个专家给出的排序向量为 $\boldsymbol{W}^{(t)} = [W_1^{(t)}, W_2^{(t)}, \cdots, W_n^{(t)}]$，$t = 1, 2, \cdots, s$，对 t 个向量进行几何平均，得到排序向量 $\boldsymbol{W} = (W_1, W_2, \cdots, W_n)^{\mathrm{T}}$，$t = 1, 2, \cdots, s$，其中 $W_k = \dfrac{\bar{W}_k}{\sum_{i=1}^{n} \bar{W}_i}$，$\bar{W}_k = [W_k^{(1)}]^{\lambda_1} [W_k^{(2)}]^{\lambda_2} \cdots [W_k^{(s)}]^{\lambda_s}$，$\lambda_1 + \lambda_2 + \cdots + \lambda_s = 1$。

②加权算术平均法：设第 t 个专家给出的排序向量为 $\boldsymbol{W}^{(t)} = [W_1^{(t)}, W_2^{(t)}, \cdots, W_n^{(t)}]$，$t = 1, 2, \cdots, s$，对 t 个向量进行加权算术平均，得到排序向量 $\boldsymbol{W} =$

$(W_1, W_2, \cdots, W_n)^{\mathrm{T}}$，$t = 1, 2, \cdots, s$，其中 $W_k = \lambda_1 W_k^{(1)} + \lambda_2 W_k^{(2)} + \cdots \lambda_s W_k^{(s)} (k = 1, 2, \cdots, n)$，$\lambda_1 + \lambda_2 + \cdots + \lambda_s = 1$，$\lambda_k$ 为第 k 个专家的权重。

4）层次分析法改进模型 2——Fuzzy AHP 方法

由于 AHP 法在进行检验比较判断矩阵是否一致性问题上的困难性、修改比较判断矩阵的复杂性，以及如何更有效地解决比较判断矩阵的一致性与人类思维的一致性有显著差异等问题，人们已经将模糊数学思想和方法引入了层次分析法，许多学者加入了 Fuzzy AHP 方法的研究，如 1983 年荷兰学者 Van Loargoven 提出了用三角模糊数表示 Fuzzy 比较判断矩阵的方法，常大勇等（1995）提出了利用模糊数比较大小进行排序的方法；徐泽水（2002）提出了一种基于可能度的三角模糊数互补判断矩阵排序方法；刘胜等（2012）提出了基于遗传算法的动态三角模糊数互反判断矩阵一致性检验、矩阵元素修正和权值排序的方法，克服了传统层次分析法中无法表现判断模糊性和系统时变性的缺点等。由于判断的不确定性及模糊性，在构造比较判断矩阵时，所给出的判断值往往不是确定的数值点，而是以区间数或模糊数形式给出。常见的不确定型矩阵有区间数互补判断矩阵、区间数互反判断矩阵、区间数混合判断矩阵、三角模糊数互补判断矩阵、三角模糊数互反判断矩阵、三角模糊数混合判断矩阵、模糊互补判断矩阵等。

2.5.2.2 客观赋权法

客观赋权法是根据各指标数值之间的内在联系，基于各指标在评价中的实际数据，利用数学的方法计算出各指标的权重（李柏年，2007）。常用方法主要有变异系数法、相关系数法、特征向量法、熵值法、夹角余弦赋权法和约束随机赋权法等。

1）变异系数法

变异系数法的主要思想是，如果某项指标的数值能明显区分开各个评价对象，说明该指标在这项评价上的分辨信息丰富，应给该指标较大的权数；反之，若各个被评价对象在某项指标上的数值差异较小，那么该项指标区分各评价对象的能力较弱，应给该指标较小的权数。计算各指标的变异系数公式为

$$v_i = \frac{s_i}{\bar{x}_i} \tag{2-22}$$

式中，$\bar{x}_i = \frac{1}{n}\sum_{j=1}^{n} a_{ij}$ 为第 i 项指标的平均值；$s_i^2 = \frac{1}{n-1}\sum_{j=1}^{n}(a_{ij} - \bar{x}_i)^2$ 为第 i 项指标的方差。然后对 v_i 进行归一化，即得到各指标的权数，计算公式为

$$w_i = \frac{v_i}{\sum_{i=1}^{m} v_i} \tag{2-23}$$

2）相关系数法

相关系数法的计算步骤如下：

（1）求出 m 个评价指标的相关系数矩阵 $\boldsymbol{R}$；

$$\boldsymbol{R}=\begin{bmatrix} 1 & r_{12} & \cdots & r_{1m} \\ r_{21} & 1 & \cdots & r_{2m} \\ \cdots & \cdots & \cdots & \cdots \\ r_{m1} & r_{m2} & \cdots & 1 \end{bmatrix}$$

（2）求出第 i 个指标与其他 $m-1$ 个评价指标之间的多元相关系数 $\rho_i = r_i^{\mathrm{T}}\boldsymbol{R}_{m-1}^{-1}r_i$，其中 $\boldsymbol{R}_{m-1}^{-1}$ 是除去第 i 个指标后的 $m-1$ 个评价指标的相关系数矩阵的逆矩阵，r_i 为 $\boldsymbol{R}$ 中第 i 列向量去掉元素 1 以后的 $m-1$ 维列向量；

（3）将 ρ_i 的倒数进行归一化，即可得到各评价指标的权数 ω_i。

$$w_i=\frac{\prod\limits_{j\neq i}\rho_i}{\sum\limits_{l=1}^{m}\prod\limits_{j\neq l}\rho_j} \tag{2-24}$$

3）特征向量法

特征向量法的计算步骤为，首先求出 m 个评价指标的相关系数矩阵 $\boldsymbol{R}$；然后求出各指标标准差所组成的对角矩阵 $\boldsymbol{S}$；最后求出矩阵 $\boldsymbol{RS}$ 的最大特征值所对应的特征向量并进行归一化即可得到各指标的权重。

4）熵值法

熵值法的主要思想是，信息熵是系统无序程度的度量，信息是系统有序程度的度量，二者绝对值相等，符号相反。某项指标的指标值变异程度越大，信息熵越小，该指标提供的信息量越大，该指标的权重也越大，反之，某项指标的指标值变异程度越小，信息熵越大，该指标提供的信息量越小，该指标的权重也越小。信息熵的定义为

$$H(x)=-\int x\ln x\mathrm{d}x \tag{2-25}$$

熵值法求权重的步骤如下：

（1）将各指标同度量化，计算第 j 项指标下第 i 方案指标值的比重 p_{ij}；

$$p_{ij}=\frac{x_{ij}}{\sum\limits_{i=1}^{m}x_{ij}} \tag{2-26}$$

（2）计算第 j 项指标的熵值 e_j，即

$$e_j=-k\sum_{i=1}^{m}p_{ij}\ln p_{ij} \tag{2-27}$$

式中，$k>0$，ln 为自然对数，$e_j \geqslant 0$。

如果 x_{ij} 对于给定的 j 全部相等，那么 $p_{ij}=\dfrac{x_{ij}}{\sum_{i=1}^{m} x_{ij}}=\dfrac{1}{m}$，此时 e_j 取极大值，即

$$e_j = k \ln m \tag{2-28}$$

（3）计算第 j 项指标的差异性系数 g_j，即

$$g_j = 1 - e_j \tag{2-29}$$

（4）对差异性系数 g_j 进行归一化处理计算权重，即

$$w_j = \frac{g_j}{\sum_{j=1}^{n} g_j} \tag{2-30}$$

5）夹角余弦赋权法

目前，较多被采用的客观性定权法均是根据指标值分布的偏差程度进行定权，如变异系数法、熵值法等，但因为指标的样本分布大多非均匀分布，故按偏差程度定权有明显缺点，李柏年（2007）提出利用向量的夹角余弦构造出各评价指标的权重，设第 i 方案关于第 j 项评价因素的指标值为 $a_{ij}(i=1, 2, \cdots, m; j=1, 2, \cdots, n)$，具体计算步骤如下：

（1）建立各方案指标上的理想最优方案 U^* $[U^*=(u_1^*, u_2^*, \cdots, u_n^*)]$ 和最劣方案 U_* $[U_*=(u_1, u_2, \cdots, u_n)]$，其中，

$$u_t^* = \begin{cases} \max\limits_{1\leqslant j\leqslant m}\{a_{ij}\} & i \in I_1 \\ \min\limits_{1\leqslant j\leqslant m}\{a_{ij}\} & i \in I_2 \\ \min\limits_{1\leqslant j\leqslant m}|a_{ij}-a_t| & i \in I_3 \end{cases} \qquad u_t = \begin{cases} \min\limits_{1\leqslant j\leqslant m}\{a_{ij}\} & i \in I_1 \\ \max\limits_{1\leqslant j\leqslant m}\{a_{ij}\} & i \in I_2 \\ \min\limits_{1\leqslant j\leqslant m}|a_{ij}-a_q| & i \in I_3 \end{cases} \tag{2-31}$$

式中，I_1 为效益型指标；I_2 为成本型指标；I_3 为适度型指标；a_q 为第 i 项指标的适度值。

（2）构造各方案与理想最优方案 U^* 和最劣方案 U_* 的相对偏差矩阵 $\boldsymbol{R}=(r_{ij})_{m\times n}$，$\Delta=(\delta_{ij})_{m\times n}$，其中

$$\boldsymbol{r}_{ij} = \begin{cases} 1-\dfrac{|u_t^*-a_q|}{|a_{ij}-a_q|}, & i \in I_3 \\ \dfrac{|a_{ij}-u_t^*|}{\max\limits_{1\leqslant j\leqslant m}\{a_{ij}\}-\min\limits_{1\leqslant j\leqslant m}\{a_{ij}\}}, & i \notin I_3 \end{cases} \qquad \boldsymbol{\delta}_{ij} = \begin{cases} 1-\dfrac{|u_t-a_q|}{|a_{ij}-a_q|}, & i \in I_3 \\ \dfrac{|a_{ij}-u_t|}{\max\limits_{1\leqslant j\leqslant m}\{a_{ij}\}-\min\limits_{1\leqslant j\leqslant m}\{a_{ij}\}}, & i \notin I_3 \end{cases} \tag{2-32}$$

（3）建立各评价指标的权重，首先计算 R 的行向量 $\boldsymbol{r}_i$ 与 Δ 对应的行向量 $\boldsymbol{\delta}_i$ 的夹角余弦 $c_i=\dfrac{\sum_{j=1}^{m} r_{ij}\delta_{ij}}{\sqrt{\sum_{j=1}^{m} r_{ij}^2}\sqrt{\sum_{j=1}^{m} \delta_{ij}^2}}(i=1, 2, \cdots, n)$，然后对 c_i 进行归一化处理得到权向量 $\boldsymbol{w}=$

$(w_1, w_2, \cdots, w_n)$，其中 $w_i = \dfrac{c_i}{\sum_{i=1}^{n} c_i}$。

6）约束随机赋权法

在很多情况下，指标体系中各个指标之间具体的相互关系无法得到明确的结论，即指标的重要性是不确定的，此时若对指标赋予精确的权值，以确定的某一数值表示不确定的指标重要性，不仅会导致对指标重要性的判断失真，还会丢失风险的不确定性信息，进一步导致评估结果可参考性降低。

约束随机赋权可将风险的知识不完备性和指标之间关系的模糊性通过随机对指标赋权的方式体现；以对指标随机赋权并重复多次，体现风险因子作用的随机性；根据评估者对风险已知和确定的知识，通过对指标体系分析并以约束条件的形式对随机赋权进行约束。以在约束条件下的随机多次赋权，模拟本身具有模糊性的各个风险因子的随机作用产生风险的过程，得到的风险序列则可包含评估对象风险的总体特征信息。约束随机赋权法的具体步骤如下。

（1）指标分析和约束条件确定。考虑指标之间的部分可知性，在对指标体系具体分析的基础上，对已知部分做有弹性的约束，对指标和风险之间的相互作用不明晰、指标之间重要性程度无法明确对比的部分指标采用随机生成。在确定约束条件的过程中，约束条件个数没有硬性范围，但给出约束条件的前提是可以较为明确地判断指标之间重要性程度的关系，对于无法明确判断的，不必给出约束条件。

下面以一个具体的例子来说明如何利用约束随机赋权法进行风险的量化。

例 2.2：以水下 200 m 深度为例，假设有 3 个待评估区域和相应的海洋环境水文环境要素（表 2-15）。假设存在量化指标标准表（表 2-16），试对 3 个待评估区域的潜艇战术隐蔽效能进行评估，即判断 3 个待评估区域的潜艇战术隐蔽效能指数属于 1~6 等级的哪一个？

表 2-15　待评估区水下环境要素场

评估区	温度水平切变 权重 W_1	盐度水平切变 权重 W_2	透明度 权重 W_3	水色 权重 W_4
1	0.02	0.01	10.0	10
2	0.10	0.03	1.5	17
3	0.05	0.20	0.5	21

注：数据来源于庞云峰等（2009）。

将指标体系中的指标分为“指标值越大风险度越大”和“指标值越大风险度越小”两类，采取如下方式进行指标标准化：

$$X_i = \frac{A_i - A_{min}}{A_{max} - A_{min}} \quad (2-33)$$

$$X_i = \frac{A_{max} - A_i}{A_{max} - A_{min}} \quad (2-34)$$

公式（2-33）对应于指标值越大风险度越大的指标标准化方案，公式（2-34）对应于指标值越大风险度越小的指标标准化方案。

标准化后的指标量化矩阵如表 2-16 所示。

表 2-16　量化指标标准化

	指标类型	评估区 1	评估区 2	评估区 3
温度水平切变	指标值越大风险越大	0	1	0. 375
盐度水平切变	指标值越大风险越大	0	0. 105 263 158	1
透明度/%	指标值越大风险越大	1	0. 105 263 158	0
水色/级	指标值越大风险越小	1	0. 363 636 364	0

注：引自庞云峰等（2009）。

首先，根据指标权重的定义，所有指标权值在 0 和 1 之间，且对每个上级指标，与其对应的所有次级指标权重之和为 1，由此产生约束条件 1：

$$\sum_{i=1}^{4} W_i = 1, \ W_i \in [0, 1] \quad (i = 1, 2, \cdots, 22)$$

假设已知温度水平切变对潜艇隐蔽作战效能的影响小于盐度水平切变，透明度对潜艇隐蔽作战效能的影响大于水色等级的影响，由此得到约束条件 2：

$$w_1 < w_2; \ w_3 > w_4$$

（2）随机权重和风险序列的生成。约束随机权重法不明确给出所有指标的具体权重，而是在约束条件下用 Matlab 软件随机生成符合评估标准的权重序列，并重复多次（本研究选取重复次数 $m = 100$）。每一次重复的实验都可得到每个评估对象相应的权重分配可能的风险度值；对每个评估对象，多次的实验结果得到的风险度值可组成一个风险序列。

每一次实验是对一次权重分配的模拟，一组权重序列仅代表一种可能的权重分配。由于权重分配的不确定性是知识不完备和致险因子本身的不确定性造成的，而知识不完备性同样也是风险的一部分，因此，在约束条件下产生的各种权重序列在风险的产生机制上是等可能性的。

需要说明的是，这种方法得到的权重序列并不是先确定约束条件再随机生成指标值，而是用约束条件对已生成的随机数组进行调整进而给指标赋值。同时，在计算机上产生的随机数都是按照一定的计算方法产生的，不可能是真正的随机数。然而，对指标值随机产生大量权重序列的意义在于，在已知条件下最大限度模拟风险产生的不同可能，这样得到的伪随机序列可以很大程度上实现对风险的模拟，因此，仍是可用的。针对本研究，在约束条件下随机生成权重得到风险序列的具体步骤：

①用 Matlab 软件随机生成指标权重 $w_1 \sim w_4$。对所有指标，其相应的次级指标权重必须满足约束条件 1 和约束条件 2。

②计算风险度 R，采用相加原则的计算公式，即 $RI = \sum_{i=1}^{4} w_i B_i$，其中，$B_i$ 为标准化后的指标值。

③重复步骤①和②，共 $m = 100$ 次，即可得到每个评估对象的 100 次在约束条件下随机赋权的风险序列（表 2-17）。

每一次赋权得到的风险值代表一种可能的致险机制产生的风险值；不同的赋权导致的风险序列的波动既包括了自然条件致险因子本身的不确定性，也包含了知识不完备产生的风险。也可以认为，风险序列本身就是现有知识水平下的评估对象量化以后的风险。

（3）风险序列分析。对每一个评估对象而言，其风险序列的每一个风险度值代表了在一种可能的权重分配情况（即一种可能但不确定的指标相互作用关系情况）下的风险量化结果。未知的指标相互关系通过随机赋权的形式确定指标重要性，而已知的指标相互作用关系通过约束条件的形式限制了随机的赋权过程，因此，风险度序列中的每一个风险度值可视为在当前知识水平下等可能的风险。

随机赋权法结合了不确定性和不利结果两个风险要素，最终将现实世界的风险量化为评估对象所对应的数字序列。然而，单纯的数字序列无法直观表达风险的严重程度，无法使人们对系统状态有客观和主观对应结合的了解，也就没有达到风险评估的目的——为决策者提供风险的整体特征和合理的辅助决策建议。在得到风险序列后，仍然需要进一步的风险序列分析工作。

表 2-17 约束条件 1 和约束条件 2 下的随机权重序列及风险序列

赋权次数	温度水平切变权重	盐度水平切变权重	透明度权重	水色权重	评估区 1	评估区 2	评估区 3
1	0.097 889 860	0.333 884 545	0.411 255	0.156 971	0.568 226	0.233 406	0.370 593
2	0.260 934 973	0.586 654 815	0.140 222	0.012 189	0.152 410	0.341 880	0.684 505
3	0.158 879 405	0.285 697 131	0.385 721	0.169 702	0.555 423	0.291 265	0.345 277

续表

赋权次数	温度水平切变权重	盐度水平切变权重	透明度权重	水色权重	评估区 1	评估区 2	评估区 3
4	0.226 988 531	0.293 080 863	0.273 101	0.206 830	0.479 931	0.361 798	0.378 202
5	0.104 782 927	0.247 446 424	0.327 138	0.320 632	0.647 771	0.281 859	0.286 740
6	0.023 667 132	0.264 224 737	0.371 445	0.340 663	0.712 108	0.214 457	0.273 100
7	0.011 733 439	0.392 489 689	0.396 651	0.199 126	0.595 777	0.167 210	0.396 890
8	0.251 810 025	0.305 998 469	0.363 483	0.078 708	0.442 192	0.350 903	0.400 427
9	0.083 395 488	0.405 934 177	0.454 095	0.056 576	0.510 670	0.194 498	0.437 207
10	0.022 995 953	0.251 712 413	0.566 922	0.158 369	0.725 292	0.166 757	0.260 336
11	0.354 136 168	0.374 218 748	0.229 466	0.042 179	0.271 645	0.433 020	0.507 020
12	0.155 344 374	0.395 647 823	0.250 633	0.198 375	0.449 008	0.295 510	0.453 902
13	0.133 738 766	0.471 285 144	0.223 483	0.171 494	0.394 976	0.269 233	0.521 437
14	0.108 460 827	0.252 442 775	0.483 394	0.155 703	0.639 096	0.242 536	0.293 116
15	0.009 863 108	0.112 892 641	0.754 159	0.123 086	0.877 244	0.145 890	0.116 591
16	0.014 586 687	0.378 770 235	0.581 319	0.025 324	0.606 643	0.124 858	0.384 240
17	0.061 354 509	0.177 101 144	0.527 590	0.233 954	0.761 544	0.220 607	0.200 109
18	0.244 652 289	0.427 932 012	0.266 159	0.061 257	0.327 416	0.339 990	0.519 677
19	0.151 660 324	0.453 849 694	0.282 873	0.111 617	0.394 490	0.269 798	0.510 722
20	0.264 176 281	0.294 468 208	0.410 170	0.031 186	0.441 356	0.349 689	0.393 534
21	0.074 202 751	0.417 031 744	0.384 413	0.124 353	0.508 766	0.203 785	0.444 858
22	0.148 870 198	0.470 695 000	0.245 051	0.135 384	0.380 435	0.273 442	0.526 521
23	0.257 555 546	0.388 060 622	0.298 811	0.055 573	0.354 384	0.350 066	0.484 644
24	0.117 628 013	0.375 394 357	0.284 533	0.222 445	0.506 978	0.267 983	0.419 505
25	0.392 362 929	0.448 239 758	0.147 209	0.012 189	0.159 397	0.459 474	0.595 376
26	0.021 643 150	0.515 670 530	0.299 489	0.163 197	0.462 686	0.166 794	0.523 787
27	0.283 116 955	0.471 124 524	0.167 039	0.078 720	0.245 759	0.378 917	0.577 293
28	0.106 649 584	0.353 031 323	0.328 067	0.212 252	0.540 319	0.255 527	0.393 025
29	0.191 420 614	0.293 328 830	0.402 507	0.112 744	0.515 251	0.305 664	0.365 112

续表

赋权次数	温度水平切变权重	盐度水平切变权重	透明度权重	水色权重	评估区 1	评估区 2	评估区 3
30	0. 006 344 647	0. 505 468 897	0. 264 685	0. 223 502	0. 488 186	0. 168 687	0. 507 848
31	0. 037 760 096	0. 448 055 433	0. 319 799	0. 194 385	0. 514 184	0. 189 272	0. 462 215
32	0. 060 388 959	0. 410 970 318	0. 461 266	0. 067 375	0. 528 641	0. 176 703	0. 433 616
33	0. 246 002 125	0. 530 023 858	0. 152 417	0. 071 557	0. 223 974	0. 343 859	0. 622 275
34	0. 178 946 091	0. 342 437 468	0. 406 381	0. 072 235	0. 478 616	0. 284 036	0. 409 542
35	0. 099 423 881	0. 545 012 628	0. 291 477	0. 064 087	0. 355 563	0. 210 780	0. 582 297
36	0. 085 197 664	0. 232 215 558	0. 475 889	0. 206 698	0. 682 587	0. 234 898	0. 264 165
37	0. 042 589 979	0. 159 500 061	0. 504 355	0. 293 555	0. 797 910	0. 219 217	0. 175 471
38	0. 074 543 816	0. 569 950 235	0. 318 952	0. 036 554	0. 355 506	0. 181 405	0. 597 904
39	0. 232 398 483	0. 587 284 546	0. 103 827	0. 076 490	0. 180 317	0. 332 962	0. 674 434
40	0. 126 316 592	0. 226 445 631	0. 416 040	0. 231 198	0. 647 238	0. 278 019	0. 273 814
41	0. 082 528 969	0. 151 282 056	0. 453 926	0. 312 263	0. 766 189	0. 259 785	0. 182 230
42	0. 036 910 956	0. 341 384 579	0. 430 730	0. 190 975	0. 621 704	0. 187 632	0. 355 226
43	0. 230 719 293	0. 629 342 044	0. 081 421	0. 058 518	0. 139 939	0. 326 816	0. 715 862
44	0. 131 382 021	0. 265 815 888	0. 302 969	0. 299 833	0. 602 802	0. 300 284	0. 315 084
45	0. 194 352 479	0. 289 395 754	0. 374 651	0. 141 600	0. 516 252	0. 315 743	0. 362 278
46	0. 017 065 648	0. 549 536 008	0. 266 928	0. 166 471	0. 433 398	0. 163 544	0. 555 936
47	0. 171 835 200	0. 485 128 231	0. 289 615	0. 053 422	0. 343 037	0. 272 813	0. 549 566
48	0. 177 007 759	0. 386 918 108	0. 379 041	0. 057 033	0. 436 074	0. 278 374	0. 453 296
49	0. 146 040 514	0. 253 793 564	0. 491 370	0. 108 796	0. 600 166	0. 264 041	0. 308 559
50	0. 173 386 275	0. 389 162 190	0. 379 217	0. 058 234	0. 437 452	0. 275 444	0. 454 182
51	0. 054 989 956	0. 618 417 820	0. 200 150	0. 126 442	0. 326 592	0. 187 134	0. 639 039
52	0. 385 508 974	0. 402 200 073	0. 152 889	0. 059 402	0. 212 291	0. 465 540	0. 546 766
53	0. 202 094 553	0. 366 777 153	0. 289 087	0. 142 041	0. 431 128	0. 322 784	0. 442 563
54	0. 032 624 326	0. 114 486 311	0. 569 436	0. 283 453	0. 852 889	0. 207 690	0. 126 720
55	0. 116 576 711	0. 349 531 757	0. 399 852	0. 134 039	0. 533 892	0. 244 201	0. 393 248

续表

赋权次数	温度水平切变权重	盐度水平切变权重	透明度权重	水色权重	评估区 1	评估区 2	评估区 3
56	0. 192 040 962	0. 205 887 878	0. 462 180	0. 139 891	0. 602 071	0. 313 233	0. 277 903
57	0. 108 750 420	0. 115 133 563	0. 526 290	0. 249 826	0. 776 116	0. 267 114	0. 155 915
58	0. 240 355 407	0. 340 602 998	0. 407 952	0. 011 090	0. 419 042	0. 323 183	0. 430 736
59	0. 149 136 739	0. 208 081 480	0. 590 859	0. 051 923	0. 642 782	0. 252 117	0. 264 008
60	0. 285 636 983	0. 295 538 699	0. 370 232	0. 048 593	0. 418 824	0. 373 388	0. 402 653
61	0. 242 963 133	0. 721 052 525	0. 024 441	0. 011 543	0. 035 984	0. 325 634	0. 812 164
62	0. 109 198 819	0. 387 298 896	0. 291 263	0. 212 239	0. 503 502	0. 257 804	0. 428 248
63	0. 118 209 845	0. 409 182 363	0. 284 173	0. 188 435	0. 472 608	0. 259 716	0. 453 511
64	0. 027 177 345	0. 252 869 890	0. 573 531	0. 146 422	0. 719 953	0. 167 411	0. 263 061
65	0. 237 127 113	0. 280 816 478	0. 413 056	0. 069 000	0. 482 056	0. 335 257	0. 369 739
66	0. 010 369 876	0. 350 882 348	0. 411 364	0. 227 384	0. 638 748	0. 173 291	0. 354 771
67	0. 325 693 454	0. 379 622 085	0. 212 635	0. 082 049	0. 294 684	0. 417 872	0. 501 757
68	0. 152 978 334	0. 232 678 284	0. 376 875	0. 237 468	0. 614 343	0. 303 494	0. 290 045
69	0. 231 735 276	0. 311 377 300	0. 228 781	0. 228 107	0. 456 887	0. 371 542	0. 398 278
70	0. 044 581 511	0. 756 768 048	0. 121 808	0. 076 843	0. 198 650	0. 165 006	0. 773 486
71	0. 036 986 967	0. 577 515 161	0. 316 832	0. 068 666	0. 385 498	0. 156 098	0. 591 385
72	0. 026 421 734	0. 627 947 230	0. 182 405	0. 163 226	0. 345 631	0. 171 077	0. 637 855
73	0. 189 201 255	0. 225 179 502	0. 395 976	0. 189 643	0. 585 619	0. 323 547	0. 296 130
74	0. 035 211 430	0. 246 124 697	0. 658 158	0. 060 506	0. 718 664	0. 152 401	0. 259 329
75	0. 087 164 707	0. 199 328 044	0. 547 085	0. 166 422	0. 713 507	0. 226 252	0. 232 015
76	0. 315 988 836	0. 443 688 197	0. 214 243	0. 026 080	0. 240 323	0. 394 728	0. 562 184
77	0. 283 558 107	0. 297 671 482	0. 351 449	0. 067 322	0. 418 770	0. 376 367	0. 404 006
78	0. 288 783 271	0. 532 646 412	0. 157 844	0. 020 727	0. 178 570	0. 369 003	0. 640 940
79	0. 186 864 398	0. 262 827 128	0. 316 670	0. 233 638	0. 550 308	0. 332 823	0. 332 901
80	0. 221 719 968	0. 440 221 403	0. 240 406	0. 097 653	0. 338 059	0. 328 875	0. 523 366
81	0. 194 296 302	0. 553 252 510	0. 179 513	0. 072 938	0. 252 451	0. 297 953	0. 626 114

续表

赋权次数	温度水平切变权重	盐度水平切变权重	透明度权重	水色权重	评估区 1	评估区 2	评估区 3
82	0.268 052 484	0.581 932 811	0.084 912	0.065 103	0.150 015	0.361 920	0.682 452
83	0.135 326 432	0.234 855 302	0.609 531	0.020 287	0.629 818	0.231 586	0.285 603
84	0.076 521 111	0.476 013 460	0.311 955	0.135 510	0.447 465	0.208 742	0.504 709
85	0.027 762 529	0.612 771 315	0.198 690	0.160 776	0.359 466	0.171 644	0.623 182
86	0.187 326 099	0.364 497 560	0.294 641	0.153 535	0.448 176	0.312 540	0.434 745
87	0.085 956 627	0.315 099 351	0.329 144	0.269 800	0.598 944	0.251 881	0.347 333
88	0.148 638 424	0.182 645 050	0.447 345	0.221 372	0.668 717	0.295 452	0.238 384
89	0.087 849 974	0.333 048 006	0.391 889	0.187 213	0.579 102	0.232 237	0.365 992
90	0.132 609 354	0.611 522 037	0.130 858	0.125 011	0.255 869	0.256 213	0.661 251
91	0.194 889 083	0.225 252 715	0.534 256	0.045 602	0.579 858	0.291 420	0.298 336
92	0.094 939 882	0.665 566 878	0.131 991	0.107 503	0.239 493	0.217 985	0.701 169
93	0.038 283 910	0.589 073 284	0.267 767	0.104 876	0.372 643	0.166 614	0.603 430
94	0.195 652 185	0.214 455 040	0.361 479	0.228 414	0.589 893	0.339 336	0.287 825
95	0.038 090 199	0.510 218 022	0.290 143	0.161 549	0.451 692	0.181 084	0.524 502
96	0.105 697 050	0.139 454 795	0.574 908	0.179 941	0.754 848	0.246 326	0.179 091
97	0.119 184 142	0.276 449 883	0.329 518	0.274 848	0.604 366	0.282 915	0.321 144
98	0.162 196 180	0.251 373 517	0.374 569	0.211 861	0.586 430	0.305 125	0.312 197
99	0.329 127 626	0.404 930 957	0.136 995	0.128 946	0.265 941	0.433 062	0.528 354
100	0.173 227 902	0.431 350 905	0.265 321	0.130 101	0.395 421	0.293 871	0.496 311

2.5.2.3 主客观综合赋权法

主观赋权法的优点是专家可以根据实际问题，合理确定各指标权重系数之间的排序，主要缺点是主观随意性较大；而客观赋权法的优点是不需要征求专家的意见，切断了权重主观性的来源，使权重具有绝对的客观性，但确定的权重有时与指标的实际重要程度的偏差很大。因此，并不是只有客观赋权法才是科学的方法，人们对指标重要程度的估计往往来源于客观实际，主观看法的形成往往与评价者所处的客观环境有着直接的联系。为了弥补主观赋权和客观赋权的不足，可以将主观赋权法与客观赋权法相结合，从而使指标的赋权趋于合理化，此种方法称为组合赋权法。设指标的主观权向量为（α_1，α_2，…，α_n），客观权向量为（β_1，β_2，…，β_n），则组合权数有以下两种表示方法：

① $w_i = \dfrac{\alpha_i \beta_i}{\sum_{i=1}^{n} \alpha_i \beta_i}$；

② $w_i = \lambda \alpha_i + (1 - \lambda) \beta_i$，其中 $0 < \lambda < 1$，为偏好系数。

第三章 风险决策的基本理论

3.1 风险决策的案例

例 3.1：一次台风过程造成某海域上我国商船的沉没，造成重大的经济损失。南海舰队某部承担了搜索打捞任务，假设航行路线有 1 号路线、2 号路线和 3 号路线共 3 种，所需时间在正常情况下分别为 12 h、10 h 和 15 h，问该部应选择哪一条行动路线？

例 3.2：某部队承担某乡村的灾后抢修工作，如果当地天气好，按期完成任务，可挽回损失 100 万元；若部队开进后天气不好，反而造成损失 80 万元；若不抢修，不管天气如何，都要造成损失 300 万元。据预测，下个星期天气好的概率（先验概率）是 0.6，天气坏的概率是 0.4。部队指挥机关需根据上述情况做出决策。若选择立即抢修的方案可能遇上坏天气，选择暂不抢修又可能遇上好天气，都会承担一定的风险。

例 3.3：海军某部进行渡海登陆联合作战演习时，提供 3 种候选作战区域方案，不同区域受海洋气象水文因子的影响存在较大的差异，保障部门在评估气象水文要素对登陆作战的影响时，将环境影响划分为 4 种自然状态：①很有利；②较有利；③较不利；④很不利。受技术水平和信息渠道的限制，保障部分无法获知海洋气象水文状态的概率值。

3.2 决策的概念及作用

决策有狭义和广义两种理解。狭义上，决策就是对行动方案做出一种选择和决定；广义上的决策应理解为一个过程，即人们对行动方案的确定要经过提出问题、确定目标、搜集资料、拟订方案、分析评价到最后的抉择等一系列过程。决策具有 3 个基本特征：未来性、选择性和实践性。

与评估一样，决策也是一项系统工程，组成决策系统的基本要素有决策主体、体现决策主体利益和愿望的决策目标、决策对象和决策所处的环境。决策是由人做出的，决策主体既可以是单个的人，也可以是一个组织；决策是围绕目标展开的，决策目标既体现了决策主体的主观意志，又反映了客观现实；决策对象是决策的客体，决策对象所涉及的领域十分广泛，可以包括人类活动的各个方面；决策环境是指相对于主体、构成主体存在条件的物质实体或社会环境要素。对于战场环境保障来说，决策对象是武器装备或者某项军事活动，决策环境是指武器装备或军事活动所处的大气海洋环境。

决策作为一种社会现象，普遍存在于人类社会的一切活动领域，是人类社会中不可缺少的一种实践活动，小到个人的日常生活，大到国家方针政策的制定都离不开决策。正确的决策能产生正确的行动，导致期望的结果；反之，错误的决策会产生错误的行动，背离期望的结果。

例 3.4：1950 年 9 月 15 日，远东军司令麦克阿瑟指挥美军在仁川实施登陆，使朝鲜战局出现转机，美韩联军起死回生。然而，仁川的地理、地形和潮汐状况具有如下特点：①最大特点是潮汐落差很大，平均落差为 6.9 m，最大落差达 11 m。仁川港的潮汐很奇特，每个月只有 1 d 大潮日，每个大潮日的高潮时间也只有早晚各 3 h，而美军的登陆战舰艇由于吃水所限，只有在大潮日时才能进入港湾。②仁川的地质为泥潭，长达 3.2 km 的泥潭，车辆和人员行走都相当困难。③狭窄航道及 4~5 m 高的防波堤。通过分析我们可以得出仁川的地理、地形和潮汐状况非常不适合登陆，但是美军最终选择出其不意，攻其不备，完成了仁川登陆。

3.3 决策的分类

决策的分类方法有很多，可以从不同的角度进行分类。这里，我们只介绍几种常见的分类方法。

3.3.1 按决策问题信息量

按照对决策问题信息量的掌握不同可分为确定型决策、不确定型决策与风险型决策。其中，确定型决策是指可供选择方案的条件已确定，风险型决策是指决策时的条件是不确定的，并且知道各种可能情况出现的概率，可以结合概率来进行决策，但是要冒一定的风险；不确定型决策是指未知任何信息的决策。

3.3.2 按决策目标的数量

按照决策目标的数量可分为单目标决策和多目标决策。其中，单目标决策是指决策要达到的目标只有一个，比如，在潜艇航行区域的选择中，如果只考虑局部战术效能达到最大，如战术隐蔽效能、航行安全效能或鱼雷攻击效能当中的一个达到最大，那么这样的决策就是单目标决策；多目标决策是指决策要达到的目标不止一个的决策，海洋环境保障中很多决策问题都属于多目标决策，比如，在海上突发事件的应急救援行动中，既要考虑舰船救援效能，又要考虑飞机救援效能。

3.3.3 按是否运用数学模型

按照决策过程是否运用数学模型来辅助决策可分为定性决策和定量决策。定性决策是指决策变量、状态变量和目标函数都无法量化，只能做定性的描述；反之决策变量、状态变量和目标函数都可以量化的决策称为定量决策。定性和定量的划分是相对的，实际决策往往是定性分析和定量分析的结合。

3.3.4 按决策的整体构成

按照决策的整体构成可分为单阶段决策和多阶段决策。单阶段决策是指整个决策问题只有一个阶段构成；多阶段决策也称动态决策，它具有如下特点：①决策问题由多个不同的前后阶段的决策问题构成；②前一阶段的决策结果直接影响下一阶段的决策，是下一阶段决策的出发点；③必须分别做出各个阶段的决策，但各阶段决策结果的最优之和并不构成整体决策结果的最优。

3.4 决策的步骤和原则

3.4.1 决策的步骤

一个完整的决策过程包括以下步骤。

（1）确定决策目标：决策目标是在一定的环境和条件下，在预测的基础上所希望达到的结果，确定目标首先要确定问题的特点、范围，其次要分析问题产生的原因，同时还应收集与确定目标相关的信息，然后确定合理的目标。

（2）拟定备选方案：拟定备选方案必须广泛收集与决策对象有关的信息，并从多角度预测各种可能达到目标的途径及每一途径的可能后果。

（3）方案抉择：方案抉择是指对几种可行备选方案进行评价比较和选择，形成一个最佳行动方案的过程。

（4）方案实施：方案确定后，应当组织人力、物力及财力资源实施决策方案，在决策实施过程中，决策机构必须加强监督，及时将实施过程的信息反馈给决策制定者，当发现偏差时，应及时采取措施予以纠正。

3.4.2 风险决策的原则

决策遵循下列 3 条原则（徐国祥，2005）。

1）可行性原则

决策是为实现某个目标而采取的行动。决策是手段，实施决策方案并取得预期效果才是目的。因此，决策的首要原则是提供决策者的方案在技术上、资源条件上必须是可行的。

2）经济性原则

这一原则要求所选定的方案与其他备选方案相比具有较明显的经济性，实施选定的方案后能获得更好的经济效益。

3）合理性原则

影响决策的因素往往很复杂，有些因素可以进行定量分析，有些因素（如社会、政治和心理等因素）虽不能或较难进行定量分析，但对事物的发展却有举足轻重的影响，因此在决策时，要将定量分析和定性分析相结合。因此，遇到这类复杂的问题时，仅仅从定量的角度选择的“最优方案”并不合理，应该兼顾定量与定性的要求，选择既令人满意又合理的方案。

3.5 决策问题的基本要素

从第 3.1 节中的 3 个案例中可以看出，部队在执行搜索、抢修和演习等行动中遇到的决策问题，常常是在几种不同的自然状态下，又存在着可能采取的几种不同的行动方案。分析这些案例我们可以得出，决策问题包括以下几个基本要素。

（1）自然状态（或条件）。一个问题所面临的几种自然状况或客观条件，简称该问题的自然状态。例如，例 3.2 中，“天气好”或“天气坏”就是该问题的自然状态；例如，例 3.3 中，“很有利”或“较有利”或“较不利”或“很不利”就是该问题的自然状态。

（2）方案（或策略）。决策者可能采取的不同的行动方案，简称方案（或策略），一般用 T_1、T_2、…、T_n 表示。例如，例 3.1 中，航行路线有 3 种，分别为 1 号路线、2 号路线和 3 号路线；例 3.2 中，抢修方案有两种，分别为立即抢修和暂不抢修。

（3）益损值（效益值或风险值）。益损值即决策者在某一自然状态下采用某一策略得到的收益或损失的数值。例如，例 3.1 中，在天气好的状态下采用立即抢修可挽回损失 100 万元；在天气不好的状态下采用立即抢修，反而造成损失 80 万元。

（4）最优决策。最优决策是按照某种准则，选择的行动方案能使行动的效益达到最大或损失达到最小。

3.6 风险决策的方法

风险决策的方法有很多，如风险型决策方法、贝叶斯决策方法、不确定型决策方法及多目标决策方法等。其中，风险型决策方法主要有效用概率决策方法、决策树方法及马尔科夫决策方法等；多目标决策方法主要有层次分析法、多属性效用决策方法、模糊决策方法、理想解方法等，其中层次分析法适用于决策因素是定性的情况。有关风险型决策方法、层次分析法、多属性效用决策方法及模糊决策法的数学原理在决策的参考书中均有详细介绍，就不再赘述了，本书只介绍理想解方法的原理。

理想解方法（technique for order preference by similarity to ideal solution，TOPSIS），直译为逼近理想解的排序方法，是一种有效的多指标决策方法。其基本思路是通过构造多指标问题的理想解和负理想解，并以靠近理想解和远离负理想解两个基准作为评价各对象的判断依据以做出风险决策，因此，理想解方法又称为双基准法。TOPSIS 的计算步骤如下。

第一步：建立标准化目标属性矩阵。设目标属性矩阵为 $\{a_{ij}\}_{m\times n}$，其中 m 为目标的数目，n 为各目标的属性数量。对效益型和成本型指标的标准化处理公式分别为

$$r_{ij}=\frac{a_{ij}-\min\limits_{1\leqslant i\leqslant m}\{a_{ij}\}}{\max\limits_{1\leqslant i\leqslant m}\{a_{ij}\}-\min\limits_{1\leqslant i\leqslant m}\{a_{ij}\}} \tag{3-1}$$

$$r_{ij}=\frac{\max\limits_{1\leqslant i\leqslant m}\{a_{ij}\}-a_{ij}}{\max\limits_{1\leqslant i\leqslant m}\{a_{ij}\}-\min\limits_{1\leqslant i\leqslant m}\{a_{ij}\}} \tag{3-2}$$

第二步：计算权重向量。权重的计算方法有很多，有定性的方法，也有定量的方法，还有定性与定量相结合的方法。定性的方法有专家打分法、层次分析法等；定量的方法有变异系数法、相关系数法及熵值法等。

第三步：建立加权属性矩阵。设标准化目标属性矩阵为 $\{r_{ij}\}_{m\times n}$，代入目标属性权重，则加权标准化矩阵为 $\boldsymbol{v}_{ij}=\{w_j r_{ij}\}_{m\times n}$。

第四步：确定理想解和负理想解，计算公式分别为

$$V^{+}=\{\max\limits_{1\leqslant i\leqslant m}\boldsymbol{v}_{ij}\}=\{v_1^{+},\ v_2^{+},\ \cdots,\ v_n^{+}\} \tag{3-3}$$

$$V^{-}=\{\min\limits_{1\leqslant i\leqslant m}\boldsymbol{v}_{ij}\}=\{v_1^{-},\ v_2^{-},\ \cdots,\ v_n^{-}\} \tag{3-4}$$

第五步：计算各方案到理想解的距离 s_i^{+} 和到负理想解的距离 s_i^{-}，计算公式分别为

$$s_i^{+}=\sqrt{\sum_{j=1}^{n}(v_{ij}-v_j^{+})^2} \tag{3-5}$$

$$s_i^- = \sqrt{\sum_{j=1}^{n} (v_{ij} - v_j^-)^2} \tag{3-6}$$

第六步：计算各方案的相对贴近度

$$C_i = \frac{s_i^-}{s_i^- + s_i^+} \tag{3-7}$$

3.7 基于统计理论的风险决策

统计决策理论涉及海洋环境风险评估与决策的各个层面。信息化条件下的高技术战争，对于战场环境保障提出了客观、定量、准确、及时等更高要求，统计决策理论旨在为战场环境保障提供优势利用、风险规避、时机选择、区域规划等决策支持。

3.7.1 统计决策理论概述

统计决策是 A. Wald 于 20 世纪 50 年代提出的一类决策理论和方法。随后几十年的发展，不仅使该决策理论有了严格的数学定义，也使其科学性、可行性和通用性得到加强，多类型的决策问题均可归纳于一个统一的模式下处理。

在传统的基于样本信息 $X=(x_1, x_2, \cdots, x_n)$ 的统计决策问题中，$X \in F_\theta$，F_θ 表示总体的分布，参数 θ 未知，而只知道 θ 所属的集合 Θ（Θ 为 θ 所有可能取值的集合，称为参数空间）。统计学家关注的问题是在 $X=(x_1, x_2, \cdots, x_n)$ 的信息基础上采取什么决策最好，但是这却取决于未知的 θ 值。例如，武器设备采购中根据抽样检验其作战效能，并决定是否引进该装备；作战行动指挥中根据历史气象统计结果决定某方案的实施时间等，都是希望所采取的决策取得尽可能好的效果，或者说，使"行动不当"所造成的损失尽可能小。

3.7.2 统计决策的三要素

在数学上，对于一个统计决策问题，一般可以通过以下 3 个要素表达出来（徐国祥，2005）。

（1）样本空间 H 与样本分布族 $\{F_\theta, \theta \in \Theta\}$。

（2）行动空间 A。它是统计学家可以采取的单纯策略（或称行动）的集合。例如，设 θ 为一维参数，要对 θ 做区间估计，则实轴上任一区间 $[a, b]$ 构成一个单纯策略，这时行动空间 A 为所有 $[a, b]$ 构成的集合，即 $\{[a, b]: -\infty < a \leqslant b < \infty\}$。若问题是要检验有关 θ 的假设，则行动空间 A 由 α_0（接受假设）和 α_1（拒绝假设）两个元素构成。

（3）损失函数 L。统计决策理论有一个基本出发点：所采取的行动的后果可以数量化。设参数真值为 θ，当参数的真值和决策结果 d 的不一致会带来损失，这种损失作为参数的真值和决策结果的函数，是一个随机变量，用 $L(d, \theta)$ 表示，称为损失函数。在决策问题中，设 d_i 是方案的集合中的一个方案，θ_i 是状态空间中出现的某一个状态，则对于所有的方案和状态有 $L(d, \theta) \geqslant 0$；对状态空间中的每个 θ，至少有一个方案 d，使 $L(d, \theta)=0$。

对于一般的统计决策问题，为了方便对统计量的刻画，常用的是某些“标准的”损失函数：

（1）二次损失函数：$L(d, \theta)=c(\theta-d)^2$，也称平方误差损失；

（2）绝对误差损失函数：$L(d, \theta)=c|\theta-d|$，也称线性损失；其中 c 为加权系数或损失系数。不难理解，系数 c 用来表示采取某种行动后的损失敏感度，它往往是由诸多因素综合决定的。在具体问题中，采取何种损失函数最好，是一个需要进行大量调查研究以至于理论工作的问题，这也是在使用决策理论时的一个困难点。

3.7.3 统计决策函数

当以上 3 个要素均已给定时，决策者采取什么行动，取决于他所掌握的样本。求一个统计决策问题的解，就是制定一个规则，以便对样本空间中的每一点，在行动空间中都有一个元素与之对应，也就是找一个定义于样本空间 H 而取值于行动空间 A 的函数或分布函数 d。当有了样本 X，就按 d 采取行动，称 d 为决策函数（徐国祥，2005）。

对一个统计决策问题，为选定一个较优的决策函数，需要建立反映决策函数优劣的指标。由于损失函数是个随机变量，损失函数的期望值 $R(d, \theta)$（即风险函数）是这样的指标，定义为 $R(d, \theta)=E[L(d, \theta)]$，即采取决策函数 d 而参数真值为 θ 时所遭受的平均损失。在决策中，每一个自然状态 θ_j 都会产生一个风险值：

$$R(d_i, \theta_j)=\sum_{i=1}^{k} L(d_i, \theta_j) \times p(d_i/\theta_j) \tag{3-8}$$

决策的目标是要找出一个决策方案 d，使其对各个自然状态风险值 θ_j 均为最小。为了更清楚地描述这个概念，引入容许性准则的概念：设 d 为一决策函数，若存在另一决策函数 $\bar{d}$，使对一切 $\theta \in \Theta$ 有 $R(d, \theta) \leqslant R(\theta, \bar{d})$，且不等号至少在 F_θ 中的某一点成立，则称 $\bar{d}$ 为不可容许的；否则为可容许的。从风险越小越好的原则出发，当 $\bar{d}$ 不可容许时，便没有理由使用它。判定一个决策函数是否可容许，是统计决策理论中一个重要而且困难的问题。在风险越小越好的原则下，若存在决策函数 d_0，对一切 $\theta \in \Theta$ 必成立 $R(\theta, d_0) \leqslant R(\theta, d)$，其中 d 为任一决策函数，则 d_0 是最好的决策函数，称为一致最优决策函数。但这种决策函数一般不存在，因而不得不放宽条件，常采用两种方法：一种是不对风险函数做逐点比较，而采用某种综合性指标；另一种方法是先从一定角度对允许使用的决策函数加以一定限制，然后再找一致最优的。因此，可以引入以下更具体可行的准则（徐国祥，2005）。

（1）期望值准则，也称风险性准则。从容许性的定义可以看出，需要寻找 d 为一致最优决策函数是很难存在的。在应用中可以以风险函数期望值为指标，常常对 θ 确定一个概率分布，并使其平均的风险值 $r(d,\theta)$ 达到最小，其中

$$r(d,\theta)=E[R(d,\theta)]=\sum_{j=1}^{L}R(d,\theta_j)p(\theta_j) \tag{3-9}$$

（2）贝叶斯准则。它以贝叶斯风险为指标，在参数空间上选定一个概率测度 ξ，称 ξ 为 $\theta(0\in\Theta)$ 的先验分布，而称 $R_\xi(d)=\int_\Theta R(\theta,d,)\mathrm{d}\xi(\theta)$ 为决策函数 d 的相对于 ξ 的贝叶斯风险，它也是一个综合性指标。若对一切决策函数 d 都成立，称 d 为 ξ 的贝叶斯决策函数。

（3）不确定型准则，也称极小极大准则。以最小化最大准则为例，最大风险 $M(d)=\sup_{\theta\in\Theta}R(\theta,d)$ 是一种综合性指标，若存在使最大风险最小的决策函数 $\bar{d}$，使对一切决策函数 d 都有：$M(d)\geqslant M(\bar{d})$，则称 $\bar{d}$ 是最小化最大决策函数，它反映了一种较稳健或保守的策略思想。

除此之外，还有最优同变性准则，也称不变性准则（徐国祥，2005）。

统计决策方法包括风险型决策、贝叶斯决策、不确定型决策、多目标决策等；海洋环境保障中典型的决策问题包括作战时机、作战区域、作战预案的优选及资源的优化利用等问题。

第二部分　气候变化对海洋环境的影响

第四章　全球气候变化的现实和应对

4.1　全球气候变化的现实

4.1.1　气候变化研究的紧迫性

近年来，随着超强台风、高温、热浪、暴雨洪灾等极端天气气候事件频率的增多和危害的加大，气候变化问题已然成为政府部门、公众媒体、行业、军队等社会各界不可回避的话题。根据政府间气候变化专门委员会（Intergovernmental Panel on Climate Change，IPCC）第四次评估报告，人类活动和自然因素共同推动了气候变化。近百年来（1906—2005年）全球平均地面温度上升了0.74℃，预计到21世纪末，全球平均地面温度（与1980—1999年相比）可能会升高1.1~6.4℃。随着全球变暖的持续，未来高温、热浪、强降水频率，以及热带气旋强度可能进一步增加。到21世纪末，全球平均海平面将上升0.18~0.59 m，格陵兰冰盖退缩将导致2100年后海平面继续上升。

由此，将引起更为普遍的气候灾害：高温和暴雨天气将危及世界部分地区，导致森林火灾和病疫蔓延；一些地区饱受洪涝灾害的同时，另一些地区将在干旱中煎熬，遭遇农作物减产、水质下降、土地荒漠化、径流枯竭等困境；受海平面上升影响，近海海岸带将面临海岸侵蚀、生态退化、海洋灾害肆虐的风险，沿海低洼陆地和小岛屿难以避免被淹没的命运。根据联合国《2007/2008年人类发展报告》，气候变化正以空前的规模威胁人类的发展，对发展中国家的影响最大，它使穷国千百万人面对缺水、缺食物和营养、生态遭到破坏的恶性循环。由此推测，未来国际社会局势能否维持安全稳定，令人担忧；一些国家的政治、经济、安全战略也将面临严峻考验。美国国家安全智库专家曾在向政府递交的一份报告中指出，全球气候变化对人类构成的威胁将胜过恐怖主义，因气候变暖、全球海平面升高，人类赖以生存的土地和资源将锐减，并因此引发大规模的饥荒、骚乱、冲突甚至核战争，届时地球将陷入无政府主义状态，成百上千万人将在战争和自然灾害中死亡，该报告警示："气候变暖将摧毁我们。"

我国是受气候变化影响最为严重的国家之一。近百年来，我国年平均气温上升了0.5~0.8℃；近50年来，我国沿海海平面年平均上升速率为2.5 mm，均略高于全球同期平均水平。相关研究结果显示，气候变化已经给我国农业、水资源、海岸带生态系统、海洋资源，以及社会经济带来严重影响。2014年11月12日，习近平主席和奥巴马总统在北京共同发布应对气候变化的联合声明，声明中美国首次提出到2025年温室气体排放较2005年整体下降26%~28%，刷新美国之前承诺的2020年碳排放比2005年减少17%，中方首次正式提出2030年中国碳排放有望达到峰值，并将于2030年将非化石能源在一次能源中的比重提升到20%。该声明同时指出："全球科学界明确提出，人类活动已在改变世界气候系统。日益加速的气候变化已经造成严重影响。更高的温度和极端天气事件正在损害粮食生产，日益升高的海平面和更具破坏性的风暴使我们沿海城市面临的危险加剧，并且气候变化的影响已在对世界经济造成危害。这些情况迫切需要强化行动以应对气候挑战。"

因此，无论是从科学家的研究，还是政府高层的战略判断来看，气候变化问题都是包括中国在内的全人类当前和未来面临的重大挑战，与人类自身的利益息息相关。

4.1.2 中国海洋安全的严峻性

我国是一个海洋大国，拥有1.8×10^4 km的海岸线、6500余个岛屿、约300×10^4 km^{2}的海洋国土。历史上我们开辟了沟通东、西方文明的海上丝绸之路，创造了郑和七下西洋的航海壮举，然而，近代以来上百次的外敌入侵同样也是来自海上。正如郑和（1371—1433年）所言："欲国家富强，不可置海洋于不顾，财富取之于海，危险亦来自海上。"中华人民共和国的成立，结束了我国有海无防的历史，而海洋权益争端却日益凸显。另外，随着经济的快速发展，我国对外贸易的依存度越来越高，而海运重点区域印度洋，尤其是作为我国海上石油生命线的马六甲海峡，却一直弥漫着海盗与恐怖组织联手制造恐怖事件的阴影，我国能源战略通道安全令人担忧。

随着传统的陆地经济、陆地资源向海洋经济、海洋资源的拓展和延伸，海洋权益、海洋国防和海洋国土意识逐渐被认同和强化，中华民族要实现从海洋大国向海洋强国的转变，必须摒弃传统的重陆轻海观念，关注海洋、利用海洋、经略海洋。孙中山先生有言："世界大势变迁，国力之盛衰强弱，常在海而不在陆，其海上权力优胜者，其国力常占优胜。"

海洋对气候变化的影响敏感，南北极冰雪融化与海平面上升，以及海上极端天气的变异必将对海洋地理、海洋水文和海洋气象等环境因素产生重大的影响，进而使海洋生态、海洋资源、航运通道、能源安全和海洋权益面临不确定和潜在的风险。因此，气候变化与国家海洋战略和海上国防安全之间有着密切的关联，气候变化已对中国海洋战略和海洋安全构成了无法回避的、严峻的挑战。开展气候变化对海洋战略与海洋国防安全的影响与对策研究，是事关国家战略发展前瞻性的重大课题。

4.1.3 气候变化与海洋环境区域响应的关联性

海洋资源、环境与气候系统密切相关，海上交通、海洋开发、科学考察、军事行动等海上活动受气象条件的直接影响和制约。在全球气候变暖趋势下，海洋气象水文环境发生变异：海水酸化将会影响海洋生物、渔业资源分布；台风、风暴潮等灾害加剧严重干扰沿海地区生产生活及海上运输通道安全；海平面上升使沿岸低地和部分岛屿面临被淹没的风险，进而引发更加激烈的主权争议和领海争端。因此，在制定和实施海洋开发、海洋管理、海洋权益捍卫等海洋战略时，必须将气候变化作为重要因素加以考虑。英国政府在2010年2月发布的《英国海洋科学战略》报告，将应对气候变化列为未来15年英国海洋科学研究的三大重点之一，并成立专门委员会负责推进实施。澳智库对澳大利亚海洋管理提出的建议中，也明确强调要重点关注气候变化给海洋带来的威胁，并将处理气候变化、海平面上升、海洋污染、海水酸化等事务的相关援助纳入国家援助计划的重点项目当中。可见，站在国家利益高度，开展气候变化对国家海洋战略的影响研究，已成为捍卫我国海洋权益，保障我国海洋疆域和能源经济安全的迫切需要。

气候变化属于自然科学研究范畴，而国家海洋战略属于社会科学范畴，要想建立两者之间的联系，需要找到一个恰当的“桥梁”。“风险”一词的提出，最早是在经济学领域，后被引入自然灾害研究之中，致险因子、承险体大多既含自然属性，又具社会属性，所以说，风险本身就是一个具有自然和社会双重属性的概念。因此，将“风险”作为联系气候变化和国家海洋战略的“桥梁”，具有合理性和可行性。另外，要想准确把握气候变化给海洋战略带来的机遇和挑战，需要进行充分论证和科学决策，而科学决策的前提就是定量评估气候变化产生的影响。目前，学术界对气候变化及其影响的认识还有很多不确定性，对气候变化及其影响的评估存在很大的困难。风险分析是一种广泛应用于自然灾害、环境科学、经济学、社会学等领域的一种分析方法，它提供了一种对具有不确定性的复杂巨系统进行定量评估的思路和方法。因此，基于风险分析的理论和方法，开展气候变化对国家海洋战略的影响分析和评估，旨在为科学把握气候变化的可能影响，防范和适应气候变化对我国海洋战略的潜在威胁提供科学咨询和决策支持。

4.2 国内外研究现状

4.2.1 应对全球气候变化研究

1979 年，世界气候大会在日内瓦召开，会议制定了世界气候研究计划（World Climate Research Program，WCRP），揭开了全球气候和气候变化研究的序幕。1988 年 11 月，世界气象组织和联合国环境规划署联合成立政府间气候变化专门委员会（IPCC），其主要任务是对气候变化科学知识的现状，气候变化对社会、经济的潜在影响，以及适应和减缓气候变化的可能对策进行评估。该委员会自成立以来，已先后于 1990 年、1995 年、2001 年、2007 年、2014 年和 2023 年发表了 6 次综合评估报告，其中最近一次报告将国际社会对气候变化问题的关注提升到了前所未有的高度。继 2009 年世界各国就全球气候变化达成《哥本哈根协议》之后，经过漫长的争论和利益各方平衡，在 2010 年底于墨西哥坎昆举行的《联合国气候变化框架公约》第 16 次缔约方会议上再次达成《坎昆协议》，取得了许多有意义的控制和应对气候变化的进展。此外，美国也推出了庞大的国家全球变化研究计划（U. S. Global Change Research Program，USGCRP），并在总统科学顾问和国家科学技术委员会主持下，组织科学队伍于 1997 年开始进行国家评估，评估报告于 2001 年向全世界公开，受到有关国际机构和各国科学界的关注。

英国环境部 20 世纪 90 年代设立了一系列全球气候变化课题，主要研究预测未来几十年内全球气候的可能变化及其影响和对策。法国也发起了“气候变化的影响与管理”计划。日本的全球变化研究优先项目、芬兰的国家全球变化和气候变化研究计划都包括气候变化对生态系统的影响，气候变化的适应与减缓对策等。此外，荷兰、瑞典、瑞士、澳大利亚和俄罗斯等也都发起了自己国家气候变化研究计划，气候变化对本国生态环境和社会经济的影响及其对策，是各国相关计划关注与研究的重要领域（许小峰，2009）。

我国于 1987 年成立中国国家气候委员会，同时分别成立了与世界气候计划相对应的气候研究、气候应用、气候影响和气候资料等分会。1990 年 2 月，中国国家气候变化协调小组正式成立，下设科学评价、影响评价、对策和国际公约 4 个小组。我国学者积极参与国际气候变化研究，自 1988 年 IPCC 成立以来，共有 100 余位中国科学家参加了其评估报告和特别报告的编写和评审，在第四次评估报告编写过程中，共有 30 位中国科学家担任主要作者和评审专家。自 20 世纪 90 年代以来，通过实施“全球气候变化预测影响和对策研究”“全球气候变化和环境政策研究”等攻关项目和“中国气候变化国别研究”等中外合作计划，构建了各种气候评估模式，开展了气候变化对农业、水资源、能源、海岸带、森林、草原、人居设施和人体健康等方面的影响评估（丁一汇，2008；游松财等，2002；秦大河等，2005；蔡锋等，2008；陈宜瑜等，2005）。另外，在气候变化的社会经济影响研究中，通过对国外的方法和模型进行调整和分析，开发了适合我国情况的方法和模型并取得了初步运算结果（吕学都，2003）。2007 年，我国正式公布了《气候变化国家评估报告》，全面总结了中国气候变化科学研究成果，为制定国民经济和社会的长期发展战略提供科学决策依据。

4.2.2 全球气候变化影响的战略认知

近年来，全球气候变化问题引起国际组织及各国政府和决策部门的高度重视，气候变化已远远超出一般意义上的气候问题和环境问题，而被提到国家安全等战略层面上。早在 2003 年，美国国防部就给布什政府提交了一份题为《气候突变的情景及其对美国国家安全的意义》的秘密报告。2007 年 4 月，美国海军分析中心军事咨询委员会再次发布《国家安全与气候变化威胁》报告，从军事角度评估了未来 30～40 a 气候变化对美国国家安全的潜在威胁，强调美国军方应立即采取措施应对气候变化，在国际社会引起了极大反响。2010 年，新美国安全中心又发布了题为《开拓视野：气候变化与美国武装力量》的报告，认为气候变化与当前的政治、文化和经济发展相互作用，对美国的全球利益产生至关重要的影响。英国牛津大学也在 2008 年发布了名为《一个不确定的未来：法律的执行、国家安全与气候变化》的报告，称到 2050 年全球将因水源及粮食短缺而陷入战争。

同时，在海洋科学、海洋开发、海洋管理等海洋战略部署中，气候变化带来的影响也逐渐引起各国相关部门的重视。英国和澳大利亚等国家已将气候变化问题列入海洋科学战略和海洋管理中，重点关注气候变化给海洋带来的威胁。我国虽未制定全面具体的国家海洋战略，但气候变化问题一直是海洋研究的重要内容之一，“七五”期间开展了“我国气候与海平面变化及其趋势和影响研究”，“八五”“九五”期间相继开展了“气候变化对沿海地区海平面的影响及适应对策研究”“气候变化、海平面变化与太湖平原水资源”等一系列研究。2007 年，国家海洋局印发《关于海洋领域应对气候变化有关工作的意见》，对海岸带、近海区域与气候变化相关的各项海洋工作进行了战略部署，将气候变化因素纳入海洋规划的编制，并落实在海域使用和海洋环境管理中。近几年来，我国在极地、大洋海气相互作用、沿海及近海区域对气候变化的响应与对策研究方面又有了新的进展，海洋监测和预报技术、海洋生态保护技术和海岸带管理技术得以加强，有关气候变化的海洋基础研究进一步深化，这些都为开展国家海洋战略层面上的气候变化影响评估与对策研究打下了科学基础。

第五章　气候变化对国家海洋战略的影响

本章拟研究探讨气候变化与国家海洋战略的关联，提取气候变化对国家海洋战略的关键影响因子，分析气候变化对国家海洋战略的制约过程和影响机制，构建海洋战略风险评价体系和概念模型，为气候变化的海洋战略风险评估提供理论基础。

5.1　国家海洋战略内涵

5.1.1　海洋战略的定义

海洋战略是一个宏观、宽泛的名词，包含着丰富的内涵。可以认为，海洋战略是国家、政府及涉海部门处理海洋事务的策略、方法和艺术，包括海权问题、海洋开发与保护问题、海洋防务、海洋科技等问题的国家目标、行动方案及实现上述目标的方案和手段等(李立新等，2006)。具体地说，海洋战略是指一个国家为求长期生存和发展，在外部环境和内部条件分析的基础上，对今后一个较长时期内海洋发展的战略目标、战略重点、战略步骤、战略措施等作出的长远和全面的规划，是涉及海洋开发、利用、管理、安全、保护、捍卫诸方面方针、政策的综合性、全局性战略（王历荣等，2007)。

海洋战略从属于国家战略，是国家总揽海洋发展与海上国防安全的总方针，是处理国家海洋事务的总策略。海洋战略又可分为海洋发展战略和海洋安全战略两类战略方向。

海洋是现代文明的摇篮、自然资源的宝库、交通运输的命脉。在世界经济全球化发展及陆地资源日益枯竭的21世纪，世界各国对海洋的依存度越来越高，争夺海洋水域管理权、海洋资源归属权、海峡通道控制权，已成为世界各国竞争与角逐的核心。世界各发达国家和涉海国家都在加紧对各自海洋战略的修订和调整，用以指导和推进最大限度地开发、利用海洋资源，获取海洋利益（江新风，2008；申晓辰，2009)。

5.1.2　我国的海洋战略

我国的海洋战略历经了不同历史时期的调整，目前仍处于理论探索和发展完善阶段。

表5-1概括了国内部分学者或研究小组对中国海洋战略的观点与阐述。虽然所列内容有所差异，但基本上都是从海洋安全和海洋经济发展两个角度，围绕海洋和岛屿主权的捍卫、海岸带经济的发展、海洋资源的开发利用、能源通道的安全保障4个方面的战略目标和方案进行规划和论述的。

表5-1 我国国家海洋战略部分观点阐述

	对我国国家海洋战略的建议	
	对国家海洋战略的分类	战略重点或目标
李立新，徐志良（2006）	海洋政治战略	以扩大管辖海域为核心
	海洋经济发展战略	以建设海洋经济强国为核心
	海洋防卫战略	以海洋安全和国家安全为主
	海洋科技战略	以高新技术与常规技术相结合
尹卓（2010）	国家海洋发展战略	开发海洋资源、发展海岸带和海洋经济，确保航线安全
	海洋安全战略	应对传统安全威胁（包括岛屿主权、海域划界争端，以及周边国家的军事挑衅），应加强巡逻，保卫领海主权不受侵犯；应对非传统安全威胁，加强护航编队
国家海洋局海洋发展战略研究所（2010）	海洋发展的中长期指导方针	科学开发海洋资源，积极开拓海洋发展新空间；切实保护海洋生态环境健康，努力保障海上战略通道安全，坚决捍卫国家海洋权益

为此，本书认为我国21世纪的海洋战略应包含以下内涵：

（1）建设强大的海上军事力量，捍卫国家主权和海洋权益；

（2）大力发展海洋科技，科学规划海岸带经济发展，合理开发利用海洋资源；

（3）拓展国际合作和外交影响，确保能源通道安全畅通。

海洋战略的疆域，不仅包含我国沿海地区、内海和边缘海，还应该更关注我国周边和世界重要的海峡通道，走出第一、第二岛链，东突太平洋，西挺印度洋，以及关注北极和南极。

在国家海洋战略范畴中，凡是威胁领海与岛屿主权、海洋经济发展、海洋资源开发和能源通道安全的因素，都将影响制约国家海洋战略，构成潜在的风险。制定国家海洋战略，必须系统深入地考虑海洋自然环境、气候变化引起海洋环境响应，其通过一系列关联和影响机制，必将对国家海洋战略产生深刻影响，这也是当前较为薄弱和亟待开展的研究课题。

5.2 气候变化的影响

气候变化对国家海洋战略的影响是多方位、多途径、多层次的，它涉及自然环境和人类社会等诸多领域。气候变化导致的海平面上升、海洋气象水文要素变异和海洋环境极端天气现象，已对岛屿、海岸带、海洋生物资源、海上航运安全等产生显著影响。可以推测，随着气候变化的持续，上述影响也将持续甚至加剧，进而使国家海洋战略和国家海洋安全面临更大的风险。

5.2.1 气候变化对海洋环境的影响

综合前面的分析阐述，气候变化对海洋环境的影响可以归纳为如下几个方面。这里的海洋环境既包括海岸带、岛礁、海峡通道等地理环境，也包括与海上活动密切相关的海洋气象和海洋水文环境。

5.2.1.1 改变和损毁海岸带和岛屿环境

海平面上升将使海岸带、岛屿遭受洪水、风暴潮、海岸侵蚀等灾害，造成盐沼、红树林等海岸带湿地丧失、沙滩退化，危及重要的基础设施和人居环境，进一步造成海岸线的退缩和岛屿的淹没。破坏性更强、影响范围更大的热带气旋侵袭沿岸地区和岛屿，造成人员伤亡和经济损失，如人口流离失所、港口设施毁坏、军事基地受损等。

5.2.1.2 影响、制约和威胁海上活动安全

海平面上升在使一些海峡通道拓宽的同时，也使某些明礁变成暗礁，从而增加船舶航行中的触礁风险；海峡通道水深发生变化，可能有利于放宽对通航船舶吨位的限制。在气候变化背景下，热带气旋呈现出增强的趋势，且移动路径更具随机性和不确定性，进而使船舶航行安全和海上军事行动面临更大的威胁。严重冰情、低能见度、灾害性海浪等潜在的气候变化响应事件不利于海上航行和海上军事行动；海上极端高温、高湿使人员更易头晕、疲惫和中暑，极端低温则更易导致冻伤，进而影响海上活动或军事行动效能。

尤其是热带气旋会带来狂风暴雨天气，海面产生巨浪和暴潮，造成生命财产的巨大损失，严重威胁海上航行安全。1944 年 12 月 17—18 日，美国海军第三舰队在吕宋岛以东洋

面上突然遭遇台风袭击，3 艘驱逐舰沉没，9 艘舰船（包括航空母舰）严重损坏，19 艘舰船受损，毁坏飞机 146 架，775 人丧生。就其所遭受的损失而言，在美国海军历史上仅次于珍珠港事件。在气候变化背景下，这类极端海洋灾害风险可能会更加频繁，也更具威胁性。

5.2.2 气候变化对海洋资源的影响

海洋资源是一个较为广义的范畴，本书的海洋资源特指我国周边海域的海洋生物和渔业资源、海洋矿物资源（特别是油气资源）及北极地区的矿藏资源。气候变化对海洋资源的影响主要表现在以下方面。

5.2.2.1 全球变暖对海洋生物资源的影响

大气和海洋的升温、海水的逐步酸化、臭氧层破坏导致的紫外线强度增加及热带气旋变异等事件，将威胁珊瑚的生存，导致珊瑚礁白化、死亡 、受损。例如，1998 年全球气温达到近百年来最热程度，同年全球的珊瑚礁生态系统出现了大范围灾难性的、空前严重的珊瑚白化和死亡现象。珊瑚的死亡直接威胁到依附其生存的海洋物种。另外，海水的升温和溶解氧含量的变化等因素影响了海洋生物的新陈代谢过程，将会干扰海洋生物个体的生长、发育、摄食和死亡，出现暖性生物分布区扩大、冷性生物分布区缩小及物种北移等现象。海洋生态系统的结构和功能出现的变化，对海洋食物链乃至渔业和海水养殖业将产生明显的作用，从而导致海洋生物资源的可持续利用遭遇难以估量的影响（蔡榕硕等，2006）。

5.2.2.2 全球变暖增加了世界各国对海洋资源的依赖

随着世界各国城市化、工业化进程的推进和人类活动的加剧，大量温室气体的排放导致了一系列的高温、干旱、热浪等极端气候事件，致使更多的能源被用于生产、生活和改善环境，这反过来又加重了自然资源和自然环境的承受能力，并进一步增加了世界各国对海洋能源的依赖，促使各国加快对海洋资源的开采，从而使海洋资源争夺在所难免且会愈演愈烈。

5.2.2.3 冰雪融化将致使北极资源争夺面临更大风险

随着气温的逐渐增暖，北极地区的积雪、冰川、冻土面积和厚度将逐渐融化和减少，使丰富的北极资源越来越多地暴露出来，成为极具诱惑力的资源宝库；而海冰的融化又使北极地区的航线数量、通航时空范围进一步扩大，航运更加便捷、成本更加经济，这些又为北极资源的开发提供了有利条件。目前，北极周边国家及世界大国、强国均已加紧对北极地区勘测考察，开展气候、环境、资源的分析评估研究和法律层面的诉求，都希冀能够抓住气候变化带来的契机，更多地切分到北极这块大蛋糕的更大份额。由于北极地区长期以来被冰雪覆盖，其领土/领海地位和资源归属一直没有明确划定，存在着较大的争议和法律盲区，随着气候变化导致的北极地区冰雪消融，未来北极资源的争夺将会更加复杂和激烈。

5.2.3 气候变化对能源通道的影响

海上通道一般是指海上客、货运输的流经地、路线及管理系统的总和。海上能源通道包括能源运输的海洋航线、处于枢纽地位的海峡水道及接卸油轮的沿海港口等。气候变化引起的海洋环境响应，既可能威胁港口和货运船舶的航行安全，加剧我国传统能源通道的运输风险，也可能为开辟新的能源通道创造条件。

5.2.3.1 地理和气象水文环境变异影响港口和航行安全

气候变化的海洋环境响应（海洋地理和海洋气象、水文要素），首先是可使某些海平面较低的港口、码头对海平面上升极为脆弱，加之热带气旋、风暴潮等环境灾害，将会对港口设施和功能造成严重威胁，从而影响海上能源运输的畅通。

此外，海平面上升还会改变海峡通道的宽度、水深和明暗礁分布等地貌环境；海洋气象水文要素和极端天气事件，都会使海洋环境更加复杂，这些都将给海上船舶航行带来不安全的因素。

5.2.3.2 生存环境恶化将影响地区稳定

气候变化导致的气温升高和降水量的时空变异，会引起某些沿海地区高温干旱，粮食减产、水资源供应不足；热带气旋、海岸带洪水等气候响应事件的增加或加剧将会造成人口伤亡、环境恶化和地区贫困化。环境灾害造成的生存压力使贫困地区的人口生活更加艰难，更易诱发暴力冲突和极端恐怖主义，给社会和周边海区带来威胁和不稳定因素。

气候变化曾导致的人道主义灾难案例：恶化的气候条件和持续干旱导致 2006 年 6 月在埃塞俄比亚南部因为土地和水资源归属问题发生了流血冲突，数百人死亡，2.3 万人被迫迁居；在尼日利亚，全球气候变化导致的贫困化成为该国中部地区的暴力之源；在苏丹达尔富尔地区，气候变化引起部落之间争夺自然资源的冲突接连不断（刘俊，2009）。

联合国前秘书长潘基文曾表示，非洲部分地区的冲突和全球变暖之间存在着联系。而非洲东部海域航线密集，海盗和恐怖主义活动猖獗，随着气候变化的加剧，未来越来越严重的社会动乱和生存压力可能滋生出更多的海盗活动和恐怖事件，给海上能源运输安全带来更严峻的威胁。

5.2.3.3 北极冰川消融将加速“西北航道”开通

从地理学的角度来看，“西北航道”是指东起加拿大东北部巴芬岛以北，向西经加拿大北极群岛间的一系列海峡至美国阿拉斯加北面的波弗特海的一条北冰洋的海上航道。它是连接大西洋和太平洋的便捷通道之一，航道全长约 1500 km，发现于 19 世纪中叶。由于“西北航道”一年中有 9 个月海面被厚达 3~4 m 的冰层覆盖，即使在最热的夏季，海面上也漂浮着无数巨大冰山，船只能在冰山间穿行，航行非常艰险。因此“西北航道”自发现以来的近百年间并未得到充分利用。

然而，在全球气候变暖的背景下，北极地区和北冰洋的冰层正在快速融化且表现出加速的趋势，若这种趋势继续下去，预计会在不久的将来，西北航道会因冰层的消融而变得畅通。有科学家推测在未来 25~30 a，北冰洋的冰层将在某年的夏天消失。如果“西北航道”开通，除具有巨大的商业价值外，对于我国的能源运输来说，又增加一种可选方案和绝佳机遇，对于摆脱我国能源运输过分依赖于印度洋航线的局面具有重要的战略意义和经济价值。

5.2.4 气候变化对海洋主权的影响

海洋主权主要涉及领海、毗连区和专属经济区的划界，以及岛屿归属等问题。气候变化导致的海平面上升等海洋环境响应将会进一步激化或加剧海洋主权争夺和冲突。

5.2.4.1 海平面上升将使部分海域和岛礁的主权争端风险加大

根据《联合国海洋法公约》，海岸线（包括陆地和岛屿海岸线）是决定该国领海、专属经济区、毗连区范围的重要依据。如《联合国海洋法公约》中规定每个国家领海的宽度为从基线量起不超过 12 n mile，毗连区为从基线量起不超过 24 n mile；每个国家有权在领海以外拥有从基线量起不超过 200 n mile 的专属经济区。沿海国家的大陆架，包括其领海以外依其陆地领土的全部自然延伸，直至大陆架的外缘，最远可延伸至 350 n mile，如不到 200 n mile，则可扩展至 200 n mile。对于岛屿、岩礁问题，海洋法公约规定，岛屿同其他陆地领土一样，可拥有领海、毗连区、专属经济区和大陆架；而对不能维持人类居住或其自身经济生活的岩礁，则不应有专属经济区或大陆架。

然而，气候变化导致的海平面上升，可能导致大陆、岛屿海岸线发生变化，使部分岛屿被淹没或变为岛礁，进而使沿海各国对应的领海、毗连区、专属经济区范围发生相应的改变。

（1）海平面上升使低海拔的海岸带有可能会被淹没，这一方面造成国土资源的流失；另一方面由于海岸线的后退，导致领海、专属经济区的测量基线后退，进而使领海范围退缩。

（2）海拔低的岛屿或是低潮高地将会被海水淹没，如果被淹没的岛礁原先为测量专属经济区和大陆架宽度的基点，则会使海域疆界发生退缩；而对本身就拥有领海、毗连区、专属经济区和大陆架的岛屿来说，一旦被淹没则意味着将失去一大片管辖海域。

（3）海拔较低的岛屿或高潮高地，也将部分被淹没，且更易遭受极端海平面上升事件的侵袭，使这些岛屿的人口、资源及设施遭受严重损坏，失去基本的生存条件，由此同样将失去其专属经济区和大陆架海区。

基于气候变化的上述潜在风险，周边各国基于自身的利益考量，必将激发新一轮的领海主权争夺。目前，我国在东海、南海等海区与周边国家本来就存在激烈的主权争端，海平面的上升无疑会使这些海区和岛屿的主权争端进一步加剧，局势也更加复杂。海区主权争端风险大小取决于海平面上升幅度、岛礁的海拔高度、岛屿面积、岛屿地质结构类型、岛屿在海域划分中的战略价值，以及岛屿的政治、经济和军事地位等。

5.2.4.2 气候变化可能影响或削弱沿海和岛屿军事基地的防卫能力

海平面上升和极端天气事件变异等气候变化响应，会对沿海军事基地、岛屿驻军及军事设施造成威胁，尤其是当这些海岸带或岛屿作为重要的海防基地时，将会直接影响制约军事设施功能、效能和驻守部队的生存、生活环境，甚至不排除军事基地可能被废除或荒芜，进而丧失重要的战略要点、改变军事部署格局、削弱防御纵深，间接影响海洋主权稳固或者海洋国防安全。

5.2.5 气候变化对国家海洋战略的影响机制

以上分析表明，气候变化首先引起海洋环境演变响应，海洋环境的各种演变再进一步影响并制约海岸带经济、海洋资源、能源运输及海洋主权，最后危及国家海洋战略。这种影响机制包括两个层面：气候变化物理影响机制和气候变化社会响应机制。

气候变化对海洋环境的影响主要是通过自然响应过程，属于物理影响机制范畴。即气候变化引起的温度、降水变化作用于陆地、海洋等自然生态系统，引起水资源、作物产量、人体健康、极端天气、冰川、海平面及其他气象水文要素发生变化，进而导致海岸带和岛屿环境变迁，以及海洋地理、海洋气象、海洋水文和人居环境演变。

海洋环境变迁对海洋主权、海洋资源、能源运输等的影响则是通过人为响应过程，属于社会响应机制。即海岸带和岛屿环境变迁、海洋地理、海洋气象、海洋水文环境的演变，影响社会、政治、经济系统，引发粮食和水资源等生存环境危机，致使社会动荡、政局不稳、极端势力和恐怖活动滋生，以及国家之间资源争夺、主权争端等社会问题凸显，最终影响国家海洋安全、制约对海洋的战略谋划。

由此，气候变化对国家海洋战略的影响过程大致可划分为两个阶段：气候变化通过物理机制引起自然生态系统响应阶段；以及自然环境演变通过社会机制引起政治、经济、社会响应阶段（图 5-1）。

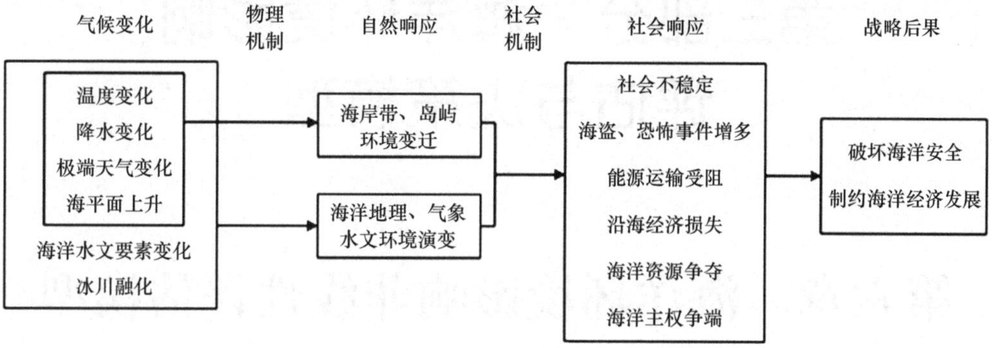

图 5-1　气候变化对国家海洋战略的影响机制和响应过程

第三部分　海洋环境影响评估与决策模型

第六章　海洋环境影响非线性评估模型

由于评价实质上是人的智能活动，而人脑的思维过程多是非线性的，因此，评估的本质并不是线性的。那么，什么是非线性评估？导致评估非线性的原因有哪些？非线性评估模型有哪些？本章将进行详细阐述。

6.1　非线性评估的定义

记 n 维向量 $\boldsymbol{x} = (x_1, x_2, \cdots, x_n)$ 为评估对象的指标变量评判值所组成的、有固定次序的数组，记 y 为评价结论，如果由 x 到 y 的关系

$$y = A(x) \tag{6-1}$$

不满足条件（1）或条件（2），则称此评估的模型是非线性的。

条件（1）：和的评估等于评估的和。设两个评估对象分别为

$$x^1 = (x_1^1, x_2^1, \cdots, x_n^1) \tag{6-2}$$

$$x^2 = (x_1^2, x_2^2, \cdots, x_n^2) \tag{6-3}$$

则有

$$A(x^1 + x^2) = A(x^1) + A(x^2) \tag{6-4}$$

在评估实践中，条件（1）表明两个评估对象合并之后的评估结论等于合并之前各自评估结论的和。

条件（2）：单个评估指标改变引起的评估改变量正比于该指标的改变量。具体来讲，给定评估对象。

$$\boldsymbol{x} = (x_1,\ x_2,\ \cdots,\ x_k,\ \cdots,\ x_n) \tag{6-5}$$

现在让第 k 个指标由 x_k 变到 x'_k，其他 $n-1$ 个指标保持不变，由此得到

$$x' = (x_1,\ x_2,\ \cdots,\ x'_k,\ \cdots,\ x_n) \tag{6-6}$$

6.2 导致评估非线性的原因

我们在前面提到，评估的本质是非线性的，在评估实践中应采用非线性评估模型，为什么呢？换言之，导致评估非线性的原因有哪些呢？参考相关资料中的研究成果，结合气象水文保障实际情况，得出以下主要原因。

6.2.1 特殊评估指标的作用

特殊评估指标是指在评估过程中不易与其他指标线性混合在一起的某些指标，具有重要性、不确定性和齐一性这 3 个特性。在评估实践中，需要给特殊评估指标设定容许水平 α，若该指标（记作 x_s）的值满足 $x_s<\alpha$，则不进行评估，即评估值 $A(x_1,\ \cdots,\ x_s,\ \cdots,\ x_n)=0$；若该指标的值满足 $x_s \geqslant \alpha$，则继续进行评估。侯定丕等（2001）已证明这样表述的评估一定是非线性的，读者可以查看相关资料了解具体的证明思路。关于如何识别特殊评估指标，目前仅停留在定性判断上，还没有一套定量判断的方法。

6.2.2 突出影响指标的作用

张晓慧等（2003）指出，评价工作中某些指标具有的突出影响就是非线性特征的一种表现，所谓指标的突出影响是指标对评价结果的影响仅靠增大权重无法完全体现。具体来说，当被评对象某个指标值很高而其他指标值相对较低时，实际情况下可以认为其是优秀的或不良的，但应用加权平均法后，由于权重影响的不足，这个指标的突出影响就无法体现，使整体的评价结果与实际相悖。究竟什么是突出影响指标，目前还没有统一的定论。

6.2.3 规模效益指标的作用

规模效益指标是指当指标的值相当小与相当大时，对评估结论的贡献都小；当取值适中时，其贡献最大。侯定丕（2001）已证明：如果评估指标中含有规模效益指标，则一定是非线性评估。具体证明思路为，设评估对象为 $\boldsymbol{x}=(x_1,\ \cdots,\ x_{s-1},\ x_s^*,\ x_{s+1},\ \cdots,\ x_n)$，其中，$x_s$ 是有规模效益的评估指标，$x_s=x_s^*$ 是对评估结论贡献最大的值，使其他 $n-1$ 个指标保持不变，而让 x_s 由 x_s^* 改变到 $\alpha x_s^*(\alpha>1)$ 与 $\beta x_s^*(\beta<1)$，如果评估是线性的，相应

的评估结论改变量为

$$\lambda_s(\alpha x_s^* - x_s^*) = \lambda_s(\alpha - 1)x_s^* \tag{6-7}$$

$$\lambda_s(\beta x_s^* - x_s^*) = \lambda_s(\beta - 1)x_s^* \tag{6-8}$$

式中，λ_s 为非零的常数值，这两个改变量是异号的，但由于 x_s^* 是最大值点，评估结论的改变量都应是负数，这就引出了矛盾。

6.2.4 数据处理

战场环境影响评估可用的信息和知识来源主要是定性的保障原则、经验知识、决策规范等，在进行评估时，首先需要对这些定性的资料进行定量化处理。另外，在大气海洋领域中，数据资料处理已经成为科学研究工作的重要前提，主要是数据融合与资料同化。其方法包括多项式插值法、逐步订正法、最优插值法、三维及四维变分同化方法、卡尔曼滤波法等。除此以外，还要对数据进行标准化处理、无量纲化处理等。数据处理过程中所用方法大多是非线性的，因此，评估过程也是非线性的。

6.2.5 评估对象的和

战场环境影响评估实践中，往往要构建多层次的评估模型。以海洋环境对潜艇作战效能的影响评估为例进行说明，潜艇的作战效能包括很多方面，如航线安全效能、鱼雷攻击效能和战术隐蔽效能等，在计算潜艇作战的总效能评估值时，由于不同海洋环境要素间存在重要性差别，而且各要素对这些分效能的影响存在重合，往往不能简单地将这些分效能评估值进行累加求和，这是评估实践中常见的非线性现象。

6.2.6 定性评估

任何一个评估工作都是定性评估与定量评估相结合的过程，定性评估成分不会受线性条件（1）和条件（2）的约束，因而总是带来非线性。如专家打分法是常用的定性评估方法，在使用过程中经常需要用统计的方法或其他方法进行处理，从而带来非线性。

6.3 非线性评估模型

常用的非线性评估模型主要有在模糊综合评价法、灰色综合评价法、投影寻踪法、云模型综合评价法和信息扩散模型评价法等方法中使用的模型。

6.3.1 模糊综合评价法

6.3.1.1 概述

在气象水文领域中，存在大量的模糊概念和模糊现象，如弱风与强风、低压与高压、小浪与大浪等。虽然这些概念的内涵是明确的，但是我们很难界定这些对立概念之间的确切界限，即外延是不明确的。具有模糊性的现象称为模糊现象。由于事物的复杂性，其元素特性界限不分明，使其概念不能给出确定性的描述，不能给出确定的评定标准，这种不确定性称为模糊不确定性，即模糊性。模糊数学是用以研究和处理具有模糊现象的数学方法。在海洋气象水文保障中，海洋气象水文要素对武器装备效能有很大影响，需要进行定量评估，这些要素往往具有模糊性，需要借助模糊数学的处理方法，以做出合理的评价。模糊综合评价法就是以模糊数学为基础，应用模糊关系合成的原理，将一些边界不清、不易定量的因素定量化，从多个因素对评价事物隶属状况或隶属等级进行综合评价的一种方法。该方法的优点是数学模型简单，容易掌握，对多因素、多层次的复杂问题评判效果比较好（杜栋等，2008）。

6.3.1.2 模糊集理论

1）模糊子集、隶属函数

集合论是模糊数学立论的基础。对于普通集合论，即康托德经典集合论，只能表现“非此即彼”性现象。对于一个普通的集合A，空间中任一元素x，要么$x \in A$，要么$x \notin A$，这一特征可以用一个函数表示：

$$A(x)=\begin{cases}1, & x \in A \\ 0, & x \notin A\end{cases} \tag{6-9}$$

式中，$A(x)$称为集合A的特征函数。1965年，美国著名的自动控制专家扎德教授将特征函数推广到模糊集的[0，1]区间，并对模糊集做了以下定义：设U为一基本集，所谓U上的一个模糊子集$\underset{\sim}{A}$是指：对于每个$x \in U$，都能确定一个数$\mu_{\underset{\sim}{A}}(x) \in [0, 1]$，这个数就表示$x$属于$\underset{\sim}{A}$的程度，也称隶属度。映射

$$\begin{aligned}\mu_{\underset{\sim}{A}}: U &\rightarrow [0, 1] \\ x &\rightarrow \mu_{\underset{\sim}{A}}(x) \in [0, 1]\end{aligned} \tag{6-10}$$

称为$\underset{\sim}{A}$的隶属函数。

2）隶属函数的确定方法

隶属函数的确定方法有很多种，如模糊统计法、分段函数表示法、借助已知的模糊分

布和利用 Matlab 中的模糊工具箱等，读者可以参阅相关书籍。下面我们通过一个例子来说明如何利用 Matlab 中的模糊工具箱建立指标的隶属函数。

例如，需要建立波高、表层海水流速、温度和能见度对五级风险的高斯隶属函数，根据风险等级划分结果，可以选择模糊工具箱的高斯隶属函数，画出它们的隶属函数图像（图 6-1）。

3）模糊集合的表示方法

当论域 $U=\{x_1, x_2, \cdots, x_n\}$ 为有限集时，U 上的模糊子集 $\underset{\sim}{A}$ 的隶属函数为 $\mu_{\underset{\sim}{A}}(x)$，则 $\underset{\sim}{A}$ 一般有以下几种表示方法。

（1）向量表示法

$$\underset{\sim}{A}=[\mu_{\underset{\sim}{A}}(x_1), \mu_{\underset{\sim}{A}}(x_2), \cdots, \mu_{\underset{\sim}{A}}(x_n)] \tag{6-11}$$

（2）扎德表示法

$$\underset{\sim}{A}=\mu_{\underset{\sim}{A}}(x_1)/x_1+\mu_{\underset{\sim}{A}}(x_2)/x_2+\cdots+\mu_{\underset{\sim}{A}}(x_n)/x_n \tag{6-12}$$

（3）序偶表示法

$$\underset{\sim}{A}=\{[x_1, \mu_{\underset{\sim}{A}}(x_1)], [x_2, \mu_{\underset{\sim}{A}}(x_2)], \cdots, [x_n, \mu_{\underset{\sim}{A}}(x_n)]\} \tag{6-13}$$

当论域 U 为无限集时，U 上的模糊子集 $\underset{\sim}{A}$ 的隶属函数为 $\mu_{\underset{\sim}{A}}(x)$，则 $\underset{\sim}{A}$ 可以表示成

$$\underset{\sim}{A}=\int_U \mu_{\underset{\sim}{A}}(x)/x \text{（注：此处} \int \text{不是积分号）} \tag{6-14}$$

6.3.1.3 建模步骤

第一步：确定评价因素集。对于某个对象，要对其进行评价，首先要明确表征该对象的因素有哪些。根据评价的目的，筛选出反映评价对象的主要因素，用相应指标进行度量，形成评价因素集。设反映被评价对象的主要因素有 n 个，记为 $U=\{x_1, x_2, \cdots, x_n\}$。

第二步：确定评语集或评价等级集。对于每个因素，可以确定若干个等级或者给予若干个评语，记为 $V=\{v_1, v_2, \cdots, v_m\}$。

第三步：建立一个从 U 到 V 的模糊映射

$$\begin{cases} \underset{\sim}{f}: U \to F(V) \\ x_i \to \mu_1(x_i), \mu_2(x_i), \cdots, \mu_m(x_i) \\ x_i \mapsto \dfrac{r_{i1}}{v_1}+\dfrac{r_{i2}}{v_2}+\cdots+\dfrac{r_{im}}{v_m} \end{cases} \tag{6-15}$$

式中，$0 \leqslant r_{ij} \leqslant 1 (i=1, 2, \cdots, n; j=1, 2, \cdots, m)$。由此建立一个单因素评判矩阵：

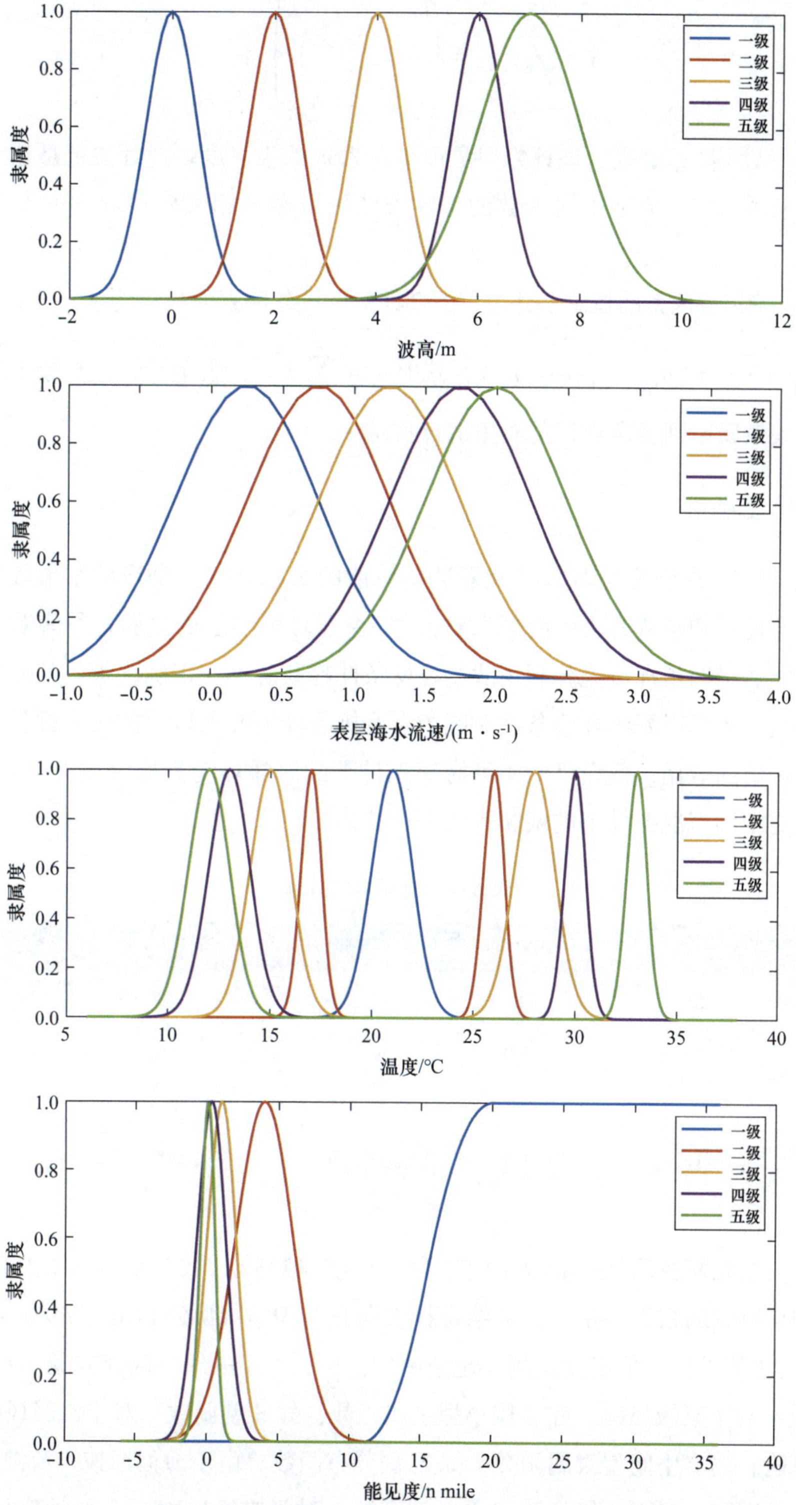

图 6-1 波高、表层海水流速、温度和能见度对风险的隶属函数图像

$$R=(r_{ij})_{n\times m}=\begin{pmatrix} r_{11} & \cdots & r_{1m} \\ \vdots & & \vdots \\ r_{n1} & \cdots & r_{nm} \end{pmatrix} \tag{6-16}$$

式中，r_{ij} 表示从因素 x_i 着眼，该评判对象能被评为 v_j 的隶属度。此处关键是建立每个因素对评语集的隶属函数。关于隶属函数的确定方法可以参考相关模糊数学的专著或文献资料等。

第四步：确定各因素的权重，并进行综合评判。设各因素的权重为 $A=\{\lambda_1, \lambda_2, \cdots, \lambda_n\}$，则 $B=A\cdot R=(b_1, b_2, \cdots, b_m)$，其中 $b_j=\sum_{i=1}^{n}\lambda_i r_{ij}$，表示被评价对象隶属于 v_j 的程度，根据最大隶属原则确定被评价对象的评价结果。

6.3.1.4 模型应用

例 6.1：大气–海洋环境对各类武器装备效能的影响评估，是当前军事气象、水文保障面临的重要任务和亟待解决的问题。对大气–海洋环境引起的威胁进行客观、准确的分析与评价，能够辅助指挥员充分利用战场环境条件趋利避害、正确决策，从而赢得战争胜利主动权。这里我们以海洋环境条件对舰载直升机起降与搜救行动的影响评估为例，探讨模糊综合评价法的应用。假设已知 4 种海况条件下的海洋环境数据（表 6–1），利用模糊综合评价法对不同海况条件下的威胁等级进行评估。

表 6–1　海洋环境数据

海况	风速/（$m\cdot s^{-1}$）	波高/m	能见度/km	低云量/m	降水/（$mm\cdot h^{-1}$）
海况 1	25	8	10	1500	0
海况 2	10	2.0	1.5	350	10
海况 3	3	0.5	0.5	100	25
海况 4	16	3.5	3.0	500	5

根据夹角余弦赋权法得到的权重向量为 $\boldsymbol{\alpha}$=（0.1343 0.2423 0.1699 0.2111 0.2423），模糊层次分析得到的权重向量为，则综合权重向量为 $\boldsymbol{W}$=（0.2817 0.2769 0.1879 0.1504 0.1029）。由于能见度、低云量是越小越威胁的指标，对于一级风险建立偏小型隶属函数，如 Z 型函数；对于五级风险，建立偏小型隶属函数，如 S 型函数；对于二级风险、三级风险和四级风险，建立中间型隶属函数，如 Γ 型分布函数。由于海面风速、海浪和降水量是越大越威胁的因素，对于一级风险建立 S 型函数；对于二级风险、三级风险和四级风险，建立 Γ 型分布函数；对于五级风险，建立 Z 型函数。根据模糊综合评价法的建模步骤得出

4 种海况条件下的威胁等级评估结果如图 6-2 至图 6-5 所示。

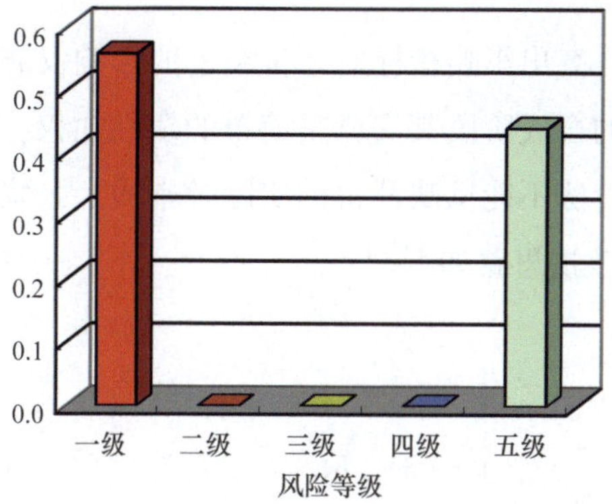

图 6-2 海况 1 威胁等级综合评价结果

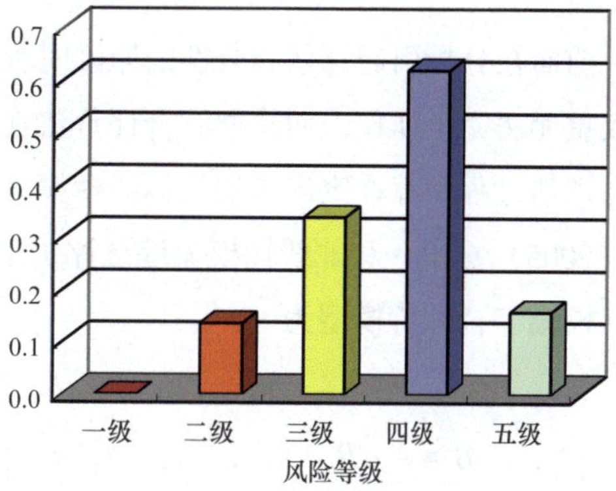

图 6-3 海况 2 威胁等级综合评价结果

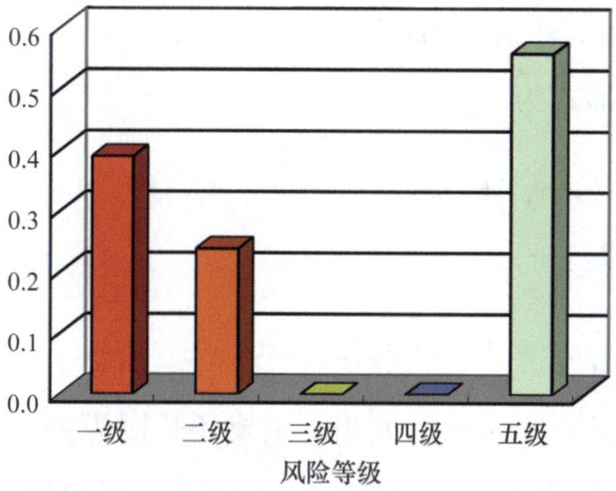

图 6-4 海况 3 威胁等级综合评价结果

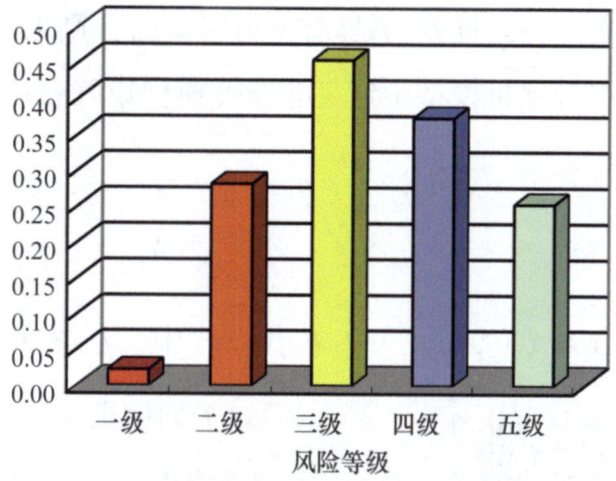

图 6-5 海况 4 威胁等级综合评价结果

根据最大隶属原则，海况 1 属于一级威胁；海况 2 属于四级威胁；海况 3 属于五级威胁；海况 4 属于三级威胁。对于海况 1 来说，海面风速和浪高均比较大，起降条件差，影响直升机起降区的空气流场，而空气流场的变化将直接影响直升机起降和搜救行动，根据权重的计算结果可知，这两个指标的权重排在前两位，即它们对直升机的影响是最大的，综合评价结果显示海洋环境对直升机的起降和搜救行动影响显著，风险很大；海况 2 和海况 3 的风速和浪高均很小，综合评价结果表明，海洋环境对直升机的影响很小，风险很小；而海况 4 的浪高、能见度、低云和降水量对直升机的起降和搜救并不构成很大威胁，但风速很大，因此，综合评价结果为三级威胁，即海洋环境对直升机的影响一般，直升机的起降与搜救属于临界风险。上述情况与实际情况基本相符，表明模糊综合评价法是有效的。

6.3.1.5 模型的改进

前面在分析引起评估非线性的原因时曾指出，突出影响指标对评价结果的影响仅靠增大权重无法完全体现。而模糊综合评价法在最后的合成阶段其实就是简单的线性加权，如果在评估过程中存在突出影响指标，模糊综合评价法不能反映评价的实际及本质。张晓慧等（2005）提出一种非线性模糊综合评价法，其改进思路如下。

模糊综合评价模型为

$$B = A \cdot R = (a_1, a_2, \cdots, a_n)\begin{bmatrix} r_{11} & \cdots & r_{1m} \\ \vdots & & \vdots \\ r_{n1} & \cdots & r_{nm} \end{bmatrix} = (b_1, b_2, \cdots, b_n) \qquad (6-17)$$

在上述模型中定义模糊矩阵合成算子。首先定义指标突出影响程度向量 $\boldsymbol{\zeta} = (\lambda_1, \lambda_2, \cdots, \lambda_n)$，其中 $\lambda_i \geqslant 1$，指标 μ_i 对评价结果所具有的突出影响程度越大，则 λ_i 也就越大，当指标 μ_i 不具有突出影响时，则取 λ_i 为 1。令 $\lambda = \max\{\lambda_1, \lambda_2, \cdots, \lambda_n\}$，在模糊综合评价模型中定义非线性模糊矩阵合成算子形式为

$$f(a_1, a_2, \cdots, a_n; x_1, x_2, \cdots, x_n; \lambda) = (a_1 x_1^{\lambda_1} + a_2 x_2^{\lambda_2} + \cdots + a_n x_n^{\lambda_n})^{\frac{1}{\lambda}},$$
$$\lambda_i \geqslant 1, \ i = 1, 2, \cdots, n \qquad (6-18)$$

记 $A = (a_1, a_2, \cdots, a_n)$，其中，$a_i \geqslant 0$ 且 $\sum_{i=1}^{n} a_i = 1$；$X = (x_1, x_2, \cdots, x_n)$，这里 $x_i \geqslant 1(\forall 0 < i < n)$。但对于如何求 λ_i 至今没有一个明确的方法，主要还是因为突出影响指标的定义不明确，比较模糊。笔者曾提出用模糊层次分析法求 λ_i，取得良好的效果，但是还需要进一步研究和探索。

6.3.2 灰色综合评价法

6.3.2.1 概述

在控制论中，人们常用颜色的深浅来形容信息的明确程度，即用“黑”表示信息未知，用“白”表示信息完全明确，用“灰”部分信息明确、部分信息不明确。相应地，信息未知的系统称为黑色系统，信息完全明确的系统称为白色系统，信息不完全明确的系统称为灰色系统。灰色系统理论是一种研究少数据、贫信息不确定性问题的方法，该理论以“部分信息已知，部分信息未知”的“贫信息”不确定性系统为研究对象，通过对部分已知信息的生成、开发实现对现实世界的确切描述和认识。其中，灰色关联度分析是灰色系统理论应用的主要方面之一，基于灰色关联度的综合评价方法是利用各方案与最优方

案之间关联度的大小对评价对象进行比较、排序，已经被广泛应用于各个领域的评价问题。

6.3.2.2 建模步骤

1）灰色关联度分析

灰色关联度分析是灰色系统分析、评价和决策的基础，关联度表征两个事物的关联程度，其基本思想为，根据序列曲线几何形状的相似程度来判断其联系是否紧密，曲线越接近，相应序列之间关联度越大，反之越小。然而直观的几何形状的判断往往是比较粗糙的，尤其当曲线形状相差比较接近时就很难用直接观察的方法来判断曲线间的关联程度。衡量因素间关联程度大小的量化方法如下：首先制定参考数据列，常记为 $x_0 = [x_0(1), x_0(2), \cdots, x_0(n)]$，相关因素序列常记为 x_i，一般表示为 $x_i = [x_i(1), x_i(2), \cdots, x_i(n)]$，$i = 1, 2, \cdots, m$。可以用下述数学表达式表示各因素序列与参考序列在各点的差：

$$\gamma[x_0(k), x_i(k)] = \frac{\min\limits_i \min\limits_k |x_0(k) - x_i(k)| + \xi \max\limits_i \max\limits_k |x_0(k) - x_i(k)|}{|x_0(k) - x_i(k)| + \xi \max\limits_i \max\limits_k |x_0(k) - x_i(k)|} \tag{6-19}$$

式中，$\gamma[x_0(k), x_i(k)]$ 是第 k 个时刻因素序列 x_i 与参考序列 x_0 的相对差值，称为 x_i 对 x_0 在第 k 个时刻的关联系数，ξ 为分辨系数，$\xi \in [0, 1]$，实际使用时一般取 $\xi \leqslant 0.5$ 最为恰当。如果序列的量纲不同，一般需要对序列进行无量纲化处理。关联系数只能表示各时刻数据间的关联程度，一般求绝对关联度，其表达式为

$$\gamma(X_0, X_i) = \frac{1}{n}\sum_{k=1}^{n} \gamma[x_0(k), x_i(k)] \tag{6-20}$$

绝对关联度虽然可以反映事物之间的关联程度，但是它容易受数据中极大值和极小值的影响，有时不能真正反映序列之间的关联程度。庞云峰等（2009）对绝对关联度进行改进，用加权平均代替直接平均表示关联度，即

$$\gamma(X_0, X_i) = \sum_{k=1}^{n} w_k \gamma[x_0(k), x_i(k)] \tag{6-21}$$

式中，w_k 表示第 k 个时刻的权重。但庞云峰等（2009）没有说明这样改进的原因和优点，读者可以思考其他的改进方式。

2）灰色综合评价法的原理

基于灰色关联度的灰色综合评价法的数学原理如下：评价因素集为 $U = \{x_1, x_2, \cdots, x_n\}$，方案集为 $V = \{v_1, v_2, \cdots, v_m\}$，设目标属性矩阵为

$$A=\begin{pmatrix} a_{11} & a_{12} & \cdots & a_{1n} \\ a_{21} & a_{22} & \cdots & a_{2n} \\ \cdots & \cdots & \cdots & \cdots \\ a_{m1} & a_{m2} & \cdots & a_{mn} \end{pmatrix} \tag{6-22}$$

式中，a_{ij} 表示第 i 个方案关于第 j 项评价因素的指标值。具体建模步骤为

第一步：确定最优指标集 $u=\{u_1^0,\ u_2^0,\ \cdots,\ u_n^0\}$。

第二步：建立标准化矩阵

$$R=\begin{pmatrix} r_{11} & r_{12} & \cdots & r_{1n} \\ r_{21} & r_{22} & \cdots & r_{2n} \\ \cdots & \cdots & \cdots & \cdots \\ r_{m1} & r_{m2} & \cdots & r_{mn} \end{pmatrix} \tag{6-23}$$

式中，

$$r_{ij}=\begin{cases} \dfrac{a_{ij}}{\max\limits_{j}\{a_{ij}\}} \longrightarrow \text{效益型指标} \\ \dfrac{\min\limits_{j}\{a_{ij}\}}{a_{ij}} \longrightarrow \text{成本型指标} \end{cases} \tag{6-24}$$

第三步：计算关联系数 $\rho_i(k)=\dfrac{\min\limits_i \min\limits_k |u_k^0-r_{ik}|+\xi \max\limits_i \max\limits_k |u_k^0-r_{ik}|}{|u_k^0-r_{ik}|+\xi \max\limits_i \max\limits_k |u_k^0-r_{ik}|}$，建立关联度矩阵

$$E=\begin{pmatrix} \rho_1(1) & \rho_1(2) & \cdots & \rho_1(n) \\ \rho_2(1) & \rho_2(2) & \cdots & \rho_2(n) \\ \cdots & \cdots & \cdots & \cdots \\ \rho_m(1) & \rho_m(1) & \cdots & \rho_m(n) \end{pmatrix} \tag{6-25}$$

第四步：计算各指标的权重 $w_j(j=1,\ 2,\ \cdots,\ n)$。

第五步：建立综合评价模型

$$F_i=\sum_{j=1}^{n} w_j\rho_{ij},\ i=1,\ 2,\ \cdots,\ m \tag{6-26}$$

灰色综合评价法的评价标准为 F_i 越大，方案 v_i 越好，其中 $i=1,\ 2,\ \cdots,\ m$。

6.3.2.3 模型应用

例 6.2：以水下 200 m 深度为例，假设有 3 个待评估区域和相应的海洋环境水文环境要素（表 6-2）。假设存在隐蔽效能指数等级表（表 6-3），试对 3 个待评估区域的潜艇

战术隐蔽效能进行评估，即判断3个待评估区域的潜艇战术隐蔽效能指数属于1~6等级的哪一个。

表6-2 待评估区水下环境要素场

评估区	温度水平梯度	盐度水平梯度	透明度/%	水色/级
1	0.02	0.01	10.0	10
2	0.10	0.03	1.5	17
3	0.05	0.2	0.5	21

注：数据引自庞云峰等（2009）。

表6-3 隐蔽效能指数等级表

战术隐蔽效能指数等级	温度水平切变	盐度水平切变	透明度/%	水色/级
1	0.01	0	70	7
2	0.03	0.01	30	9
3	0.10	0.03	20	12
4	0.11	0.07	17	14
5	0.21	0.10	15	16
6	0.30	0.12	5	18

注：指数越高表示水下环境越有利于潜艇隐蔽。数据引自庞云峰等（2009）。

按照灰色综合评估方法对上述案例进行评估，得到3个待评估区域的战术隐蔽效能指数和等级之间的综合评价结果为

$$\boldsymbol{E}=\begin{pmatrix}0.9119 & 0.8159 & 0.5020 & 0.5059 & 0.4119 & 0.4881\\ 0.6684 & 0.6681 & 0.5973 & 0.6208 & 0.5238 & 0.5467\\ 0.6124 & 0.6259 & 0.4009 & 0.5529 & 0.5621 & 0.7742\end{pmatrix}$$

根据判断原则得到评估区1属于等级1，评估区2属于等级1，评估区3属于等级6。根据指数含义可知，评估区3非常有利于潜艇隐蔽，而评估区1和评估区2均属于等级1，究竟哪个区域更有利于潜艇隐蔽，则无法判断，可以说评价工作是无效的。因此，灰色综合评价法存在一定的弊端，读者可以思考如何改进灰色综合评价模型以便得出精度更细的结果。

6.3.3 投影寻踪法

在进行海洋环境影响武器效能或军事活动的等级判断时，灰色综合评价法、模糊综合评价、理想解法等评估方法的评估结果均是一些离散的等级值，分辨率较粗糙。而实际的海洋环境指标值一般是连续的实数值，按照上述方法进行评估时往往会得出某几种情形属于同一等级，虽然属于同一等级，但是这几种情形对应的指标值相差显著，这对具体的保障决策工作十分不便。金菊良等（2002）提出了投影寻踪模型对洪水灾情等级进行评估，能得到连续的灾情等级值，并通过实例应用证明该方法具有广泛的应用前景。

6.3.3.1 概述

投影寻踪模型是用来分析和处理非正态高维数据的一类新兴探索性统计方法。其基本思想是，把高维数据投影到低维子空间上，对投影到的构形，采用投影指标函数来衡量投影暴露某种结构的可能性大小，寻找出使投影指标函数达到最优的投影值，然后根据该投影值来分析高维数据的结构特征或根据该投影值与研究系统的输出值之间的散点图构造数学模型以预测系统的输出。

6.3.3.2 建模步骤

建立投影寻踪模型的基本步骤如下。

第一步：构造投影指标函数。设等级和指标序列分别为 $y(i)$ 及 $\{x^*(j,\ i) \mid j = 1 \sim p,\ i = 1 \sim n\}$，式中，$n$、$p$ 分别为样本个数和指标个数。最低等级设为 1、最高等级设为 N，建立综合评价模型就是建立 $\{x^*(j,\ i) \mid j = 1 \sim p\}$ 与 $y(i)$ 之间的数学关系。投影寻踪方法就是把 p 维数据 $\{x^*(j,\ i) \mid j = 1 \sim p\}$ 综合成以 $a = \{a(1),\ a(2),\ \cdots,\ a(p)\}$ 为投影方向的一维投影值 $z(i)$。然后根据 $z(i)$ 和 $y(i)$ 的散点图建立数学关系。

$$z(i) = \sum_{j=1}^{p} a(j)x(j,\ i) \tag{6-27}$$

由于评价指标通常具有不同的量纲和数量级，为了保证结果的可靠性，需要对原始指标值进行规范化处理，规范化处理的方法有很多种，读者可以查阅相关资料。

在综合投影值时，要求投影值 $z(i)$ 应尽可能大地提取 $\{x\ (j,\ i)\}$ 中的变异信息，即 $z(i)$ 的标准差 S_z 达到尽可能大；同时要求 $z(i)$ 与 $y(i)$ 的相关系数的绝对值 $|R_{zy}|$ 达到尽可能大：

$$Q(a) = S_z |R_{zy}| \tag{6-28}$$

式中，S_z 为投影值 $z(i)$ 的标准差，$|R_{zy}|$ 为 $z(i)$ 与 $y(i)$ 的相关系数。计算如下：

$$S_z = \left\{ \sum_{i=1}^{n} [z(i) - Ez]^2/(n-1) \right\}^{0.5} \tag{6-29}$$

$$R_{zy}=\frac{\sum_{i=1}^{n}[z(i)-Ez][y(i)-Ey]}{\left\{\sum_{i=1}^{n}[z(i)-Ez]^{2}\sum_{i=1}^{n}[y(i)-Ey]^{2}\right\}^{0.5}} \tag{6-30}$$

第二步：优化投影指标函数。当给定等级和指标序列的样本数据时，投影指标函数 $Q(a)$ 只随投影方向的变化而变化。可通过求解投影指标函数最大化问题来估计最佳投影方向。

$$\max Q(a)=S_z|R_{zy}|$$

$$\text{s. t.} \sum_{j=1}^{p}a^2(j)=1 \tag{6-31}$$

第三步：建立投影寻踪综合评价模型，把由步骤二求得的最佳投影方向的估计值 a^* 代入最开始的式中后，即得第 i 个样本投影值的计算值 $z(i)$，根据 $z(i)-y(i)$ 的散点图可建立相应的数学模型。经研究表明，用 Logistic Curve 作为综合评价模型是很合适的，即

$$y^*(i)=\frac{N}{1+e^{c(1)-c(2)z^*(i)}} \tag{6-32}$$

式中，$y^*(i)$ 为第 i 个样本等级的计算值；最大等级 N 为该曲线的上限值；$c(1)$、$c(2)$ 为待定参数，它们通过求解如下最小化问题来确定：

$$\min F[c(1),\ c(2)]=\sum_{i=1}^{n}[y^*(i)-y(i)]^2 \tag{6-33}$$

6.3.3.3 模型应用

在第 6.3.2 节中，我们用灰色综合评价法对 3 个待评估区域的潜艇战术隐蔽效能进行了评估（例 6.2），得评估区 1 属于等级 1，评估区 2 属于等级 1，评估区 3 属于等级 6。根据指数含义可知，评估区 3 非常有利于潜艇隐蔽，评估区 1 和评估区 2 均属于等级 1，究竟哪个区域更有利于潜艇隐蔽则无法判断，可以说评价工作是无效的。在灰色综合评价法评估的基础上，我们用投影寻踪法对上述问题进行进一步评估，得到评估区 1 的等级值为 0.1443，评估区 2 的等级值为 1.1908，评估区 3 的等级值为 5.7465，根据这个结果我们很快得出评估区 2 比评估区 1 更有利于潜艇隐蔽。最佳投影方向为 $a^*=(-0.0793\quad 0.8052\quad 0.0634\quad 0.5843)$，说明盐度对潜艇战术隐蔽效能的影响最大。

6.3.4 云模型综合评价法

6.3.4.1 概述

云模型是李德毅等（1995）结合概率论及模糊数学理论提出的，它能够有效建立定

性概念及定量概念之间的映射关系，实现定性与定量之间的不确定性转化，成功提取定性表达的有效信息，获取定量数据的范围和分布规律：设 U 为精确数值的定量论域，A 是 U 上的定性概念，对 $\forall x \in U$，都存在一个有稳定倾向的随机数 $\mu(x) \in [0,\ 1]$，称为 x 对 A 的隶属度。x 在 U 上的分布即为云，每一个 x 都是一个云滴，云的整体形状就是对定性概念的整体反映。

6.3.4.2 建模步骤

第一步，建立风险评价集，根据正向云发生器原理，运用云模型的数字特征期望 Ex、熵 En、超熵 He 对指标评价集 $V=\{$极低，较低，中等，较高，极高$\}$ 进行表达，构成评语的云模型表达 $SC(Ex,\ En,\ He)$。Ex 为重心值，是模糊概念的中心位置；熵 En 代表了模糊概念的不确定性，其值越大，概念越模糊，随机性也越大；超熵 He 代表云的厚度，反映了云的离散程度。

第二步，根据指标权重修正指标评语云模型的期望。在得到云模型数字特征以后，应充分考虑各个分指标的权重：其权重越大，相应的期望值应随之增大。根据各指标的权重大小，将指标期望进行如下修改：

$$\mathrm{modify}(Ex_i) = \min\{W_i \times m \times Ex_i,\ 1\} \tag{6-34}$$

式中，W_i 为第 i 个指标的权重，m 为指标总个数，Ex_i 为第 i 个指标云模型 SC_i 的期望值。修改后期望 $\mathrm{modify}(Ex_i)$ 始终小于等于 1，且更能表达指标对综合风险评价的贡献率。

第三步，虚拟云计算综合风险。虚拟云包括浮动云、综合云等几类云，其中，浮动云能够在两朵基云之间未覆盖的空白区生成虚拟语言值，适用于两两相对独立的评价指标；综合云能够对若干个基云进行合并，综合成一个更广义的语言值，更适用于相关性更强的指标之间进行融合，且合并后的云的覆盖范围更为广泛。

多指标融合一般选用综合云算法，其公式为

$$\begin{cases} Ex = 1 - \prod_{i=1}^{n}(1 - Ex_i)^{w_i} \\ En = En_x - \prod_{i=1}^{n}(En_x - En_i)^{w_i} \\ He = He_x - \prod_{i=1}^{n}(He_x - He_i)^{w_i} \end{cases} \tag{6-35}$$

由此得到云模型的主要覆盖范围 $(Ex - 3En,\ Ex + 3En)$，根据评语集的云模型表达数字特征确定综合风险的风险级别。其中 En_x、He_x 为熵和超熵的边界参数，Ex_i、En_i 和 He_i 分别为第 i 个指标的期望、熵和超熵。

6.3.4.3 模型应用

例 6.3：基于一定的保障规范和实际天气条件进行飞机启航、降落的保障是机场预报人员的常见难题，云模型对此能够较好地进行解决。首先，确立能见度、云底高、顺风（逆风）、侧风、温度对歼击机起飞、着陆影响的风险评估结果。其中，能见度与云底高风险评价指标属于“越小越高型”，而顺风、逆风、测风风险评价指标属于“越大越高型”，温度的临界条件属于区间型，即“越小越高型”与“越大越高型”的混合模型，故各气象要素风险评语集如表 6-4 所示。

表 6-4 各气象要素风险评语集

能见度/km	0	0.1~0.3	0.5~0.7	1	1.5	2	3	5	10
风险度	极高		较高		中等			较低	无
云底高/m	0	50	70~100	120	150	180~200	220~250	300~500	≥700
风险度	极高		较高		中等			较低	无
顺风/$(m \cdot s^{-1})$	0~5	8	10	12	14	16	18~20	25~35	40
风险度	无	较低	中等			较高		极高	
逆风/$(m \cdot s^{-1})$	0~8	10~12	14	16	18	20	25~30	35	40
风险度	无	较低	中等			较高		极高	
侧风/$(m \cdot s^{-1})$	0~5	8~10	12	14	16	18~25	30~35	40	
风险度	无	较低	中等			较高	极高		
温度/℃	[-20, -15)	[-15, -10)	[-10, 0)	[0, 10)	[10, 25]	(25, 30]	(30, 35]	(35, 40]	(40, 45]
风险度	极高	较高	中等	较低	无	较低	中等	较高	极高

然后，假设能见度评语集为

$$V_s = \{极高，较高，中等，较低，无\} \tag{6-36}$$

对应的取值区间分别为 (0.8, 1)，(0.6, 0.8)，(0.4, 0.6)，(0.2, 0.4)，(0, 0.2)。在评语集中，“较低”“中等”“较高”属于双边约束评语，可用以下公式进行表达：

$$\begin{cases} Ex = (a+b)/2 \\ En = (b-a)/6 \\ He = k \end{cases} \tag{6-37}$$

式中，a 为约束的下边界，b 为上边界，(Ex，En，He) 为云模型参数（在以后的理论知识相关章节中将详细阐述），k 为常数反映的是该因素的不均衡性，即是评价对象偏离正态分布程度的度量，评价中可通过反复实验确定取值。对于“无”“极高”这类单边约束问题，可将其单边界作为其缺省期望值，用半降半升云来表达。因此，上述评语集对应云模型为 $SCv_{s1}(1, 0.0667, 0.005) \mid x \geq Ex$，$SCv_{s2}(0.7, 0.0333, 0.005)$，$SCv_{s3}(0.5, 0.0333, 0.005)$，$SCv_{s4}(0.3, 0.0333, 0.005)$，$SCv_{s5}(0, 0.0667, 0.005) \mid x \leq Ex$。

假设某机场某天 5 组气象观测模拟数据如表 6-5 所示。

表 6-5　多气象要素影响综合风险模拟数据

要素名称		能见度/km	云底高/m	顺/逆风/(m·s^{-1})	侧风/（m·s^{-1}）	温度/℃
权重		0.8	0.8	1.0/0.8	0.9	0.5
模拟观测数据	第一组	1.5	200	10/0	12	15
	第二组	10	750	0/0	5	20
	第三组	0.7	100	0/14	20	35
	第四组	10	750	0/5	8	12
	第五组	0.2	300	0/25	16	0

以第一组试验数据为例，能见度 1.5 km 对应表 6-4 中的指标评语“中等”，得到评语集的云模型数字特征即为 $SCv_{s3}(0.5, 0.0333, 0.005)$，同理可得其他指标的云模型数字特征。考虑多个气象要素对飞机起降安全的影响，只要一个要素的评价结果差、风险度大，则多要素影响评估的风险度也应较大，即进行多要素影响风险评估时应考虑“水桶效应”。但也不能简单地取各要素评估的最大风险值，因为不同要素间存在重要性（权重）的差别，此外也需要考虑各要素的影响作用还存在叠加和重合等问题。综上所述，提出如下的多要素融合集成原则：

（1）权重确定利用主客观结合分析方法；

（2）综合风险评语不低于各个单要素影响下的风险评语等级。

基于上述风险度集成原则，定义权重计算法则如下：

步骤 1：主观定权方法。假设经该机场预报业务能手会商确定各气象要素影响飞机起航、降落的权重集合 $W_1 = [0.8, 0.8, 1, 0.8, 0.9, 0.5]$。

步骤 2：客观定权方法。第一组试验数据样本中各气象要素云模型的期望值集合为 $Ex = [0.5, 0.5, 0.5, 0.5, 0]$，考虑到气象水文要素大多服从正态分布和水桶效应，因此，假定 $Ex \sim N[\max(Ex), \mathrm{var}(Ex)]$，max 为最大值函数，var 为标准差函数，即各气象要素的期望越大其对应分布概率越大，风险越大，分布概率组成 $W_2 = [1.7841, 1.7841, 1.7841, 1.7841, 0.1464]$。

步骤 3：权重综合集成 $W(i) = W_1(i) \times W_2(i)$，$i = 1, 2, \cdots, 5$。

最后由于各要素的影响作用还存在叠加和重合等问题，我们采用代换关系进行综合云模型的集成：

$$\begin{cases} Ex = 1 - \prod_{i=1}^{n} (1 - Ex_i)^{w_i} \\ En = 0.667 - \prod_{i=1}^{n} (0.667 - En_i)^{w_i} \\ He = 0.005 - \prod_{i=1}^{n} (0.005 - He_i)^{w_i} \end{cases} \tag{6-38}$$

最终算得多气象要素综合风险云模型数字特征值：$SC_1(0.4960, 0.0333, 0.005)$，该云模型主要覆盖范围 $(Ex - 3En, Ex + 3En)$ 以 0.0202、0.9798 的比例分划于“较低风险”和“中等风险”区间，即该组综合风险评估结果为“较低风险”的隶属度为 0.0202，“中等风险”隶属度是 0.9798。同理得到其他 4 组模拟气象观测数据的综合风险评估结果（图 6-6）。

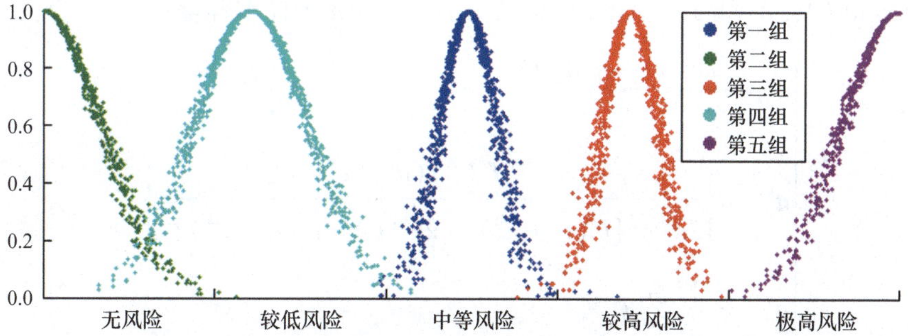

图 6-6 多气象要素影响综合风险模拟评估结果

5 组数据样本的综合评估结果基本上反映了能见度、云底高、顺风、侧风、逆风和温度对飞机起飞、着陆影响的基本情况，评估结果与保障经验、客观现实基本相符。

6.3.5 信息扩散模型评价法

6.3.5.1 概述

信息扩散概念是为解决地震等小概率事件灾害样本信息稀缺的问题而提出的，它基于分子扩散原理导出正态扩散函数和运用择近原则得到经验窗宽，然而，信息扩散模型中的经验窗宽并非适用于所有数据结构，尤其是对大气、海洋中实际存在的一些非对称、非正态的数据资料处理更是如此。针对经验窗宽的缺陷，根据母体分布估计的均方误差最小准则，提出了针对多种分布的最优窗宽理论，该方法较之经验窗宽表现出一定的优势，同时结合信息矩阵，使信息扩散能在风险分析领域取得较为成功的应用。

6.3.5.2 建模步骤

第一步：根据提供样本信息计算经验窗宽和最优窗宽，其计算公式为

$$h=\begin{cases}0.8146(b-a), & n=5\\ 0.5690(b-a), & n=6\\ 0.4560(b-a), & n=7\\ 0.3860(b-a), & n=8\\ 0.3362(b-a), & n=9\\ 0.2986(b-a), & n=10\\ 2.6851(b-a)/(n-1), & n\geqslant 11\end{cases} \tag{6-39}$$

式中，$a=\min(l_i)$，$b=\max(l_i)$（$i=1, 2, \cdots, n$），n 为样本容量；

$$\begin{cases}d^0=\dfrac{\max(l)-\min(l)}{n-1}\\ d_i^{k+1}=\left\{\dfrac{\hat{f}^k(l_i)(d^k)^4}{2n\sqrt{\pi}\,[\hat{f}^k(l_i+d^k)-2\hat{f}^k(l_i)+\hat{f}^k(l_i-d^k)]^2}\right\}^{0.2}\\ d^{k+1}=\dfrac{1}{n}\sum\limits_i^n d_i^{k+1}\\ \hat{f}^{k+1}(l_i)=\dfrac{1}{\sqrt{2\pi}\,nd^k}\sum\limits_i^n \mu\left[\dfrac{l-l_i}{d^k}\right]\end{cases} \tag{6-40}$$

式中，$\max(\cdot)$ 为取最大值函数，$\min(\cdot)$ 为取最小值函数，上标 k 表示某样本在样本总体中的序数，每个样本对应的窗宽都需要经历 n 次迭代，下标表示 i 迭代序数，这 n 个迭代值最后求平均即得第 k 个样本对应的窗宽。令 ε 为小正常数，若 $\varepsilon d^i > | d^i - d^k |$（$k=1, 2,$

…，$i-1$）中任一式成立，记此时的 $k=g$，取 $d=\frac{1}{i-k+1}\sum_{j=g}^{i}d^{j}$ 为最优窗宽。

第二步：依照正态扩散函数

$$\mu(x)=\frac{1}{d\sqrt{2\pi}}\exp\left[-\frac{x^2}{2d^2}\right] \tag{6-41}$$

进行信息扩散得到风险评价值，其中 d 为窗宽，x 为研究样本。

6.3.5.3 模型应用

例 6.4：假设可获得 20 组鱼雷战术效能受海洋环境影响的实验数据样本，见表 6-6（该数据样本不满足常规统计回归分析的样本长度和置信度检验要求）。

表 6-6 鱼雷战术效能受海洋环境影响评估仿真试验数据

序号	流速/kn	潜深/m	效能度	序号	流速/kn	潜深/m	效能度
1	4.0	60	0.8	11	2.0	75	0.5
2	4.5	90	0.7	12	2.5	120	0.1
3	4.0	45	0.9	13	3.0	55	0.7
4	3.8	70	0.6	14	4.1	60	0.8
5	4.3	100	0.3	15	2.7	110	0.1
6	3.9	110	0.2	16	3.0	90	0.4
7	4.4	55	0.9	17	4.0	50	0.7
8	3.9	95	0.6	18	3.6	75	0.7
9	4.3	50	0.7	19	2.0	85	0.5
10	3.6	65	0.7	20	4.5	80	0.8

将其中前 14 组数据作为建模样本，首先对流速 x、潜艇潜深 y、鱼雷战术效能度 z 设置数据网格点（u_j，v_k，w_l）：

$$U=\left\{u_i=u_1+(i-1)\Delta u \mid u_1=2,\ \Delta u=0.1,\ i=2,\ 3,\ \cdots,\ \frac{\max(U)-\min(U)}{\Delta u}+1\right\} \tag{6-42}$$

$$V=\left\{v_1=v_1+(i-1)\Delta v \mid v_1=40,\ \Delta v=5,\ i=2,\ 3,\ \cdots,\ \frac{\max(V)-\min(V)}{\Delta v}+1\right\} \tag{6-43}$$

$$W = \left\{ w_1 = w_1 + (i-1)\Delta w \mid w_1 = 0,\ \Delta w = 0.1,\ i = 2,\ 3,\ \cdots,\ \frac{\max(W) - \min(W)}{\Delta w} + 1 \right\} \tag{6-44}$$

然后将建模样本 $(x_i,\ y_i,\ z_i)(i = 1,\ 2,\ \cdots,\ 14)$ 的数据信息经扩散公式合理、有效地扩散到整个数据网络：

$$q_{ijk} = \frac{1}{d_x\sqrt{2\pi}}\exp\left[-\frac{(u_j - x_i)^2}{2d_x^2}\right] \times \frac{1}{d_y\sqrt{2\pi}}\exp\left[-\frac{(v_k - y_i)^2}{2d_y^2}\right] \times \frac{1}{d_z\sqrt{2\pi}}\exp\left[-\frac{(w_l - z_i)^2}{2d_z^2}\right] \tag{6-45}$$

q_{ijk} 组成单个样本 $(x_i,\ y_i,\ z_i)$ 的信息矩阵 $\boldsymbol{Q}_i$，则样本总体的原始信息矩阵为

$$\boldsymbol{Q} = \sum_{i=1}^{14} \boldsymbol{Q}_i \tag{6-46}$$

由 $\boldsymbol{Q} = [\boldsymbol{Q}_{l1},\ \boldsymbol{Q}_{l2},\ \cdots,\ \boldsymbol{Q}_{lx},\ \cdots,\ \boldsymbol{Q}_{l14}]$（其中 $\boldsymbol{Q}_{lx}$ 是原始信息矩阵的列向量）可以获得模糊关系矩阵 $\boldsymbol{R} = [r_{l1},\ r_{l2},\ \cdots,\ r_{14}]$，二者的转化关系如下：

$$\begin{cases} r_{l_1,\ l_2,\ \cdots,\ l_{14}} = \dfrac{Q_{l_1,\ l_2,\ \cdots,\ l_{14}}}{S_t} \\ S_t = \max\limits_{1 \leqslant x \leqslant 14} Q_{lx} \end{cases} \tag{6-47}$$

另设：

$$\theta_B(z_g) = r_{lg} \tag{6-48}$$

式中，$g = 1,\ 2,\ \cdots,\ 14$。最后便可得到鱼雷战术效能度的估计值：

$$y = \frac{\sum_{g=1}^{n} z_g \theta_B(z_g)}{\sum_{g=1}^{n} \theta_B(z_g)} \tag{6-49}$$

由上述可知当输入一个新的流速、潜深样本点 $(x_i,\ y_j)$ 可通过模糊关系矩阵寻找环境影响因子与鱼雷战术效能度的映射关系，进而建立起潜射鱼雷的战术效能评估模型。为检验上述扩散估计效果，将表 6-6 中的后 6 组数据作为独立的检测样本（未参加建模），分别采用常规最优窗宽迭代方法和本书提出的改进窗宽优化技术，针对上述建模样本分别计算得到式（6-45）中窗宽 d_x、d_y、d_z，并对检测样本中的鱼雷战术效能度进行信息扩散评估，评估实验结果见表 6-7。其中，常规经验窗宽扩散评估得出的结果与实测值的平均绝对误差（mean absolute error，MAE）为 0.1300，而最优窗宽优化扩散评估的 MAE 为 0.0649。若对于每次评估得出的效能度，允许其误差在 0.09 以内，则从表 6-7 中可以看出，常规经验窗宽扩散评估结果有两次正确，评估成功率为 33.33%，而最优窗宽扩散模型的评估成功率为 83.33%，较之常规经验窗宽信息扩散有较为明显的改进和提高。

表 6-7 鱼雷战术效能度评估实验结果

序号	实测值	经验窗宽信息扩散		最优窗宽信息扩散	
		扩散估计	效果	扩散估计	效果
15	0.1	0.1924	F	0.0758	T
16	0.4	0.4065	T	0.4526	T
17	0.7	0.6335	T	0.7171	T
18	0.7	0.5341	F	0.6433	T
19	0.5	0.3352	F	0.4637	T
20	0.8	0.5160	F	0.5974	F

第七章　海洋环境保障决策模型

7.1　确定型决策

7.1.1　确定型决策的案例

例 7.1：一次台风过程造成某海域上我国商船的沉没，造成重大的经济损失。南海舰队某部承担了搜索打捞任务，假设航行路线有 1 号路线、2 号路线和 3 号路线共 3 种，所需时间在正常情况下分别为 12 h、10 h 和 15 h，问该部应选择哪一条行动路线？

例 7.2：某部队进行军事行动演习，根据天气预报的结果前 2 d 不适合立即安排空降部队增援。该部队指挥官决定先派遣地面部队勘察实地战场环境后再考虑空降部队增援。派遣地面部队，每天增援有效战斗力 150；派遣空降部队，每天可增援有效战斗力 210。已知演习期为 10 d，为使战斗力期望增援值达到最大，该部队在第几天后开始实施空降？

7.1.2　确定型决策的概念

总结以上两个案例，不难发现它们都具备如下条件。

（1）决策人希望达到一个明确的目标。例如，例 7.1 中执行部队的目标是在最短的时间到达出事海域；例 7.2 中执行部队的目标是期望增援值达到最大。

（2）只存在一个唯一确定的状态。例如，例 7.1 中存在一个自然状态，就是正常情况；在例 7.2 中，自然状态也是唯一的，即前 2 d 天气不适合、后 8 d 天气适合。

（3）存在两个或两个以上可供选择的行动方案。在例 7.1 中，存在着“航行路线有 1 号路线、2 号路线和 3 号路线”3 种策略；在例 7.2 中存在着“派遣地面部队和先派遣地面部队过几天再派遣空降部队”两种策略。

（4）不同行动方案在确定的状态下，易损值可以计算出来。例如，例 7.1 中易损值已经给出，分别为 12 h、10 h 和 15 h；例 7.2 中的易损值也可以算出。

总之，确定型决策指影响策略结果的自然状态只有一个，且不同策略在这个自然状态下的易损值可唯一确定，决策者从多个备选行动方案中，选择一个最优方案。

7.1.3 确定型决策方法及应用

7.1.3.1 线性规划

线性规划问题的一般数学模型为

$$\begin{aligned} &\max z = cx, \quad \boldsymbol{x} = (x_1, x_2, \cdots, x_n)^{\mathrm{T}} \\ &\text{s.t.}\ A\boldsymbol{x} \leqslant b, \quad \boldsymbol{x} \geqslant 0 \end{aligned} \tag{7-1}$$

式中，$c \in R^n$，$A \in R^{m\times n}$，$b \in R^m$ 均为已知。线性规划具有如下特点：目标函数是未知量的线性函数，约束条件是未知量的线性等式或线性不等式，求解目标函数的极大值或极小值。例 7.2 即是一个线性规划问题，具体解答如下。

解：设地面部队勘察地形天数为 x_1，空降部队增援天数为 x_2，则上述问题归结为如下的线性规划模型：

$$\max z = 90x_1 + 210x_2$$

$$\begin{cases} x_1 + x_2 = 10 \\ x_1 > 2 \\ x_1 \leqslant 10 \\ x_2 \leqslant 10 \\ x_1,\ x_2 \geqslant 0 \end{cases} \tag{7-2}$$

7.1.3.2 非线性规划

与线性规划不同，非线性规划（nonlinear programming，NLP）的目标函数和约束条件的数学表达式是非线性的，或者至少其中有一项是非线性的。在军事活动中，实际遇到的问题多是非线性的，有的可以直接转化为线性问题进行近似处理，有的则采用非线性规划方法比较简便。

例 7.3：某总队准备新建两个弹药库 A_1、A_2 以向 B_1、B_2、B_3 3 个支队级单位运送弹药，每个支队的位置（用平面坐标 a、b 表示，距离单位：km）及 3 个支队需要的弹药数 d 见表 7-1。新建的弹药库储存同类弹药分别为 120 个基数和 130 个基数。假设新建的弹药库到 3 个支队之间均有直线道路相连，问弹药库应建在何处及如何安排运输，才能使总吨千米数最小？

表 7-1　3 支部队的位置（a，b）及需要的弹药数 d

	部队 1	部队 2	部队 3
a/km	1.25	8.75	0.5
b/km	1.25	0.75	4.75
d/个	50	45	55

记部队的位置为（a_i，b_i），需要的弹药数为 d_i，$i=1$，2，3；弹药库的位置为（x_j，y_j），储存量为 d_j，$j=1$，2；从弹药库 j 向部队 i 的运送量为 c_{ij}。则这个优化问题的目标函数（总吨千米数）可以表示为

$$\min f=\sum_{j=1}^{2}\sum_{i=1}^{2}c_{ij}\sqrt{(x_j-a_i)^2+(y_j-b_i)^2} \tag{7-3}$$

各部队的需要量必须满足，所以

$$\sum_{j=1}^{2}c_{ij}=d_i,\quad i=1,2,3 \tag{7-4}$$

各弹药库的运送量不能超过储备量，所以

$$\sum_{j=1}^{2}c_{ij}\leqslant e_j,\quad j=1,2 \tag{7-5}$$

这个优化问题的决策变量为 c_{ij} 和 x_j、y_j。问题归结为在约束条件（7-4）和约束条件（7-5）及决策变量非负情况下，使公式（7-3）最小。由于目标函数 f 对 x_j、y_j 是非线性的，所以上述模型是非线性规划模型。

由于实际的军事优化问题都是有约束条件的，本书只介绍带约束的非线性规划，它的一般形式可以描述为

$$\begin{aligned}&\min z=f(x), && x\in R^n\\&\text{s.t.}\ h_i(x)=0, && i=1,2,\cdots,m\\&g_j(x)\leqslant 0, && j=1,2,\cdots,l\end{aligned} \tag{7-6}$$

式中，f、h_i 和 g_j 为非线性函数，是带约束的非线性规划。

非线性规划有很多种解法，如可行方向法、罚函数法、梯度投影法等，Matlab 优化工具箱采用的逐步二次规划法（sequential quadratic programming，SQP）它被认为是解非线性规划更有效的方法。

7.1.3.3　动态规划

动态规划（dynamic programming）是解决多阶段决策过程最优化的一种数学方法，它是由美国学者 Richard Bellman 在 1951 年提出的。许多问题用动态规划的方法处理，常比线

性规划或非线性规划更有成效。特别对于离散性的问题，由于解析数学无法施展其术，而动态规划的方法就成为非常有用的工具。应指出的是，动态规划是求解某类问题的一种方法，是考察问题的一种途径，而不是一种特殊算法（如线性规划是一种算法）。因而，它不像线性规划那样有一个标准的数学表达式和明确定义的一组规则，而必须对具体问题进行具体分析处理。

例 7.4：设某部队承担 n 个乡村的灾后抢修工作，共有士兵 a 人。若分配数量 x_i 的士兵去进行第 i 个乡村的灾后抢修工作，可挽回损失 $g_i(x_i)$ 万元。如何分配人数使这 n 个乡村的损失降到最低？

解：这个问题可以写成静态的规划问题模型为

$$\begin{cases} \max z = g_1(x_1) + g_2(x_2) + \cdots + g_n(x_n) \\ x_1 + x_2 + \cdots + x_n = a \\ x_i \geqslant 0, \ i = 1, 2, \cdots, n \end{cases} \tag{7-7}$$

在应用动态规划方法处理这类静态规划问题时，通常把资源分配给一个或几个使用者的过程作为一个阶段，把问题中的变量 x_i 作为决策变量，将累计的量或随递推过程变化的量选为状态变量。

设状态变量 x_i 表示分配用于进行第 k 个至第 n 个乡村的灾后抢修工作的人数，决策变量 s_k 表示分配给第 k 个乡村的人数，最优值函数 $f_k(s_k)$ 表示数量为 x_i 的人数分配给第 k 个至第 n 个乡村时所能挽回的最大损失。该资源分配问题的动态规划的基本方程为

$$\begin{cases} f_k(x_k) = \max\{g_k(x_k) + f_{k+1}(x_{k+1})\} \\ f_{n+1}(x_{n+1}) = 0 \\ s_{k+1} = s_k - x_k \end{cases} \tag{7-8}$$

利用这个递推关系进行逐步的计算，最后得出 $f_1(s_1) = f_1(a)$ 就是所求问题的最大损失。

前面提到，由于不同的多阶段决策过程有其不同的性质，我们不可能像线性规划找到一个单纯形算法那样，也为动态规划找到一个普遍适用的算法，但完全可以根据某种思想找到一个一般性的求解模型。处理这种模型的基本原理就是贝尔曼最优原理，它是动态规划的基本思想，可以用来决定多阶段行动的最优方案。贝尔曼最优原理在军事上的应用也很广泛，可以解决诸如防空武器的配置，部队设防等许多阶段决策问题。它的基本思想为，一个最优策略具有如下性质，即无论在什么样的初始条件和初始决策下，今后的决策对前面决策所形成的状态而言，都必须是最优的。所以动态规划也可以称之为每一步都在考虑未来各步的一种规划方法，它的全部理论及思想都可归纳为这个与时间相关的最优原理的应用上。

7.1.3.4 多目标规划

线性规划和非线性规划在处理问题时，目标函数只有一个，但在实际问题中，衡量一个方案好坏的标准却不一定是一个。例如，在确定一个导弹系统设计方案时，常常要考虑到高可靠性、高精度、省燃料、维护方便等。这时，在一系列约束条件下，目标函数就可能不止一个。而且多目标之间可能存在矛盾，最优解往往不存在，这就要求我们根据目标之间的相对重要性，分等级和权重，求出相对最优解或有效解（满意解），一般引入偏差变量将目标函数转化为目标约束，具体可参考丘启荣等（2009）。

例 7.5：某军校现有教员 40 名，定编人数 45 名，人员的工资级别与各级人员定编人数见表 7-2。现进行工资与人员调整，调整的原则与目标为

P_1：工资总额不超过 250 万/年；

P_2：各级人员不超过定编人数；

P_3：升入Ⅰ级、Ⅱ级、Ⅲ级的人数不低于各级定编人数的 20%、20%、25%。并且规定Ⅳ级人员的缺额由招聘增补。应如何确定各级人员调整人数？

表 7-2 人员的工资级别与各级人员定编数量

级别	年工资额（万元·人$^{-1}$）	现有人数	定编人数
Ⅳ级-助教	4	20	15
Ⅲ级-讲师	5	10	16
Ⅱ级-副教授	6	7	10
Ⅰ级-教授	8	3	4

解：设 $x_j(j=1, 2, 3, 4)$ 为决策变量，根据题目条件得出工资总额的目标约束，并引入正负偏差变量，故有

$$2x_1 + x_2 + x_3 + 4x_4 + d_1^+ + d_1^- = 54$$

（1）各级定编人员的目标约束

$$\text{Ⅳ 级：} x_3 - x_4 + d_2^- - d_2^+ = 5$$

$$\text{Ⅲ 级：} -x_2 + x_3 + d_3^- - d_3^+ = 6$$

$$\text{Ⅱ 级：} -x_1 + x_2 + d_4^- - d_4^+ = 3$$

$$\text{Ⅰ 级：} x_1 + d_5^- - d_5^+ = 1$$

（2）晋级人数的目标约束

$$\text{晋 Ⅲ 级：} x_3 + d_6^- - d_6^+ = 4$$

$$晋Ⅱ级：x_2 + d_7^- - d_7^+ = 2$$

$$晋Ⅰ级：x_1 + d_8^- - d_8^+ = 1$$

（3）决策变量、偏差变量非负

（4）目标函数

$$P_1级：z_1 = d_1^+$$

$$P_2级：z_2 = d_2^- + d_3^+ + d_4^+ + d_5^+$$

$$P_3级：z_3 = d_6^- + d_7^- + d_8^-$$

目标函数为 $\min z = P_1 d_1^+ + P_2(d_2^- + d_3^+ + d_4^+ + d_5^+) + P_3(d_6^- + d_7^- + d_8^-)$。

只要求解这个目标规划问题就能得到最优解。目标规划问题的求解方法主要有图解法、单纯形法等。

7.2 风险型决策

7.2.1 风险型决策的案例

例 7.6：某部队承担某乡村的灾后抢修工作，如果当地天气好，按期完成任务，可挽回损失 100 万元；若部队开进后天气不好，反而造成损失 80 万元；若不抢修，不管天气如何，都要造成损失 300 万元。据预测，下个星期天气好的概率（先验概率）是 0.6，天气坏的概率是 0.4。部队指挥机关需根据上述情况做出决策。若选择抢修的方案可能遇上坏天气，选择暂不抢修又可能遇上好天气，都会承担一定的风险。

例 7.7：某中队接到紧急命令，到某山口抓捕潜逃犯，由驻地到目的地有两条路线可供选择：走大路或走小路。根据气象预报，下大雨的概率为 0.7，不下大雨的概率为 0.3，在各种情况下由驻地到目的地所花费的时间如表 7-3 所示，现在要做出决策确定合理的路线，使到达目的地所用的时间最少。

表 7-3 各种自然状态下花费的时间

方案 \ 概率 \ 自然状态	天气状况	
	S1（下大雨）	S2（不下大雨）
	P（S1）=0.7	P（S2）=0.3
T1（走大路）	15 d	10 d
T1（走小路）	18 d	6 d

7.2.2 风险型决策的基本概念

7.2.2.1 基本要素和定义

总结以上两个风险型决策的案例，不难发现，风险型决策问题的基本要素如下：

(1) 决策主体希望达到一个明确的目标（效益最大或损失最小）。在例 7.6 中，该部队的目标是造成的损失最小；在例 7.7 中，该中队的目标是到达目的地花费的时间最少。

(2) 存在着两个或两个以上的自然状态。例如，例 7.6 和例 7.7 中均存在两个自然状态，即“天气好”“天气坏”与“下大雨”“不下大雨”。

(3) 存在着两个或两个以上可供选择的行动方案。例如，例 7.6 中存在着“暂不抢修”和“立即抢修”两种行动方案；例 7.7 中也存在着“走大路”和“走小路”两种行动方案。

(4) 不同行动方案在确定的状态下的易损值可以计算出来。例如，例 7.6 和例 7.7 中的易损值都可以计算出来，我们已经给出了例 7.7 在各种自然状态下所花费的时间。

所谓风险型决策，是根据预测各种时间可能发生的先验概率，然后采用期望效益最好的方案作为最优方案。因此，这种决策具有一定的风险，所谓先验概率，是指根据过去经验或主观判断而形成的对各自然状态的风险程度的测算值。

7.2.2.2 损益矩阵

风险型决策方法经常用到损益矩阵，损益矩阵一般由 3 部分组成：

(1) 可行方案：可行方案是由各方面专家根据决策目标，结合考虑资源条件及实现的可能性，经充分讨论研究制定出来的。

(2) 自然状态及其发生的概率：自然状态指各种可行方案可能遇到的客观情况和状态，各种自然状态发生的概率有主观概率和客观概率之分，但不管属于哪种情形，均要满足：

$$\sum_{i=1}^{n} P_i = 1,\ 0 \leqslant P_i \leqslant 1 \tag{7-9}$$

(3) 各种行动方案的可能结果：它是根据不同可行方案在不同自然状态下资源的条件、生产能力的状况，应用综合分析的方法计算出来的收益值或损失值。

把以上 3 部分内容在一个表上表现出来，该表就称为损益矩阵表，表 7-4 就是例 7.7 的损益矩阵表。损益矩阵表的一般形式如表 7-4 所示。

表 7-4 损益矩阵表

可行方案 d_i	自然状态 θ_j			
	θ_1	θ_2	…	θ_n
	先验概率			
	P_1	P_2	…	P_n
	损益值 L_{ij}			
d_1	L_{11}	L_{12}	…	L_{1n}
d_2	L_{21}	L_{22}	…	L_{2n}
⋮	⋮	⋮	⋮	⋮
d_m	L_{m1}	L_{m2}	…	L_{mn}

7.2.3 风险型决策标准

在风险型决策中，可以选择不同的标准为依据进行决策，实践中经常应用的标准有：以期望值为标准、以等概率为标准、以最大可能性为标准。

7.2.3.1 以期望值为标准

以损益矩阵为依据，分别计算各可行方案的期望值，选择期望收益值最大（或期望损失值最小）的方案作为最优方案，其计算公式为

$$E(d_i)=\sum_{j=1}^{m}x_{ij}P(\theta_j) \tag{7 - 10}$$

式中，$E(d_i)$ 表示第 i 个方案的期望值；x_{ij} 表示采取第 i 个方案，出现第 j 种状态时的损益值；$P(\theta_j)$ 表示第 j 种状态发生的概率，总共可能出现 m 种状态。

利用此标准可以对例 7.6 进行决策，首先建立部队行动方案的损益矩阵表（表 7-5）。

按照公式（7-10）计算立即抢修和暂不抢修的期望损益值分别为：$E(d_1)=0.6\times(-200)+0.4\times(-380)=-272$，$E(d_2)=0.6\times(-300)+0.4\times(-300)=-300$，因为 $E(d_1)>E(d_2)$，所以采用立即抢修这个行动方案比较好。

表 7-5 部队行动方案的损益矩阵表

可行方案 d_i	自然状态及其概率	
	天气好	天气差
	$P_1 = 0.6$	$P_2 = 0.4$
	损益值/万元	
d_1：立即抢修	-200	-380
d_2：暂不抢修	-300	-300

7.2.3.2 以等概率为标准

在风险型决策中，由于各种自然状态出现的概率无法预测，这时就必须假定自然状态的概率相同，即 $P = \dfrac{1}{n}$，然后求出各方案的期望收益值，然后选择收益值最大的方案作为最优决策方案，仍用例 7.6 说明这种方法的应用，两种行动方案“立即抢修”和“暂不抢修”的期望收益值分别为 $E(d_1) = 0.5\times[(-200)+(-380)] = -290$，$E(d_2) = 0.5\times[(-300)+(-300)] = -300$，因为 $E(d_1) > E(d_2)$，所以采用立即抢修这个行动方案比较好。

7.2.3.3 以最大可能性为标准

这是以一次试验中事件出现的可能性大小作为选择方案的标准，而不考虑其期望损益值的大小。以例 7.7 说明这种方法的应用，该例中自然状态共有两种状态：下大雨和不下大雨，其概率分别为 0.7 和 0.3，虽然走小路的期望收益值（14.4）比走大路的期望收益值（13.5）大，但由于下大雨的概率比较大，还是选择走大路这种行动方案。

由于期望值是在大量的重复试验中可能产生的平均值，所以以期望值为标准的决策方法一般只适用于下列情况：①概率的出现具有明显的客观性质，比较稳定；②决策不是解决一次性问题，而是解决多次重复的问题；③决策的结果不会对决策者带来严重的后果。以等概率为标准的决策方法适用于各种自然状态出现的概率无法得到的情况。以最大可能性为标准的决策方法适用于各种自然状态中其中一种状态的概率显著地高于其他方案所出现的概率，而且不同方案的期望收益值又相差不大的情况。

7.2.4 决策树及其应用

7.2.4.1 决策树的意义

在实际决策中，更多的是用决策树来代替直接计算，决策树就是对决策局面的一种图解，决策树可以使决策问题形象化，它把各种备选方案、可能出现的自然状态及各种损益值简明地绘制在一张表上，便于管理人员审度决策局面，分析决策过程。利用决策树进行决策的一般过程为：按一定的方法绘制好决策树，然后用反推决策树方式进行分析，最后选定合理的最佳方案。

7.2.4.2 决策树的构成及应用

1）决策树的构成

一个完整的决策树包括决策点、方案枝、机会点和概率枝。所谓决策点，是指用矩形方框表示在该处必须对各种行动方案做出选择；从矩形方框引出的若干条直线，每一条直线表示一个备选行动方案，m 条直线分别表示备选方案 $d_i(i=1, 2, \cdots, m)$，称为方案枝；在方案枝的末端画上一个圆圈，称为机会点；从机会点引出若干条直线，每一条直线表示概率为 $P_i(i=1, 2, \cdots, n)$ 的 n 种自然状态，称为概率枝。决策树图的一般形式如图 7-1 所示。决策树图的分析程序是先从易损值开始由右向左推导的，称为反推决策树方法。

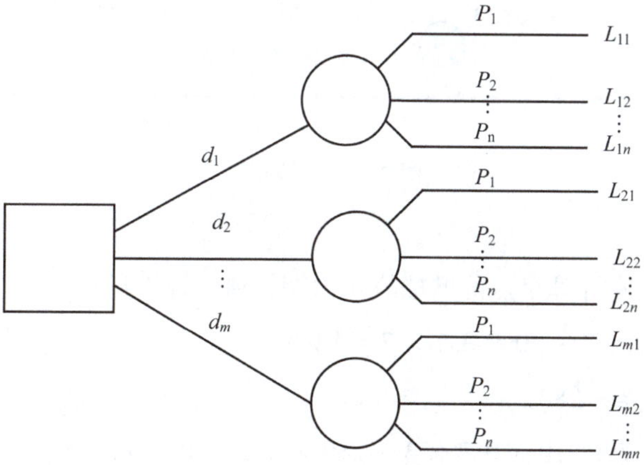

图 7-1 决策树图

2）应用-军事行动方案优选

例 7.8：某部进行军事行动演习，有两种方案可供选择：第一种方案是直接空降部队增援；第二种方案是先采取地面部队推进，勘查后视实地战场环境考虑空降部队增援。如采用第一种方案，当天气适合空降时，每天可增援有效战斗力 210，当天气不适合空降时，每天损耗战斗力 40；在第二种方案中，先派遣地面部队，本身损耗战斗力 300，如气象条件合适，3 d 后空降部队增援，当天气适合时，每天增援有效战斗力 90，当天气不适合时，每天也可增援战斗力 60。若 3 d 后再空降部队，增援情况与第一种方案一致，如果 3 d 后地面部队继续推进，由于其他保障设备转移，可另增援有效战斗力 400。未来天气好的概率为 0.7，天气差的概率为 0.3；如果前 3 d 天气好，则后 7 d 天气好的概率为 0.9，天气差的概率为 0.1。无论选用何种方案，演习期为 10 d，试做决策分析。

解：这是一个多阶段的决策问题，考虑采用以增援战斗力期望值最大为标准选择最优方案。

第一步，画出决策树图（图 7-2）。

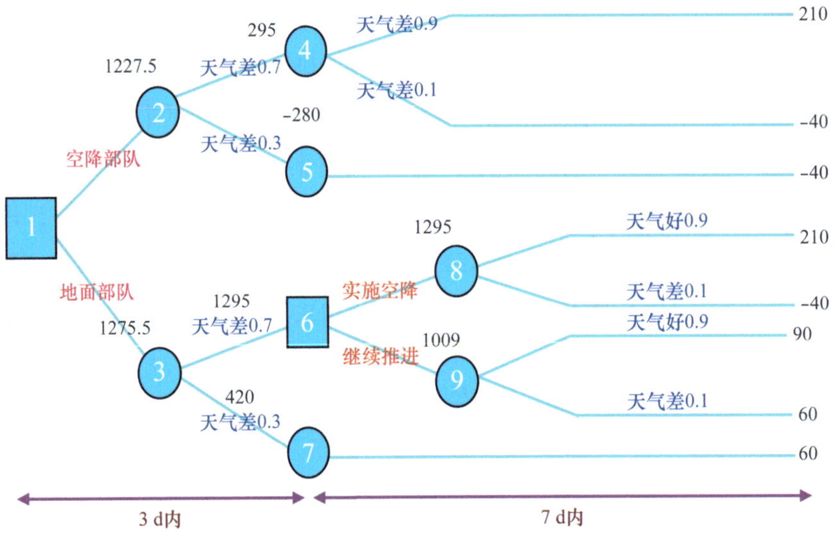

图 7-2　决策树图

第二步，从右向左计算个点的增援战斗力期望值，计算过程为

点 4：$210 \times 0.9 \times 7 - 40 \times 0.1 \times 7 = 1295$；

点 5：$-40 \times 7 = -280$；

点 2：$1295 \times 0.7 + 210 \times 0.7 \times 3 - 280 \times 0.3 - 40 \times 0.3 \times 3 = 1227.5$；

点 8：$210 \times 0.9 \times 7 - 40 \times 0.1 \times 7 = 1295$；

点 9：$90 \times 0.9 \times 7 + 60 \times 0.1 \times 7 + 400 = 1009$；

点 6 是个决策点，比较点 8 和点 9 的战斗力期望值，选择空降部队。

点 6：295；

点 7：$60 \times 7 = 420$；

点 3：$1295 \times 0.7 + 90 \times 0.7 \times 3 + 420 \times 0.3 + 60 \times 0.3 \times 3 = 1275.5$。

第三步，进行决策。通过对决策树进行分析，比较点 2 和点 3 的战斗力增援值，点 3 期望值较大，由此可见，最优方案是派遣地面部队推进勘查，若空降条件合适，3 d 后再进行空降部队增援。

7.2.5 贝叶斯决策及其应用

风险型决策方法，是根据各种事件可能发生的先验概率，然后采用期望值标准或最大可能性等标准来选择最佳决策方案，这样的决策具有一定的风险性，因为先验概率是根据历史资料或主观判断所确定的概率，未经试验证实。为了减少这种风险，需要通过科学实验、调查、统计分析等方法修正先验概率，确定各方案的期望损益值，协助决策者做出正确的选择。贝叶斯定理可以用来修正先验概率，求得后验概率。利用贝叶斯定理求得后验概率，据以进行决策的方法称为贝叶斯决策方法。由此可以看出，贝叶斯决策和风险型决策的最大区别在于：前者采用的是先验概率，而后者采用的是后验概率。

7.2.5.1 建模步骤

在具备先验概率的情况下，一个完整的贝叶斯决策过程包括以下步骤：

（1）进行预后验分析（pre-posterior analysis），决定是否值得搜集补充资料，以及如何选择最优决策；

（2）搜集补充资料，取得先验概率，包括历史概率和逻辑概率，对历史概率加以检验，确定其是否适合计算后验概率；

（3）用概率的乘法定理计算联合概率，用概率的加法定理计算边际概率，用贝叶斯定理计算后验概率；

（4）用后验概率进行决策分析。

7.2.5.2 贝叶斯定理

若 A_1 和 A_2 构成互斥和完整的两个事件，A_1 和 A_2 中的一个出现时事件 B 发生的必要条件，那么两个事件的贝叶斯定理为

$$p(A_1/B) = \frac{p(A_1)p(B/A_1)}{p(A_1)p(B/A_1) + p(A_2)p(B/A_2)} \tag{7-11}$$

假设存在一个完整的和互斥的事件 A_1，A_2，…，A_n，A_i 中的某一个出现时事件 B 发生的必要条件，那么 n 个事件的贝叶斯公式为

$$p(A_1/B)=\frac{p(A_1)p(B/A_1)}{p(A_1)p(B/A_1)+p(A_2)p(B/A_2)+\cdots+p(A_n)p(B/A_n)} \quad (7-12)$$

7.2.5.3 应用举例

例7.9：一次台风过程造成某海域上我国商船的沉没，造成重大的经济损失。南海舰队某部承担了搜索打捞任务，假定影响任务完成的唯一因素是台风登陆后的天气情况。若及时搜索打捞，可挽回损失50万元，但如果开始搜索后因天气不好而拖延，则将额外损耗10万元。根据气象资料，估计台风登陆后天气晴朗的可能性是0.2，天气不利于搜索的可能性是0.8。又若因天气原因暂不进行搜索，部队承担部分协调工作需耗损1万元。过去资料表明，该海域在天气好时预报天气好的概率为0.7，在天气坏时预报天气坏的概率为0.8。试问该部队指挥官对搜索打捞行动该如何决策？

解：此问题中，部队决策者根据经验信息对行动的判断属于风险型决策的范畴，在获知气象预报的准确率后，就需利用贝叶斯公式，结合气象预报结果进行后验分析了。若利用风险型决策方法进行方案优选，应选取立即搜索为最佳行动方案（表7-6）。

表7-6 风险型决策计算结果

行动方案 \ 概率 \ 自然状态	天气好	天气差	期望值/万元
	P（1）=0.2	P（2）=0.8	
立即搜索	50	-10	2
暂缓搜索	-1	-1	-1

设以A_1代表天气好，以A_2代表天气坏，以B_1代表预报天气好，以B_2代表预报天气坏，有：$P(A_1)=0.2$，$P(A_2)=0.8$，$P(B_1/A_1)=0.7$，$P(B_2/A_1)=0.3$，$P(B_1/A_2)=0.2$，$P(B_2/A_2)=0.8$，根据贝叶斯定理，可以得到以下各项概率：

$$P(B_1)=P(A_1)P(B/A_1)+P(A_2)P(B/A_2)=0.3$$

$$P(B_2)=0.7$$

$$P(A_1/B_1)=\frac{P(B_1/A_1)P(A_1)}{P(B_1)}=0.47$$

$$P(A_2/B_1)=0.53$$

$$P(A_1/B_2)=0.09$$

$$P(A_2/B_2)=0.91$$

画出这个问题的决策树（图7-3）。

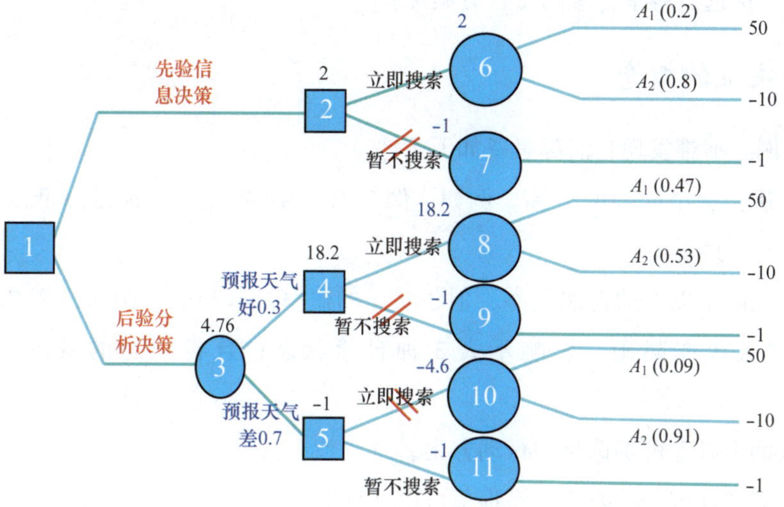

图 7-3　决策树

由图 7-3 可知，天气预报的价值为 4.76−2＝2.76（万元），当调查费用小于 2.76 万元时，才值得购买天气预报的信息，如果预报天气好，就采取“立即搜索”，如果预报天气差，就采取“暂不搜索”。

7.3　不确定型决策

第 7.2 节讨论的问题均属于风险型决策问题，对于这类问题，虽然不知道会发生哪一种状态，但是每种状态发生的概率或可能性可以根据历史资料或预测获知。然而在海战场环境保障中，当信息条件不足时，决策者只能掌握可能出现的各种状态，而各种状态发生的概率也无法获知，风险型决策方法已经无法解决，则需要采用另一种途径完成决策，这类决策就是不确定型决策，那么什么叫不确定型决策呢？它与风险型决策之间有什么区别呢？

7.3.1　不确定型决策的案例

例 7.10：某勘查船在南沙进行海洋调查期间，南海季风低压活动频繁，南沙天气有可能出现大风强降雨、大风弱降雨、影响不大 3 种状态，但由于观测预测水平有限，哪种状态出现的概率无法准确获得，这种情况下指挥员该如何确定下一步工作？

例 7.11：在考查某海域的内波对水下声波探测的影响时，只能在预测内波强度等级的基础上评估出对声波探测的益损值，却无法得到不同内波强度等级出现的概率，此时决策者该如何降低风险，优选出科学合理的可行方案呢？

7.3.2 不确定型决策的概念

总结以上两个案例，不难发现它们都具备如下条件。

（1）决策人希望达到一个明确的目标。例如，例 7.10 中决策者的目标是降低风险，优选出科学合理的可行方案。

（2）只存在两个或两个以上的自然状态，但各状态的概率是未知的。例如，例 7.11 中存在大风强降雨、大风弱降雨、影响不大 3 种自然状态，且各状态的概率无法获知。

（3）存在两个或两个以上可供选择的行动方案。

（4）不同行动方案在确定的状态下，易损值可以计算出来。

总之，不确定型决策是指影响策略结果的自然状态有两个或两个以上，各种自然状态出现的概率未知，且不同策略在各个自然状态下的易损值可唯一确定，决策者从多个备选行动方案中，选择一个最有利的方案的一类决策。由此可以得出，不确定型决策与风险型决策主要区别在于：风险型决策中各个自然状态的概率已知，而不确定型决策中各个自然状态的概率未知。

7.3.3 不确定型决策方法

不确定型决策与风险型决策在思想方法上具有鲜明区别：风险型决策方法从合理行为出发，由严格推理和论证，而不确定型决策方法是人为制定的原则，主观操作痕迹较强。不确定型决策方法主要有以下 4 种：①“好中求好”决策方法；②“坏中求好”决策方法；③ α 系数决策方法；④“最小的最大后悔值”决策方法。

7.3.3.1 “好中求好”决策方法

“好中求好”决策准则也叫乐观决策准则，这种决策准则就是充分考虑可能出现的最大利益，在各最大利益中选取最大者，将其对应的方案作为最优方案。“好中求好”决策方法的建模步骤如下：

（1）确定各种可行方案。

（2）确定决策问题将面临的各种自然状态。

（3）将各种方案在各种自然状态下的损益值列于矩阵列表中。假设某一决策问题有 m 个行动方案 $d_i(i=1,2,\cdots,m)$，n 个自然状态 $\theta_j(j=1,2,\cdots,n)$，损益值 $L_{ij}(i=1,2,\cdots,m;j=1,2,\cdots,n)$，则“好中求好”的决策矩阵如表 7-7 所示。

表 7-7 “好中求好”决策矩阵

行动方案 \ 损益值 \ 自然状态	θ_1	θ_2	…	θ_n	$\max\limits_{\theta_j}[L_{ij}]$
d_1	L_{11}	L_{12}	…	L_{1n}	
d_2	L_{21}	L_{22}	…	L_{2n}	
⋮	⋮	⋮	⋮	⋮	
d_m	L_{m1}	L_{m2}	…	L_{mn}	
决策	$\max\limits_{d_i}\left\{\max\limits_{\theta_j}[L_{ij}]\right\}$				

（4）求每一个方案在各自然状态下的最大损益值，并将其填写在决策矩阵表的最后一列。

（5）取 $\max\limits_{\theta_j}[L_{ij}]$ 中的最大者 $\max\limits_{d_i}\{\max\limits_{\theta_j}[L_{ij}]\}$，所对应的方案 d_i 即为最佳决策方案。

7.3.3.2 “坏中求好”决策方法

“坏中求好”决策准则也叫悲观决策准则，这种决策准则的客观依据是决策的系统功能欠佳，形式对决策者不利，决策者必须从每一个方案的最坏处着眼，从每个方案的最坏结果中选择一个最佳值作为决策方案。

设某一决策问题有 m 个行动方案 $d_i(i=1, 2, \cdots, m)$，n 个自然状态 $\theta_j(j=1, 2, \cdots, n)$，损益值 $L_{ij}(i=1, 2, \cdots, m; j=1, 2, \cdots, n)$，若 $f(d_i)$ 表示采取行动方案 d_i 时的最小收益，即 $f(d_i)=\min(L_{i1}, L_{i2}, \cdots, L_{in})(i=1, 2, \cdots, m)$，则满足 $f(d_*)=\max[f(d_1), f(d_2), \cdots, f(d_m)]$ 的方案 d_* 就是“坏中求好”决策的最佳方案。

7.3.3.3 α 系数决策方法

α 系数决策准则是对“好中求好”和“坏中求好”决策准则进行折中的一种决策准则。α 是一个依决策者认定情况乐观还是悲观而定的系数，称为乐观系数。一般情况下，α 是介于 0 和 1 之间的某一个数值。α 系数决策方法的原理如下：

设某一决策问题有 m 个行动方案 $d_i(i=1, 2, \cdots, m)$，n 个自然状态 $\theta_j(j=1, 2, \cdots, n)$，损益值 $L_{ij}(i=1, 2, \cdots, m; j=1, 2, \cdots, n)$，若令

$$f(d_i)=\alpha(\max_{\theta_j}[L_{ij}])+(1-\alpha)(\min_{\theta_j}[L_{ij}]) \tag{7-13}$$

其中，$0\leqslant\alpha\leqslant 1$，则满足：

$$f(d_*)=\max_{d_i} f(d_i) \tag{7-14}$$

的方案 d_* 为 α 系数决策的最优方案。

7.3.3.4 “最小的最大后悔值”决策方法

所谓后悔值，是指所选方案的收益值与该状态下真正的最优方案的收益值之差。“最小的最大后悔值”决策方法的基本思想：首先计算出各方案在不同自然状态下的后悔值，即每种自然状态下的最大收益值与该状态下的其他收益之差；然后分别找出各方案对应不同自然状态下的后悔值中最大值；最后从中找到最小的最大后悔值，将其对应的方案作为最优方案。“最小的最大后悔值”决策方法的建模步骤如下：

设某一决策问题有 m 个行动方案 $d_i(i=1,2,\cdots,m)$，n 个自然状态 $\theta_j(j=1,2,\cdots,n)$，损益值 $L_{ij}(i=1,2,\cdots,m;j=1,2,\cdots,n)$。在 θ_j 状态下，各方案的最大收益值记为

$$\max_{i=1,2,\cdots,m} L_{ij}=\max(L_{1j},L_{2j},\cdots,L_{mj})$$

则在这一状态下各方案的后悔值为

$$\begin{aligned} &d_1: \max_i L_{ij}-L_{1j}\\ &d_2: \max_i L_{ij}-L_{2j}\\ &\quad\vdots\\ &d_m: \max_i L_{ij}-L_{mj} \end{aligned} \tag{7-15}$$

同理可以得到另外 $n-1$ 种自然状态的后悔值。某一方案 d_i 的 n 种后悔值中的最大者，称为该方案的最大后悔值，若用 $G(d_i)$ 表示这个值，则：

$$G(d_i)=\max_j\left(\max_{i=1,2,\cdots,m} L_{ij}-L_{ij}\right) \tag{7-16}$$

$\min\limits_{i=1,2,\cdots,m} G(d_i)$ 对应的方案就是“最小的最大后悔值”决策的最优方案。

7.3.4 案例应用——作战区域优选

7.3.4.1 保障任务

作战区域的优选在海战场环境辅助决策中也极为重要。第二次世界大战中诺曼底登陆之前，盟军对登陆作战地点面临着 3 个选择：诺曼底、加莱或者康坦丁半岛，为了达到混

淆视听、出其不意的效果，盟军选择了诺曼底登陆，彻底粉碎了德军的负隅顽抗。无独有偶，仁川登陆作为朝鲜战争中一次非常成功的登陆战例，在地点的选择上也留给后人许多有益的启示。

保障任务：海军某部进行渡海登陆联合作战演习时，提出以下3种备选区域的决策方案（表7-8）。由于在不同地域登陆受气象水文因子影响不同，保障单位需针对该影响程度，辅助指挥机关选择科学准确的登陆方案。

表 7-8　登陆地点预案集

决策方案	A	B	C
登陆地点	北部	中部	南部

保障单位在评估气象水文要素对各登陆方案的影响程度时，将环境因子影响的程度划分为4种自然状态：a. 很有利；b. 较有利；c. 较不利；d. 很不利。但受限于技术水平和信息渠道，保障单位无法确知在各登陆地段所属气象水文状态的概率值，假定大气海洋环境要素影响的评估值介于0~1（表7-9）。那么该部队将选择哪种方案作为最佳的登陆地点？

表 7-9　渡海登陆区域选择的决策方案目标评估值

决策方案	自然状态			
	很有利	较有利	较不利	很不利
北部登陆	0.77	0.52	0.25	0.07
中部登陆	0.85	0.7	0.6	0.45
南部登陆	0.8	0.6	0.45	0.3

7.3.4.2　决策过程

（1）按“好中求好”决策方法进行决策。首先求解每一区域选择方案在各种自然状态下的最大目标损益值：

$$f(d_1) = \max(0.77, 0.52, 0.25, 0.07) = 0.77$$

$$f(d_2) = \max(0.85, 0.7, 0.6, 0.45) = 0.85$$

$$f(d_3) = \max(0.8, 0.6, 0.45, 0.3) = 0.8$$

在各个最大目标效用值中再选取其最大值，得到的最大值结果为0.85，对应的是方案B（中部登陆）为最优方案。

（2）按“坏中求好”决策方法进行决策。首先求每一区域选择方案在各自然状态下的最小目标损益值：

$$f(d_1)=\min(0.77,\ 0.52,\ 0.25,\ 0.07)=0.07$$

$$f(d_2)=0.45$$

$$f(d_3)=0.3$$

在各最小目标损益值中选取最大值，得到的最大值为0.45，对应的是方案B（中部登陆）为最优方案。

（3）α系数决策方法。决策者认为气象水文条件有利的可能性较大，取乐观系数$\alpha=0.7$进行计算，计算结果如下：

$$\begin{aligned}f(d_1)&=0.7\times[\max(0.77,\ 0.52,\ 0.25,\ 0.07)]+\\&\quad 0.3\times[\min(0.77,\ 0.52,\ 0.25,\ 0.07)]\\&=0.7\times0.77+0.3\times0.07=0.56\\f(d_2)&=0.7\times0.85+0.3\times0.45=0.73\\f(d_3)&=0.7\times0.8+0.3\times0.3=0.65\end{aligned}$$

在各方案的目标损益值中选取最大值，得到的最大值为0.73，对应的是方案B，因此，按α系数决策方法得到的区域选择结果是方案B（中部登陆）为最优方案。

（4）按“最小的最大后悔值”决策方法决策。4种自然状态下的最大目标损益值分别为

$$\max(0.77,\ 0.85,\ 0.8)=0.85\quad \max(0.52,\ 0.7,\ 0.6)=0.7$$

$$\max(0.25,\ 0.6,\ 0.45)=0.6\quad \max(0.07,\ 0.45,\ 0.3)=0.45$$

各方案的最大后悔值分别为

$$G(d_1)=\max(0.85-0.77,\ 0.7-0.52,\ 0.6-0.25,\ 0.45-0.07)=0.38$$

$$G(d_2)=\max(0.85-0.85,\ 0.7-0.7,\ 0.6-0.6,\ 0.45-0.45)=0$$

$$G(d_3)=\max(0.85-0.8,\ 0.7-0.6,\ 0.6-0.45,\ 0.45-0.3)=0.15$$

取最小的最大后悔值，很显然应该选择方案B（中部登陆）为最优方案。

7.4 多目标决策

7.4.1 多目标决策问题

7.4.1.1 多目标决策案例

在气象水文保障中面临的决策问题，往往具有多个目标，例如，海洋水下环境对潜艇作战效能的发挥有着至关重要的影响和制约，海洋水文环境（特别是水下环境）对潜艇作战效能的影响评估决策是军事海洋学研究和海战场环境保障的重要内容和研究热点，而潜艇作战效能通常要考虑的目标有：航行安全效能、鱼雷攻击效能和战术隐蔽效能等。影响舰载雷达探测效能的气象水文因素有很多，如波高、风向、风速、气压、温度、水汽压等。基于海洋环境对非战争军事行动进行科学部署和优化配置是当今气象水文保障新的发展领域和研究热点，以远海应急救援为例，海洋环境对该行动的影响涉及航迹规划、区域风险划分、救援资源配置等多个目标。在进行岛屿进攻作战机步团登陆地段选择时，往往要考虑多个目标，如符合上级意图、便于陆空协同、登陆地段地形有利、良好的水文气象条件等。随着潜射反舰导弹性能的不断提高，潜艇导弹攻击逐渐由本艇搜索发现目标的近距离攻击向远程目标指示保障条件下的远程攻击转变，这对潜艇导弹发射阵地的选择提出了更高的要求，而发射阵地的选择往往受各种主客观因素的影响，如作战意图、作战保障、潜艇隐蔽性、导弹性能、海区水文状况等。

7.4.1.2 多目标决策的特点

（1）目标之间的不可公度性，即众多目标之间没有一个统一的标准。如提高部队快速反应能力和提高部队人员战术水平，前者可以用单位时间内的行动效率来衡量，而战术水平则不能用该效率来衡量，因此，不同目标之间难以进行比较。

（2）各目标之间的矛盾性。矛盾是指多目标决策问题的各个备选方案在各目标之间存在某种矛盾，即如改善某个方案中某个目标值，可能会使另一个目标值变坏。如引进某武器装备的成本和性能很难同时达到最优。

7.4.1.3 目标体系的分类

常用的多目标决策的目标体系可以分为 3 类：①单层目标体系，即各目标同属于总目标之下，各目标之间是并列的关系；②树形多层目标体系，即目标分为多层，每个下层目标都隶属于一个而且只隶属于一个上层目标，下层目标是对上层目标的更加具体的说明；③非树形多层目标体系，即目标分为多层，每个下层目标隶属于某几个上层目标（至少有一个下层目标属于不止一个上层目标）。各种目标体系如图 7-4 所示。

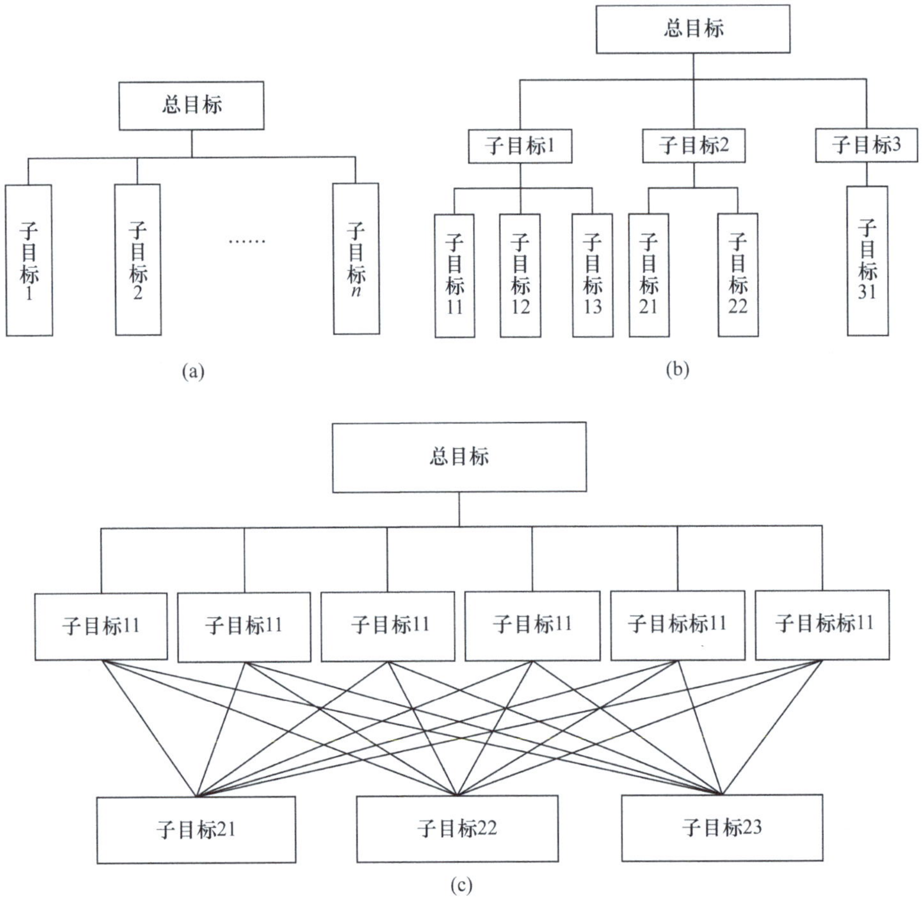

图 7-4　各种目标体系的示意图

（a）单层目标体系；（b）树形多层目标体系；（c）非树形多层目标体系

7.4.2　多目标决策方法

常用的多目标决策方法主要有层次分析法、多属性效用决策方法、优劣系数法及模糊决策法等。本书将介绍优劣系数法、多属性效用决策方法及模糊决策法的数学原理及其在气象水文保障中的应用。

7.4.2.1 优劣系数法

1）数学原理

优劣系数法是通过计算各方案的优系数和劣系数，然后根据优系数和劣系数的大小，逐步淘汰决策方案，最后剩下的方案即为最优方案。其建模步骤如下。

（1）确定目标权数：确定目标权数的方法主要有简单编码法、环比法和优序法。所谓简单编码法，是将目标按重要性依次排序，最次要的目标定为1，然后按照自然数顺序由小到大确定权数，最后将权数进行归一化处理，所得结果即为各目标的权数。环比法是将各目标先随机放在一行，然后按排列顺序将两个目标进行对比，得出环比比率再连乘，把环比比率换算为以最后一个目标为基数的定基比率，最后再进行归一化处理。优序图是一个棋盘式表格，横行和纵列都是要比较的目标，每一格填上两两对比的数字，重要性可用1、2、3、4、5表示，数字越大，表明重要性越大，然后将各行数值加起来，即得各行的合计数，将各行合计数除以总数即得各目标的权数。有关这几种方法详细的操作过程，读者可以参考相关书籍，如徐国祥（2005）。

（2）计算优系数和劣系数：所谓优系数，是指一个方案优于另一个方案所对应的权数之和与全部权数之和的比率。劣系数等于列极差除以优极差与列极差之和，其中优极差是指一方案与另一方案相比，对应的那些目标中优势目标数值相差最大者；劣极差是指一方案劣于另一方案的那些目标数值相差最大者。

（3）进行决策：优系数的最好标准是1，劣系数的最好标准是0，在实际决策时，不可能达到这一标准，而是通过逐步降低标准而不断淘汰方案，最终获得最佳方案。

2）应用

例7.12：某指挥机关需要选择一个军用飞机上的电子战系统，经专家论证，考虑的主要目标有质量、破坏威胁种类数、功率、寿命周期费用、空勤效率、减少威胁种类数，表7-10列出了3个不同方案的目标值。

表7-10　各方案目标值

目标	单位	方案1	方案2	方案3
质量	kg	1000	860	750
破坏威胁种类数	个	5	4	3
功率	kW	45.8	33.3	38.5
寿命周期费用	万元	2600	1960	2200
空勤效率	%	12	15	12.5

续表

目标	单位	方案 1	方案 2	方案 3
减少威胁种类数	个	3	6	5

解：首先利用优序图法确定目标权数，计算结果如表 7-11 所示。

表 7-11　各目标权数计算结果

目标	目标 1	目标 2	目标 3	目标 4	目标 5	目标 6	合计	权数
目标 1		3	4	5	3	4	19	0.2533
目标 2	2		4	4	3	3	16	0.2133
目标 3	1	1		4	2	2	10	0.1333
目标 4	0	1	1		1	2	5	0.0667
目标 5	2	2	3	4		3	14	0.1867
目标 6	1	2	3	3	2		11	0.1467
合计							75	100

各项目标值的计量单位不一样，因此，在计算优劣系数之前需做标准化处理，然后计算各方案的优系数和劣系数，如表 7-12 和表 7-13 所示。

表 7-12　各方案的优系数

	方案 1	方案 2	方案 3
方案 1		0.0667	0.0667
方案 2	0.9333		0.4667
方案 3	0.9333	0.5333	

表 7-13　各方案的劣系数

	方案 1	方案 2	方案 3
方案 1		0.5	0.6154
方案 2	0.5		0.375
方案 3	0.3846	0.625	

由优系数表可知，方案 2、方案 3 与方案 1 相比的优系数都大于 0.9，故淘汰方案 1。如取优系数为 0.75，劣系数为 0.39，则由劣系数表可知，方案 2 与方案 3 相比的劣系数小于 0.39，故淘汰方案 3。因此，在电子战系统的方案选择中，方案 2 最优。

7.4.2.2 多属性效用决策方法

1）效用的含义

决策是由人做出的，决策者的经验、才智、胆识和判断能力也必然会对决策产生重要影响，而在第 7.3 节中讨论的风险型决策方法主要是以期望损益值作为决策标准，有时候这样做会不合理。大气海洋环境对军事行动的影响评估决策是一个复杂的系统，涉及相应指标层次结构和诸多指标的建立。然而，在不同的作战时段、地域、时空背景及战争态势发展的不同阶段，不同决策者对风险的态度或偏好是不一样的。例如，在某次作战方案的优选中，经气象与武器装备专家综合评估，有方案甲：当天气好时（概率为 0.5）的有效进攻指数为 200，当天气不好时（概率为 0.5）的有效进攻指数为-100；而方案乙则不受气象环境的影响，其有效进攻指数为 25，如图 7-5 所示。

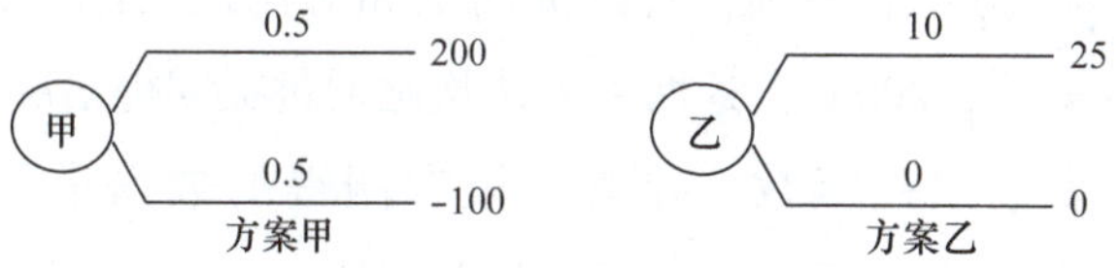

图 7-5　两个可选的行动方案

显然，按照有效进攻指数的益损期望值计算，应该选择方案甲。然而，不同的决策者，在某一阶段有的宁愿接受方案乙，而不愿接受方案甲是完全有可能的。这是因为决策者对风险的态度会对决策起重要作用，一般来说，当同一决策要重复多次，或风险损失数值较小时，决策人的兴趣会与期望损益值的高低大体一致；当同一决策只进行一次且风险较大时，决策人的兴趣往往会与期望损益值之间发生较大的差异。决策者对于期望收益和损失的独特兴趣、感受和取舍反应称为效用，它反映了决策者的胆略和对风险的态度。

2）效用曲线

在战场环境保障中，影响指挥者决策的要素众多且各要素间的关系错综复杂，在多方案决策中，可以采用目标效用代替传统目标益损进行决策。把指挥者对风险态度的变化关系绘出一条曲线，就称为指挥者的效用曲线（图 7-6）。图 7-6 中的效用曲线有 3 种基本类型（徐国祥，2005）：A. 保守型；B. 中间型；C. 风险型。

A. 上凸曲线，代表了保守型决策人。他们对利益反应比较迟缓，而对损失反应比较敏感，是一种不求大利、避免风险的保守型决策人。

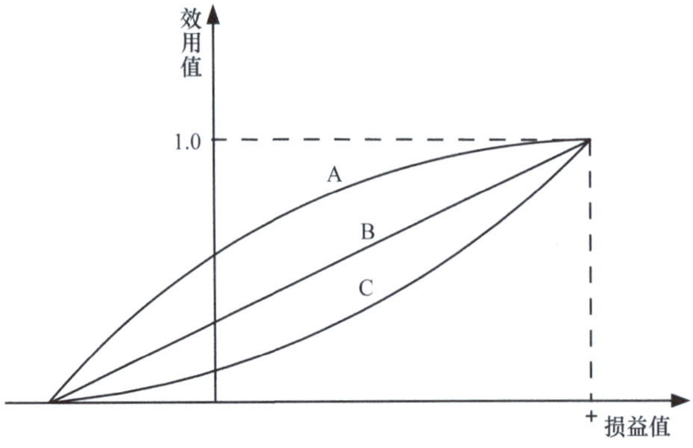

图 7-6　效用曲线类型

B. 直线，代表了中间型决策人。他们认为损益值的效用值大小与期望损益值本身的大小成正比。

C. 下凸曲线，代表了进取型决策人。他们对损失反应迟缓，而对利益反应比较敏感，是一种谋求大利、不怕风险的进取型决策人。

确定效用曲线的基本方法有两种，直接提问法和对比提问法，具体过程可参考文献（徐国祥，2005；甘应爱等，2005），这两种方法均是通过提问得出决策者对目标值的偏好程度。当采用解析式表示效用函数，并对决策者测得的数据进行拟合时，甘应爱等（2005）介绍了 6 种常见的关系式，选取以下两种模型，对战场环境保障中目标效用函数进行拟合：

（1）对数函数 $U(x) = c_1 + a_1\log_{10}(c_3x - c_2)$；

（2）指数加线性函数 $U(x) = c_1 + a_1(1 - e^{a_2(x-c_2)}) + a_3(x - c_2)$。

例 7.13：海军某部队在制订演习计划时面临两个决策方案，考虑到气象水文要素对舰载武器装备效能和人员训练的影响，每个方案的实施均会导致有效完成率和有效训练率这两个审核指标的变化（表 7-14）。

表 7-14　部队演习方案的审核指标

决策方案		有效完成指标 X	有效训练指标 Y	自然状态概率
A	有利	4	12	0.6
	不利	6	6	0.4
B	很有利	5	8	0.3
	一般	3	13	0.5
	很不利	4	8	0.2

采用对比提问法，得到以下几组样本数据（表 7-15 和表 7-16）。

表 7-15 有效完成指标的样本效用

样本效用值	0	0.25	0.5	0.75	1
有效完成指标	3	3.2	3.6	4	6

表 7-16 有效训练指标的样本效用

样本效用值	0	0.25	0.5	0.75	1
有效训练指标	6	7.1	8.5	10.2	12

从这两种拟合函数的对比可以看出，本仿真个例中，采用上述两种函数拟合得到的效用曲线分布区别不大，仅从样本点观察，指数加线性函数拟合值更准确一点（图 7-7）。

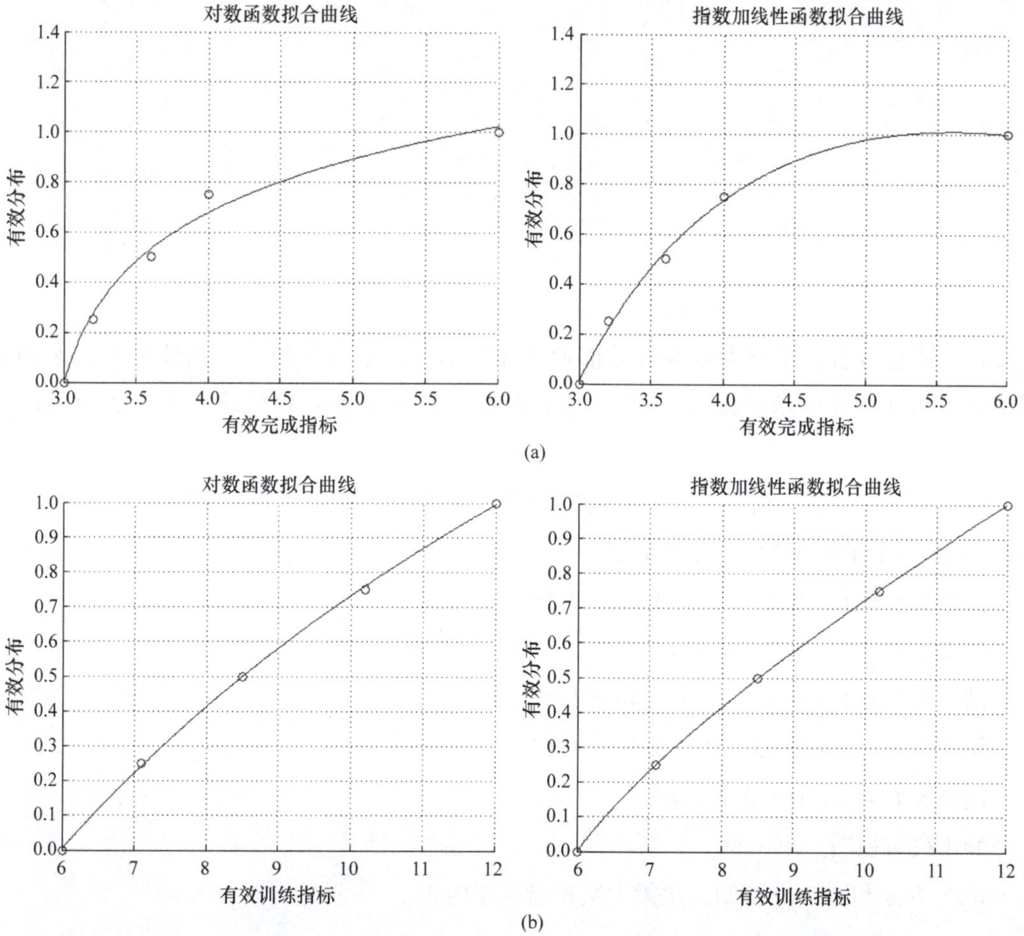

图 7-7 有效完成指标（a）和有效训练指标（b）的两种效用函数拟合结果对比

3）多属性效用决策法

多属性效用决策采用将目标值转化为效用值之后，再进行加权，并构成一个新的综合的单目标函数，然后根据期望效用值最大原则解决多属性效用决策问题。对具有两个属性（X、Y）的决策问题，定义效用函数为$U(X、Y)$，如果X与Y相互独立，则两属性效用函数可以表示为加性效用函数，即

$$U(X、Y) = k_1U_1(X) + k_2U_2(Y) \tag{7-17}$$

例7.14：某部队在制订下一步行动计划时面临两个决策方案，每个方案的实施均会导致有效摧毁率和行动俘获率这两个指标的变化，如表7-17所示，试选出最优决策方案。

表7-17　各方案指标及自然状态概率值

决策方案	有效摧毁率X	行动俘获率Y	概率
夜袭	4	12	0.6
	6	6	0.4
阻击	5	8	0.3
	3	13	0.5
	4	8	0.2

解：通过分析，指挥者认为有效摧毁率和行动俘获率相互独立，则该决策问题的效用函数可用加性效用函数式（7-17）表示再假设有效摧毁率和行动俘获率的效用函数如下。

通过进一步分析，指挥者认为行动俘获率比有效摧毁率更重要，并赋值$k_2 = 2$，$k_2 = 2k_1$，并计算各方案分枝的效用值如下：

结果1. $U = 1 \times 0.75 + 2 \times 0.92 = 2.59$

结果2. $U = 1 \times 1 + 2 \times 0 = 1$

结果3. $U = 1 \times 0.92 + 2 \times 0.46 = 1.84$

结果4. $U = 1 \times 0.75 + 2 \times 0.46 = 1.67$

结果5. $U = 1 \times 0 + 2 \times 1 = 2$

画出决策树图。

由图7-8和图7-9可知，决策方案夜袭优于阻击。

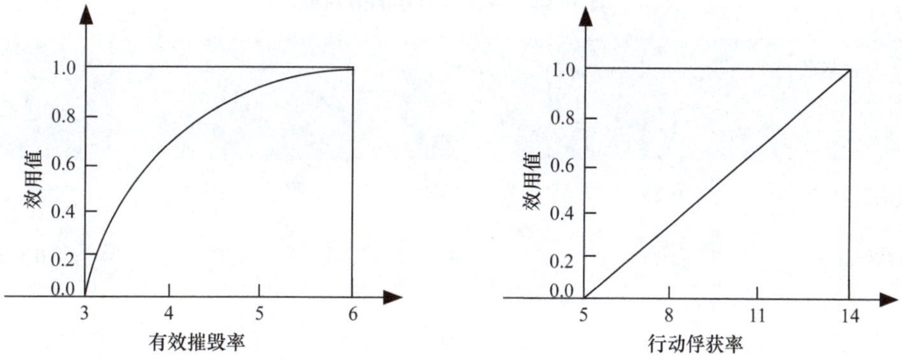

图 7-8　行动俘获率的效用函数

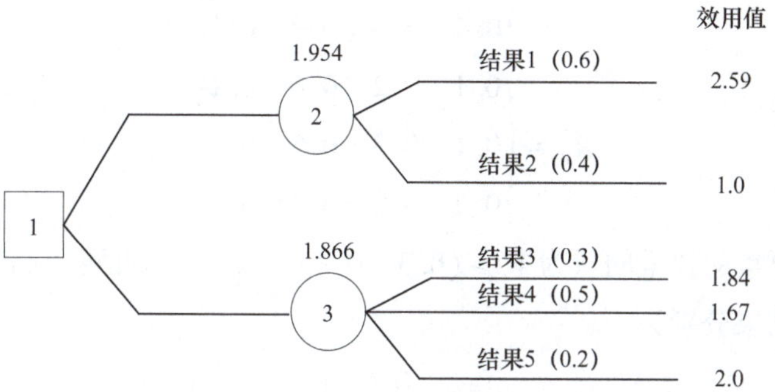

图 7-9　决策树图

7.4.2.3　模糊决策法

有关模糊数学的基本理论已经很成熟了，这里不再赘述。由于模糊决策法和模糊综合评价法的数学原理非常相似，这里我们主要通过一个军事案例来介绍模糊决策法的应用。

例 7.15：在某作战演习中，蓝方在攻占红方海岛某根据地时，有两种方式可供选择，即封锁作战和登陆作战。通过决策机关分析，采用哪种方式主要取决于以下 3 个要素：时效性、伤亡率和战场环境。这 3 个要素对作战影响的评价域为：$V = \{V1$(很有利)，$V2$(较有利)，$V3$(较不利)，$V4$ (很不利) $\}$。已知专家对 3 个要素的评价矩阵和各作战方案在不同状态下的效用值如表 7-18 所示。试用模糊决策法为蓝方选择合理的作战方案。

表 7-18 各作战方案的效用值

状态 / 作战方案	V1	V2	V3	V4
封锁作战	0.85	0.65	0.45	0.2
登陆作战	0.25	0.3	0.75	0.925

解：通过问卷调查，以上两个方案的评价矩阵分别为

登陆作战：
$$R_A = \begin{pmatrix} 0.3 & 0.6 & 0.1 & 0 \\ 0.3 & 0.6 & 0.1 & 0 \\ 0.4 & 0.3 & 0.2 & 0.1 \end{pmatrix}$$

封锁作战：
$$R_B = \begin{pmatrix} 0.1 & 0.2 & 0.6 & 0.1 \\ 0.1 & 0.3 & 0.5 & 0.1 \\ 0.2 & 0.2 & 0.3 & 0.3 \end{pmatrix}$$

将设此 3 个要素的权重向量为 $W = (0.3, 0.3, 0.4)$，由此可以给出专家对两种作战方式的综合评价结果分别为

$$B_A = W \cdot R_A = (0.3, 0.3, 0.4)\begin{pmatrix} 0.3 & 0.6 & 0.1 & 0 \\ 0.3 & 0.6 & 0.1 & 0 \\ 0.4 & 0.3 & 0.2 & 0.1 \end{pmatrix} = ((0.4, 0.3, 0.2, 0.1)$$

$$B_B = W \cdot R_B = (0.3, 0.3, 0.4)\begin{pmatrix} 0.1 & 0.2 & 0.6 & 0.1 \\ 0.1 & 0.3 & 0.5 & 0.1 \\ 0.2 & 0.2 & 0.3 & 0.3 \end{pmatrix} = (0.2, 0.3, 0.4, 0.3)$$

上述结果是按照最小最大规则进行求解的，再分别对上述结果进行归一化处理，由此可得：

$$B'_A = (0.4, 0.3, 0.2, 0.1)$$
$$B'_B = (0.17, 0.25, 0.33, 0.25)$$

将评价结果作为自然状态概率，结合各作战方案的效用值，可得模糊决策表，如表 7-19 所示。

最后计算各方案的期望效用值，分别为 $E_A = 0.6450$，$E_B = 0.5962$。因此，蓝方应选择封锁作战行动方案。

表 7-19 模糊决策表

自然状态		评价域			
		V1	V2	V3	V4
状态概率	封锁作战	0.4	0.3	0.2	0.1
	登陆作战	0.17	0.25	0.33	0.25
效用值	封锁作战	0.85	0.65	0.45	0.2
	登陆作战	0.25	0.3	0.75	0.925

7.5 动态对抗决策

在军事运筹研究领域，作战模拟是一种基本手段。作战模拟是应用一定的模型进行模拟作战试验，以揭示军事活动规律的过程。兰彻斯特方程是最早关于作战确定性解的模型，其是在一些简化条件下建立的描述交战双方变化关系的微分方程组，它是由英国工程师 F. W. Lanchesterti 提出的（徐培德，2003）。而经典的兰彻斯特方程中的损耗系数是个常数，而在实际战斗中，作战双方的损耗系数是随时间而变化的量，且随着时间的增加有减少的趋势。有关变系数兰彻斯特方程的研究很少（Taylor，1979；吴洪鳌，1984）。除此之外，气象要素也是不容忽视的因素，古今战例都表明，气象条件对战争有着极大的影响，现代高技术局部战争对气象条件的依赖性不但没有减弱，反而越来越强，气象条件直接影响部队战斗力的发挥，可认为气象条件也是某种“战斗力”（张铭，2000）。然而，在诸多的兰彻斯特作战理论研究中，至今没有综合考虑变系数和气象条件的解析模型，故该方面的研究亟待加强。本书试图考虑变系数兰彻斯特方程，并将气象条件作为一个可量化因子加入方程中，并进行仿真模拟。

7.5.1 兰彻斯特方程简介

设交战双方分别为红方 x_1 与蓝方 x_2。假设：作战过程中双方都没有增援部队；双方的作战单元数可以作为连续变量处理；双方兵力互相暴露，并处于对方武器的有效射程内；同一方不同作战单元的作战平均损耗系数是相同的。则关于近代战斗经典微分对策模型（兰彻斯特方程）为

$$\begin{cases}\dfrac{dx_1(t)}{dt}=-a_2x_2(t)\\ \dfrac{dx_2(t)}{dt}=-a_1x_1(t)\end{cases} \tag{7-18}$$

式中，$x_1(t)$ 与 $x_2(t)$ 表示战斗开始后 t 时刻 x_1 与 x_2 双方各自具有的兵力；a_1 与 a_2 分别称为 x_1 与 x_2 的作战平均损耗系数，其表示 x_1 与 x_2 每一作战单元消灭的平均速率，是衡量双方武器作战效能的重要指标之一。

7.5.2 加入气象因子的变系数兰彻斯特方程

在实际的战斗中，红方和蓝方的作战耗损系数应该是个随时间而变化的变量，且随着时间的增加而逐渐减少的，原因很简单，比如说双方交战时间过长，两军必然都感到疲劳，战斗力就要下降，除去人为因素，武器长时间使用也会造成效能的下降，故 a_1 与 a_2 应该是正的单减函数 $a_1(t)$、$a_2(t)$ 而不仅仅是常数，由数学分析的知识可知：$\lim\limits_{t\to\infty}a_1(t)=\lim\limits_{t\to\infty}a_2(t)=0$。

除此之外，气象条件不仅仅是军事活动的一个环境要素，而且是双方军事对抗中的“第三者”，它可以使一方获益，也可以使一方有极大损耗，这取决于作战者对它的适应与应用能力。因此，气象条件是对作战产生影响的一个动态因素。可假设由于气象水文条件造成的战斗力变化的速率与作战单元数成正比，即

$$\lim_{\Delta t\to 0}\frac{\Delta x_m}{\Delta t}=-m(t)x(t) \tag{7-19}$$

式中，Δx_m 是 Δt 时间内因气象水文条件而造成的战斗力的改变量；比例系数 $-m(t)$ 为气象影响系数，由具体的气象水文条件由具体的作战双方对其适应和运用的能力这两个因素共同决定的。由于本书已假设没有增援武器，故本书中 $m(t)\geqslant 0$。于是得到考虑气象水文条件的变系数兰彻斯特方程为

$$\begin{cases}\dfrac{dx_1(t)}{dt}=-a_2(t)x_2(t)-m_1(t)x_1(t)\\ \dfrac{dx_2(t)}{dt}=-a_1(t)x_1(t)-m_2(t)x_2(t)\end{cases} \tag{7-20}$$

7.5.3 加入气象因子的变系数兰彻斯特方程的分析证明与讨论

（1）气象条件影响较小，影响战争胜负的主要因素是双方的战斗力。由式（7-20）可得

$$\frac{dx_1}{dx_2}=\frac{-a_2(t)x_2(t)-m_1(t)x_1(t)}{-a_1(t)x_1(t)-m_2(t)x_2(t)}$$

$$\approx \frac{a_2(t)}{a_1(t)} \frac{x_2(t)}{x_1(t)} \tag{7-21}$$

若双方战斗力大体相当，即 $a_1(t) \approx a_2(t)$，则式（7-21）可化为 $\frac{dx_1}{dx_2} = \frac{x_2}{x_1}$，积分可得到 $x_1^2(0) - x_1^2(t) = x_2^2(0) - x_2^2(t)$，即双方兵力变化大体相等。

若一方的战斗力很强，不妨设 x_2 方强，记 $k = \frac{a_2(t)}{a_1(t)} > 0$，则式（7-21）可化为 $x_1^2(0) - x_1^2(t) = k[x_2^2(0) - x_2^2(t)]$，说明 x_1 方的损耗大约是 x_2 方的 $k(k > 1)$ 倍。考虑持续作战情况，则存在某一时间 T，当 $t \geqslant T$ 时，$x_1(t) \approx 0$，$x_2(t) \approx P$ 为常数，这时 x_1 对 x_2 不构成威胁了，x_1 方可认为被消灭了，于是气象条件对 x_1 也没有作用了，同样，x_2 也可认为对 x_1 没有损耗了，x_2 自身可以忽略天气因素的影响了，这时取 $a_1(t) = 0$，$a_2(t) = 0$，$m_1(t) = 0$，$m_2(t) = 0$，$t \geqslant T$。可见 $(0, P)$ 可以看作系统（3）的平衡点，而 $x_1(t)$、$x_2(t)$ 在 $[0, T]$ 内连续趋向于 $(0, P)$，故这个平衡点可以看作渐近稳定的。

（2）如果天气非常恶劣，即天气的影响已经超过对方的影响，这时候红、蓝双方都有可能覆灭，如雷电情况下的战机格斗、环境恶劣情况下的两军对阵等。由式（7-20）可得

$$\begin{cases} \frac{dx_1}{dt} \leqslant - m_1(t)x_1(t) \\ \frac{dx_2}{dt} \leqslant - m_2(t)x_2(t) \end{cases} \tag{7-22}$$

由微分不等式理论可知

$$x_1(t) \leqslant x_1(0)e^{-\int_0^t m_1(s)ds} \tag{7-23}$$

$$x_2(t) \leqslant x_2(0)e^{-\int_0^t m_2(s)ds} \tag{7-24}$$

由于气象环境恶劣，气象因素对双方影响很大，故 $m_1(t)$、$m_2(t)$ 都很大，而上述两式中不等式右边均为 e 的负指数幂，这说明 x_1 与 x_2 的损耗很大，将快速下降并趋于 0。

（3）如果天气对一方影响大，对另一方影响小。不妨设气象因素对 x_1 的影响大，对 x_2 影响小，为方便讨论，将式（7-22）简写成

$$\begin{cases} \frac{dx_1(t)}{dt} = - a_2(t)x_2(t) - m_1(t)x_1(t) \\ \frac{dx_2(t)}{dt} = - a_1(t)x_1(t) \end{cases} \tag{7-25}$$

由式（7-25）第一式可得 $\frac{dx_1}{dt} \leqslant - m_1(t)x_1(t)$，则 $x_1(t) \leqslant x_1(0)e^{-\int_0^t m_1(s)ds}$。则在气象

条件 [$m_1(t)$] 影响较大时，$x_1(t)$ 损耗很快，将快速趋于 0；另一方面，由式（7-25）第二式可以看出，当 $x_1(t)$ 快速下降时，x_1 方对 x_2 方损耗也将下降，即 $a_1(t)x_1(t)$ 很小，这是 x_2 方减小趋势越来越缓慢，损耗越来越小，从而存在某一时间 T，当 $t \geqslant T$ 时，$x_1(t) \approx 0$，$x_2(t) \approx P$ 为常数。

第四部分　海洋环境的风险评估

第八章　海洋战略风险指标体系和概念模型构建

基于上述气候变化对国家海洋战略的影响机理和响应过程的分析，同时考虑到气候变化及其影响和响应过程自身包含的不确定因素，这些因素的累积叠加和相互作用将会使气候变化与国家海洋战略之间的关联更具复杂性、多层次性和不确定性。因此，拟引入风险分析的理论和方法，分析评价气候变化对国家海洋战略的影响制约和潜在的威胁或机遇，建立气候变化对国家海洋战略的风险概念模型。

8.1　海洋战略风险概念与定义

在管理学领域，Andrews（1971）在《公司战略的概念》中首先提出了战略风险的概念，开创性地将战略与风险理论相结合。此后，学术界和企业界从不同的视角探讨了战略风险的概念特征、内涵本质（李杰群等，2010）。目前，战略风险定义的分歧集中在战略风险是战略自身的风险（risk of strategy）还是战略性的风险（strategic risk）。前者是指战略自身的内在风险，是在战略制定、实施和控制的整个过程中，战略偏离实际目标而造成损失的可能性或概率；后者是指外在环境给战略的制定和实施带来的风险，包括影响整个企业的发展方向、企业文化、商业信息和生存能力或公司业绩等战略性问题的因素。

相比较而言，国家海洋战略的视野和着眼点更加宏观，内容也更为丰富，它需要考虑所有对国家海洋战略制定和实施有重要影响的要素，其中包括气候变化及其对海洋环境的影响。气候环境变异的潜在危险及它们所表现出的不确定性所蕴含的灾害或损失的程度与概率，即为风险。风险因素对国家海洋战略决策和管理有着非常重要的影响，这类风险除具有损失、不确定、动态等一般风险共有的特征外，还具有主观性和管理操控等特征，这与企业战略风险极为相似。因此，本书借鉴管理学中的战略风险概念来定义、构建和刻画全球气候变化引起的国家海洋战略风险。需要注意的是，气候变化对国家海洋战略的影响可能有利、有弊，但传统的风险概念一般只涉及其不利影响方面。

基于上述分析讨论及对“风险”的理解，参考管理学中企业战略风险概念和内涵，将全球气候变化致使国家海洋战略面临的风险（以下简称“海洋战略风险”）作如下的定义：“由于全球气候变化引发的海平面上升、海洋环境要素变异、极端气象水文灾害等不利事件，致使国家海洋权益、海洋资源、能源通道和海岸带经济等遭受威胁、损失，影响制约国家海洋战略制定与实施的程度及其可能性。”因此，本书的海洋战略风险属于战略性风险的范畴。需要注意的是，这里仅仅研究由于全球气候变化孕育的海洋战略风险（暂不考虑其他的影响因子），且为了叙述方便，将气候变化国家海洋战略风险简称为“海洋战略风险”，后同，不再赘述。

8.2 海洋战略风险体系结构

海洋战略风险的内涵和定义表明，它具有多层次、多方位、多元化的特征，完整的海洋战略风险体系应尽量包含风险的基本要素和海洋战略的基本属性。基于这种考量，结合前面气候变化对海洋战略的影响途径与机理，构建了海洋战略风险分类标准（表 8-1）和结构体系（图 8-1）。

表 8-1 海洋战略风险分类

<table>
<tr><th>分类标准</th><th>风险因素</th><th>风险承担者</th><th>风险后果</th><th>战略影响</th></tr>
<tr><td rowspan="7">分
类
结
果</td><td rowspan="7">海平面上升
海洋要素变异
海洋环境变迁
极端天气事件</td><td>能源通道风险</td><td>恐怖袭击风险</td><td rowspan="3">海洋安全风险</td></tr>
<tr><td>沿岸军事基地风险</td><td rowspan="2">主权争端风险</td></tr>
<tr><td>岛屿、岩礁、海域</td></tr>
<tr><td>海岸带</td><td>沿海经济发展风险</td><td rowspan="4">海洋发展风险</td></tr>
<tr><td>环境生态系统</td><td></td></tr>
<tr><td rowspan="2">海洋资源开发</td><td>渔业资源变迁风险</td></tr>
<tr><td>油气资源争夺风险</td></tr>
</table>

海洋战略风险并不是由单一要素引起的单一风险，而是多风险源、多途径、多层次风险构成的风险体系。其中，风险因子作用于承险体引起的直接风险处于最底层；底层风险作为新的风险因子加之承险体脆弱性的缩放效应，又会进一步触发新的风险，由此层层递

推、反馈，构成了海洋战略风险体系（图 8-1）。

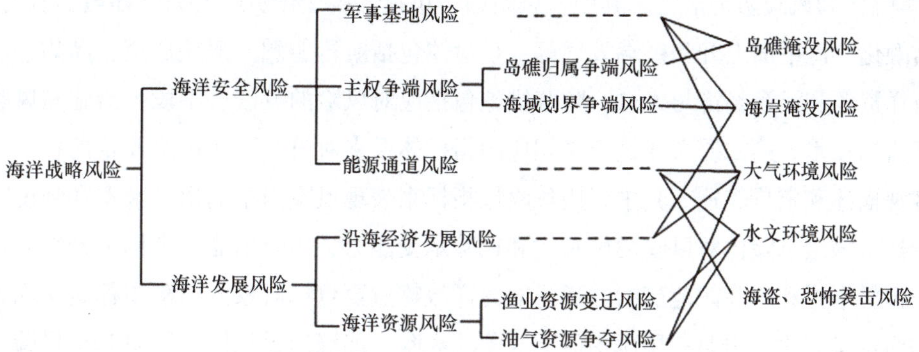

图 8-1　海洋战略风险体系结构

8.3　海洋战略风险的概念模型

基于以上海洋战略风险定义、风险形成机制、风险内涵和表达，以及风险结构体系，综合构建了海洋战略风险概念模型，其基本要素和关联性流程如图 8-2 所示。

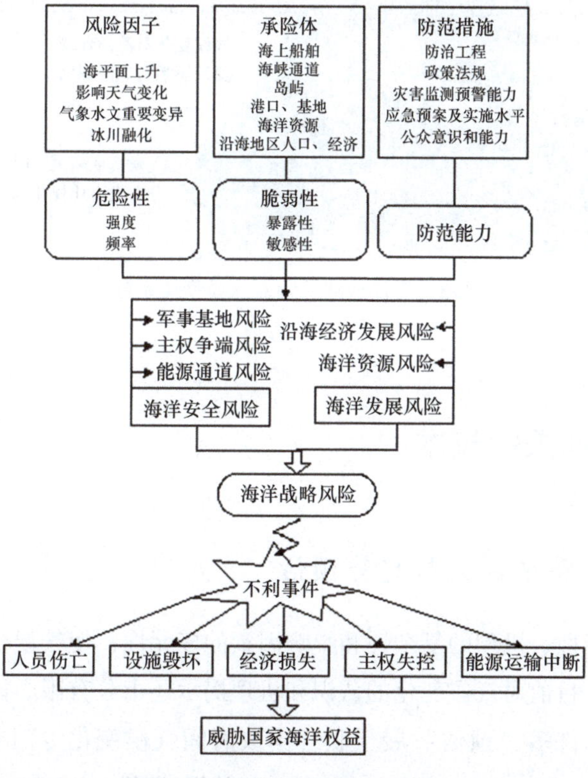

图 8-2　海洋战略风险概念模型

概念模型的第一层次（底层）包括风险分析的3个基本要素：风险因子（也称致险因子）、承险体和风险防范措施。其中，风险因子包括气候变化引起的海洋环境响应与变异，如冰雪融化、海平面上升和极端天气等；承险体包括航行船舶、海峡通道、岛屿、军事基地、海洋资源和沿海经济与人口；防范措施包括应对风险的方法、手段、措施和风险识别与灾害监测技术。第二层次通过定义相应的指标体系来对第一层次风险要素的特征、内涵予以客观描述和定量表达。其中，用危险性指标来表现风险因子的出现频率和强度；用脆弱性指标来描绘承险体对风险的敏感性和风险承受能力；用防范能力指标来刻画对风险的监测、预警水平和风险防范能力。通过对海洋战略重要目标对象的风险指标定义和评估建模，进而定义和构建出第三层次中的主权争端风险、能源通道风险、军事基地风险、海洋资源风险和沿海经济发展风险等指标体系和评价模型。最后，基于对海洋战略风险的理解和对底层风险因素的重要性、危险性的综合权衡，通过引入适宜的集合方法和融合技术，得到国家海洋战略风险概念模型，其体系框架结构如图 8-3 所示。

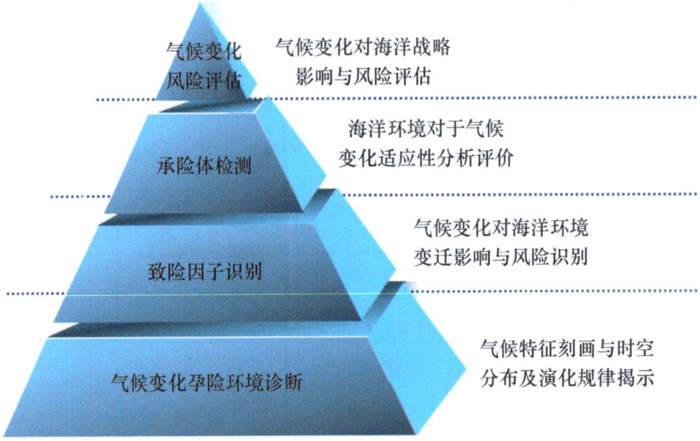

图 8-3 海洋战略风险概念模型体系框架

8.4 难点问题和关键技术

8.4.1 气候变化特征刻画与趋势预估

气候系统的非线性、机理的复杂性和影响因素的多元性，使气候变化表现出明显的非平稳性和不确定性，目前对气候变化的认识和机理揭示还十分有限。国内外学者和研究机构对气候变化给出了许多“预估”展望联合国政府间气候变化专门委员会（Intergovernmental Panel on Climate Change，IPCC）如IPCC-4 就提供了数十种模式的气候预估，以及不同温室气体排放条件下的情景模拟。如何针对海洋战略问题，对不同来源、不同途径的气候变化数据和模式产品进行诊断判别、融合集成和降维处理，建立合理、可靠的气候变化特征提取与趋势预估方法和技术途径，是当前有待深入解决的难点问题和关键技术之一。

8.4.2 气候变化对海岸、岛屿、海峡通道的影响关联

气候变化是以温度变化为核心的全球尺度的自然现象，包含海、陆、气、生物圈和人类社会活动相互影响和耦合反馈等复杂过程。气候变化对海岸、岛屿、水资源的影响涉及物理、化学、生物等诸多领域和复杂的非线性大气、海洋动力、热力过程和地质构造与演化过程。

由于气候变化对海洋战略的影响主要是通过对海岸、岛屿和海峡通道等因素的影响或改变而体现出来的，或者说是通过海岸、岛屿、海峡通道等对气候变化的区域响应来影响海洋战略。因此，如何科学、合理地建立气候变化与海岸、岛屿、海峡通道等因素分布响应的统计关联模型，也是需要重点考虑和解决的难点问题和核心技术。

8.4.3 气候变化对海洋战略影响的风险评估建模

气候变化对海洋战略的影响，既涉及自然环境的物理过程和机理，也涉及人文环境的社会机理与人为因素，一般很难直接建立影响评估的数学解析模型。气候变化主要是通过影响和改变海洋战略若干组成因素的区域环境、要素特性和极端天气来间接地影响海洋战略。因此，气候变化影响评估需在气候变化与区域响应的关联模型基础之上来进一步建模，是一个多级层次结构体系，需进行分解建模和层次融合，需要构建科学合理的气候变化影响指标与风险评价指标体系，这也是当前气候变化影响评估领域中的重难点问题和有待解决的关键技术。

8.4.4 定性知识提取与信息量化技术

由于气候变化机理的复杂性（非线性、非平稳性）和特殊性（个例稀少与预估的不可验证），气候变化影响评估既难以建立基于清晰物理机理的解析模型，也难以建立基于充分案例样本的统计模型。目前和今后相当长的时间内，能够用于评估建模的信息资源主要是气候变化的一些非精确、非确定的预估信息（如不同气候模式提供的模拟产品）和一些定性的知识与情景描述（如 IPCC-4 提供的气候变化情景下，全球不同区域的气温、降水、径流变化响应概述和海平面上升、冰雪消融展望；环境要素变异对海洋战略影响的宏观见解和主观认识等）。因此，如何从目前可用的定性知识和非量化信息中合理提取定量知识与信息，使之运用于评估建模，也是本项目拟重点解决的核心问题和关键技术。

8.4.5 影响不确定与信息不完备条件的建模技术

气候系统变化及其影响过程和机理具有随机性和不确定性，同时案例样本也较为稀少，因此，在研究中面临和需要解决的重要问题是关键技术如何在不确定、不完备信息条件下进行评估建模。包括基于气候变化不确定性刻画的风险评判和风险区划技术；基于小样本案例的气候变化影响评估建模技术；基于临界条件的气候变化影响评估建模技术；基于经验知识和定性描述的气候变化影响评估建模技术；多气候因子综合影响效应评估的融合建模技术等。

第九章　海洋资源争夺风险

海洋资源是海洋的主体，即与海水、海底和海面有密切关系的一种资源，与海水水体及海底、海面本身有着直接关系的物质和能量，这是从狭义的角度来讲的。广义的海洋资源，是指无论是海水水体本身还是海洋空间的利用，凡是可以为人类创造财富的物质、能量、空间、设施等都可以称之为海洋资源。按照海洋资源的属性、能否恢复、资源的来源、有无生命等对海洋资源进行划分（表 9-1）。其中，常用的是第一种划分方法，因其简单明确，并且能够体现海洋资源的属性、特征和分布状况。本章所讨论的海洋资源风险指的是海洋生物资源和海洋矿产资源的风险，其中海洋生物资源主要指海洋渔业资源，海洋矿产资源主要讨论石油和天然气。

表 9-1　海洋资源分类

按资源的属性划分	海洋生物资源
	海底矿产资源
	海洋化学资源
	海洋动力资源
	海洋空间资源
按资源能否恢复划分	可再生性资源
	非再生性资源
按资源的来源划分	来自太阳辐射的资源
	来自地球本身的资源
	地球与其他天体相互作用产生的资源
按资源有无生命划分	生物资源
	非生物资源

9.1 气候变化影响与潜在风险

在生物资源方面，我国近海为北太平洋的西部边缘海，跨度从热带至温带，适合于多种海洋生物生存，目前已知的有两万余种。并且我国拥有漫长曲折的海岸线，众多的岛屿和广阔的浅海陆架，众多的河口、港湾为近岸海域提供了丰富的营养盐，黑潮及其分支延伸至多个海域，形成了诸多海洋锋面和上升流，创造了很高的海洋初级生产力。优越的自然条件使我国近海形成了诸多优良渔场，为我国提供了丰富的海洋渔业资源，仅就南海来说，每年的产量和捕获量便可分别达到 3×10^{7} t 和 2×10^{6}~2.5×10^{6} t。

在油气资源方面，根据《国际法》和《联合国海洋法公约》规定，中国应当拥有 300×10^{4} km^{2} 的管辖海域，这些海域蕴藏着丰富的战略资源。据联合国及我国科学家估计，东海大陆架可能是世界上最丰富的油田之一，其中钓鱼岛附近海域的石油储量约 3×10^{9}~7×10^{9} t，可能成为“第二个中东”。而南海更是有“第二个波斯湾”之称，石油储量达到 2.75×10^{10}~4×10^{10} t，天然气储量超过 10×10^{10} Nm^{3}；“可燃冰”储量约占油气资源的 50%，油气资源可开发价值超过 20 万亿元。仅在曾母盆地、沙巴盆地和万安盆地的石油总储量就将近 2×10^{8} t，是世界上尚待开发的大型油藏之一。

然而，在全球气候变暖的背景下，海洋资源也面临着多重压力。

对于生物资源，首先，气候变暖造成的海域升温现象最严重、最直接地构成了对珊瑚礁的威胁，使珊瑚白化甚至死亡。据美国西海岸海洋研究所的统计显示，过去 20 年间，个别区域海水温度上升了 6℃，造成存活了 250 万年的珊瑚礁有 26%~30%已死亡。目前，珊瑚白化速率正在增加，预计未来 30 年，亚洲将失去大约 30%的珊瑚礁。数千种鱼类和其他海洋生物将会因为珊瑚礁的死亡而失去繁衍环境，处于灭绝的境地（沈建华，2004；於俐，2005；邵帼瑛，2006）。

此外，海平面上升、海水温度、酸度和溶解氧含量的变化，影响了海洋生物新陈代谢过程，致使鱼群的洄游路线及鱼汛的时间早晚发生改变，从而影响到渔场的位置变动和渔业资源产量（孙智辉等，2010）。据模式预测，气候变暖将造成渤海、黄海、东海和南海四大海区主要经济鱼种的产量和渔获量不同程度降低（刘允芬，2000）。

对于油气资源，气候变化将加剧人类的能源需求，在现有陆地资源开发利用难度加大的情况下，各国纷纷将目光投向了海洋，一方面加大对现有海洋油气田的开采力度，另一方面寻找新的资源依托。受能源需求和经济利益驱使，国际社会衍生了一系列围绕资源争夺展开的政治和战略矛盾。

在东海和南海，由于部分岛屿归属和领海主权存在争议，专属经济区和大陆架也就无法明确界定，资源问题一直存在。20 世纪 70 年代之前，越南、菲律宾和马来西亚等国家在南海的资源开发仅限于渔业捕捞。自从发现南海拥有巨量油气资源之后，周边国家争夺领土主权和海洋权益的欲望受到极大刺激，南海资源开发成为各方瞩目的重点。越南视油气资源为“最重要的资源”，确定了“集中各种力量逐步使油气产业成为 21 世纪初国家发展战略中的尖端技术行业”的指导思想，制定了石油工业发展战略，其开发重点是南沙群岛和北部湾油气资源。菲律宾和马来西亚在油气资源开发上则采取“少说多做”的策略，开发进度不断加快。未来持续的气候变化极有可能使现有资源问题变得更加尖锐，加大资源争夺的风险。

据估计，在北极蕴藏着 9%的世界煤炭资源、占世界未开采量 1/4 的石油和天然气，以及大量的金刚石、金、铀等矿藏和水产资源。北极圈内未完全探明、可用现有技术开发的石油储量估计达 900 亿桶，按目前全球石油日需求量近 9000 万桶计算，可供全球使用近 3 年。随着全球气候变暖，北极地区冰面以每十年 9%左右的速度消失，北冰洋水域面积扩大，通航时间大大增长，预计到 2030 年和 2050 年，通过北冰洋新航线的航运将分别占到世界航运的 2%和 5%，这使北极资源开发成为可能。由于目前对北极的国际法律地位还存在争议，围绕北极地区权益争夺和资源开发的国际竞争异常激烈。俄罗斯已在北极海底的海床上插上国旗，宣布对包括北极在内的半个北冰洋的所有权；加拿大正投资数十亿美元建造巡逻船维护其在北极的利益；美国将在阿拉斯加州北部海岸修建基地，加强对北极地区的监控；此外，挪威、丹麦、芬兰、西班牙和瑞典等国家也纷纷宣布有开采北极资源的权利。这些分歧和冲突如不能及时消弭或冻结，很可能造成地缘政治的变化，引起局部甚至全球动荡。

可见，全球气候变化对海洋生物资源的影响主要表现为渔业资源的变迁，对海洋矿物资源的影响主要表现为油气资源的争夺（包括北极资源争夺）。由此定义“海洋资源风险”为：由于全球气候变化使海洋渔业资源分布范围和数量发生变化、海洋油气资源面临国际争夺的程度和可能性。图 9-1 给出了海洋资源风险辨识事件树，据此建立海洋资源风险评估指标体系。

9.2 风险评价指标体系

综上风险要素分析，构建如下海洋资源风险评价指标体系（表 9-2）。

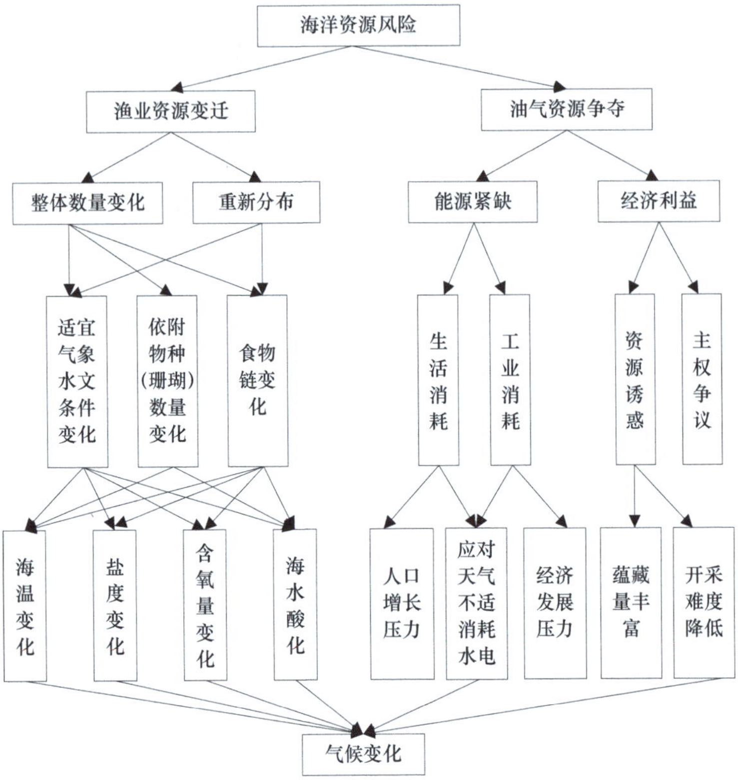

图 9-1　全球气候变化背景下海洋资源风险辨识事件树

表 9-2　海洋资源风险评估指标体系

目标层（A）	准则层（B）	权重	一级指标层（C）	权重	二级指标层（D）		权重
渔业资源变迁风险 $A1$	危险性 $B1$	W_{B1}	洋流影响指数			d_{01}	$W_{d_{01}}$
			pH 值影响指数			d_{02}	$W_{d_{02}}$
			溶氧量影响指数			d_{03}	$W_{d_{03}}$
	脆弱性 $B2$	W_{B2}	暴露性 $C1$	W_{C1}	渔业资源蕴藏量	d_{04}	$W_{d_{04}}$
			敏感性 $C2$	W_{C2}	海温变化指数	d_{05}	$W_{d_{05}}$
					盐度变化指数	d_{06}	$W_{d_{06}}$
	防范能力 $B3$	W_{B3}	气候变化风险意识与响应对策			d_{07}	$W_{d_{07}}$
			渔场迁徙预估与新生渔场搜寻			d_{08}	$W_{d_{08}}$

续表

目标层（A）	准则层（B）	权重	一级指标层（C）	权重	二级指标层（D）		权重
油气资源开采风险 *A*2	危险性 *B*4	W_{B4}			油气资源争端（渊源与现状）	d_{09}	$W_{d_{09}}$
					领海主权纠纷（渊源与现状）	d_{10}	$W_{d_{10}}$
					争端国主流政治势力（对华友好、强硬态度、极端势力）	d_{11}	$W_{d_{11}}$
					外部势力介入（军事、经济结盟）	d_{12}	$W_{d_{12}}$
	脆弱性 *B*5	W_{B5}	暴露性 *C*3	W_{C3}	资源蕴藏量（资源探明储量）	d_{13}	$W_{d_{13}}$
					我国油气需求度	d_{14}	$W_{d_{14}}$
					油气资源的地理位置	d_{15}	$W_{d_{15}}$
					开采难易程度（技术实力、经济成本、政治环境	d_{16}	$W_{d_{16}}$
			敏感性 *C*4	W_{C4}	我国油气资源存储比	d_{17}	$W_{d_{17}}$
					我国油气对外依存度	d_{18}	$W_{d_{18}}$
					其他能源替代率（煤、大陆油气）	d_{19}	$W_{d_{19}}$
	防卫能力 *B*6	W_{B6}			外交磋商与政治对话机制（渊源与现状）	d_{20}	$W_{d_{20}}$
					巡航能力（频次）	d_{21}	$W_{d_{21}}$
					军事威慑（军事实力-分级）	d_{22}	$W_{d_{22}}$
					兵力投送能力（地理位置距大陆机场、军港距离）	d_{23}	$W_{d_{23}}$

9.3 渔业资源变迁风险指标

9.3.1 危险性指标

如果没有海流的存在，鱼类的分布完全取决于温度和光照，形成带状分布，并与纬圈重合。实际上，冷水性的鱼类却随着暖水流可以在高纬度海区生存，冷水性鱼类也可以随寒流到低纬海区。海流的分布状况对海洋鱼类移动、集群和分散的影响很大，是形成渔场的重要海洋要素之一。因此，海流的变化对渔场的形成或变迁，有着重要的影响（刘殿伯，2002；唐逸民，1999）。

此外，海水中的 pH 值还直接影响鱼类的生理状况。鱼类有广酸碱性鱼类，也有狭酸碱性鱼类，不同鱼类有不同的 pH 值最适范围。pH 值超出它们的适宜范围，会影响鱼体的新陈代谢。pH 值小于 7 的酸性条件下，多数鱼类摄食减少，降低饵料吸收率。从而抑制鱼的生长。同时，鱼类的血液 pH 值会下降，从而影响鱼的呼吸效率，即血红素结合氧的能力。当 pH 值超出鱼类的极限适宜范围时，鱼鳃和鱼体皮肤黏膜将受损害，甚至危及它们的生命。由此，可以通过构建海流、pH 值和溶氧量影响指标评价气候变化对鱼类生存的影响。

9.3.1.1 d_{01}—海流影响指标

两种不同海流交汇处，往往形成流隔渔场。流隔区域内，由于海水湍流混合作用，对海洋植物的营养起着良好的作用。海洋光照区营养盐丰富，使浮游生物大量繁殖。同时，不同海流带来的饵料生物，在界面处集结成丰富的生物区，导致经济鱼类在这一海区聚集。沿岸上升流将营养盐丰富的底层水带到表层，饵料生物大量繁殖，提高海洋渔业的生产力。涌升水体和同一深度的水体比较，具有低温高盐、低氧含量、富营养盐、浮游生物聚集等特征（刘殿伯，2002；唐逸民，1999）。

定义：气候变化背景下，海流变化对渔业资源潜在的影响评价。

量化：海流对鱼类影响大致可分为 4 级，对应的评分标准如表 9-3 所示。

表 9-3　海流对鱼类影响的评分

属性描述	影响指数赋值
无海流/水流交汇，无上升流或者涌升水体，不利于渔场的形成	0.8
无海流/水流交汇，有上升流或者涌升水体，利于提高渔业生产力	0.6
有两种及以上海流/水流交汇，有上升流，较为适合鱼群的聚集和生长	0.4
有两种及以上海流/水流交汇，上升流强烈，且是涌升水体，利于鱼群的聚集和生长	0.2

9.3.1.2 d_{02}—海水 pH 值影响指标

影响 pH 值的物理因素包括海水的温度、压力、盐度等。海水的 pH 值随温度升高略有降低，在一定的温度下，pH 值随盐度增加略有上升，压力增大，海水 pH 值降低影响海水生物因素包括海洋植物的光合作用、海洋生物的呼吸作用、有机物的分解作用等。生物活动对海水 pH 值的影响比物理因素影响要大。海水 pH 值的空间水平分布一般是近岸低、外海高。在浅海区，pH 值的垂直分布主要受生物活动、冲淡水、垂直混合等影响（唐逸民，1999）。海水养殖一般将 pH 值控制在 7.5~8.5 为宜（邓希海，2008）。

定义：海水 pH 值变化对主要鱼类的生长和生存的影响与威胁程度。

量化：pH 值对鱼类影响大致可分为 4 级，对应的评分标准如表 9-4 所示。

表 9-4　pH 值对鱼类影响程度分级

pH 值范围	属性描述	影响指数赋值
小于 5 或大于 9	水体呈酸性（小于 5）或碱性（大于 9），对鱼类有直接损害，甚至造成死亡	0.8
5~6.5	pH 值影响水中化学物质含量，间接影响鱼类	0.6
6.5~7.5，8.5~9	弱酸或弱碱环境，较为适合鱼类	0.4
7.5~8.5	弱酸环境，最适合鱼类	0.2

9.3.1.3　d_{03}—溶解氧影响指标

海水中溶解氧一般为 0~8.5 mL/L，影响溶氧量分布的主要因素包括以下方面（唐逸民，1999）。

（1）温度和盐度：氧的溶解度与盐度和温度成反比。溶解氧随温度的变化要比随盐度的变化大得多。大洋中盐度变化不大，溶解氧主要决定于水温的变化。因此，秋季和冬季水温变冷时，要从空气中吸取氧，反之，春季和夏季则一直向空气中释放氧。从低纬度向高纬度流动的暖流溶解氧浓度较低。在流动过程中，由于水温逐渐下降，海水将不断地从空气中吸取氧。从高纬度流向低纬度的寒流情况正相反。

（2）生物：表层海水生长着大量海藻，由于光合作用而释放氧气。在黑暗中，植物需要吸收氧，释放二氧化碳。

（3）海水混合：空气中的氧，以及由海中植物的光合作用产生的氧，都溶解在表层海水中。因此，表层海水的溶解氧比较高，通过对流和湍流混合作用，将表层的氧带到下层，使下层海水的溶解氧增加。

（4）大洋环流：海水中的溶解氧表层较高，随深度增加而减少。在缺氧的海区鱼卵的发育受到抑制，当某些海区缺氧时，鱼类就会转移（王者茂，1984）。

定义：气候变化背景下，海水含氧量变化对渔业资源的影响与威胁度评价。

量化：可简单采用含氧量减少量来度量（表 9-5），若含氧量增加，则此项为 0。

表 9-5　含氧量对物化与生理属性描述

含氧量/（mL·L^{-1}）	物化与生理属性描述	影响指数
≤1	含氧量匮乏、不适宜鱼类生存	0.8
1~3	含氧量较低、鱼类生存环境差	0.6
3~4	含氧量较丰富、比较适宜鱼类生存	0.4
≥4	含氧量高、非常适宜鱼类正常生活	0.2

9.3.2　脆弱性指标

9.3.2.1　暴露性：d_{04}—渔业资源量指标

定义及量化：渔业资源量是评估渔场价值的重要指标，也是渔业生产的物质基础，可以渔获量作为渔业资源量的衡量指标。

9.3.2.2　敏感性：d_{05}—海温影响指标

定义：气候变化背景下，渔业资源受海水温度变化的影响程度与损失风险。

量化：渔业产量因海温影响所产生的产量损失波动的大小表示。波动幅度越大，说明越容易受海温变化的影响。根据 IPCC 报告提供的现实气候情景和未来气候情景的气温（刘允芬，2000），利用生态模式对我国渔业生产中的主要经济鱼类的 N 年生长进行动态模拟，计算海温影响指数如下：其中，Y_N 为第 N 年的渔业产量，Y_1 为起算年的渔业产量。

$$d_{05}=\begin{cases}\dfrac{Y_1-Y_N}{Y_1},\ Y_1>Y_N\\[2ex] 0,\ Y_1\leqslant Y_N\end{cases} \tag{9-1}$$

9.3.2.3　敏感性：d_{06}—盐度影响指标

定义：气候变化背景下，渔业资源受盐度变化的影响程度与损失风险。

量化：渔业产量因盐度影响所产生的产量损失波动的大小表示。波动幅度越大，说明越容易受盐度变化的影响，计算公式同式（9-1）。

9.3.3　防范能力

9.3.3.1　d_{07}—气候变化风险意识与响应对策指标

定义及量化：渔业生产及主管部门对气候变化严峻性与风险意识的认识，以及相应的对策研究。可基于4类表现（优、良、中、差）来评价。并对这4类表现水平进行赋值，如表9-6所示。

表9-6 气候变化风险意识与响应对策指标赋值

气候变化风险意识与响应对策	内涵描述与阐述	指标
差	无风险意识和危机感；无响应与对策措施	0.8
中	风险意识一般；响应与对策制定情况一般	0.6
良	有一定风险意识和危机感；有响应和对策预案	0.4
优	有风险意识和危机感；响应积极、对策科学合理	0.2

9.3.3.2 d_{08}—渔场迁徙预估与新生渔场搜寻

可基于4类表现（响应迟钝、响应积极、前景较好、前景良好）来度量和评估，并对该4类表现水平进行赋值，如表9-7所示。

表9-7 渔场迁徙预估与新生渔场搜寻赋值

响应情况	描述	指标
响应迟钝	没有开展对应策略和措施研究	0.8
响应积极	积极开展渔场迁徙的对策研究	0.6
前景较好	有一定的预期潜在渔场	0.4
前景良好	有很好的预期替代渔场	0.2

9.4 油气资源争夺风险指标

油气资源争夺风险的研究范围不仅包括我国周边海域，还应关注北极地区，因为北极资源问题不是限定在一两个国家之间的矛盾，而是涉及很多个国家政治、经济利益的重要国际纠纷。油气资源争夺的危险性取决于争议现状及争议国的资源需求程度；脆弱性取决于资源蕴藏量、资源所处的地理位置、开采的难易度；防卫能力包括对周边海域的巡航频次及资源距大陆的距离。

9.4.1 危险性指标

9.4.1.1 d_{09}—油气资源争端指标

定义：油气资源所在地区进行资源开采国家与我国的政治关系稳定程度。

量化：国与国之间的政治关系稳定等级可简单划分为 5 个不同的等级，对应等级评分标准如表 9-8 所示。

表 9-8 油气资源争端指标政治关系稳定程度分级评分

关系类型	敌对关系	关系紧张	一般关系	战略合作伙伴关系	盟国关系
评分等级	0.9	0.7	0.5	0.3	0.1

9.4.1.2 d_{10}—领海主权纠纷指标

定义：油气资源所在地区相关国家与我国的政治关系稳定程度。

量化：国与国之间的政治关系稳定等级可简单划分为 5 个不同等级，对应等级的评分标准如表 9-9 所示。

表 9-9 领海主权纠纷指标政治关系稳定程度分级评分

关系类型	敌对关系	关系紧张	一般关系	战略合作伙伴关系	盟国关系
评分等级	0.9	0.7	0.5	0.3	0.1

9.4.1.3 d_{11}—争端国内部稳定度指标

定义及量化：由于油气资源与我国发生争端国家的政治稳定度可以简单划分为：非常稳定、稳定、较稳定、不太稳定、很不稳定 5 个等级，各等级的定义和评分标准如表 9-10 所示。

表 9-10 资源出口、过境地区内部稳定度分级评分

稳定度	定义	评分等级
非常稳定	国家政治基础稳固，政治民主、法律完善，政策连续性强，政权的更替不会影响到经济、金融、贸易、对外关系等	0.1
稳定	国家中有些小的不稳定因素，但总体上对政局不会有影响	0.3
较稳定	新兴的工业化国家和基本完成由计划经济向市场经济过渡的国家	0.5
不太稳定	国内局势动荡、政治斗争激烈、政权交替频繁，甚至部分地区处于战乱状态	0.7
很不稳定	全国或大部分地区处于混乱和战乱状态	0.9

9.4.1.4 d_{12}—外部势力介入指标

定义及量化：由于油气资源与我国发生争端的国家和美国的政治关系稳定程度，依次可以分为盟国关系、战略合作伙伴关系、一般关系、关系紧张、敌对关系 5 个等级，对应的评分标准如表 9-11 所示。

表 9-11 政治关系稳定程度分级评分

关系类型	敌对关系	关系紧张	一般关系	战略合作伙伴关系	盟国关系
评分等级	0.1	0.3	0.5	0.7	0.9

注：该表与油气资源争端的评分等级是相反的，该表中关系密切则数值大。

9.4.2 脆弱性指标

9.4.2.1 暴露性指标：d_{13}—资源蕴藏量指标

定义及量化：评估区域（通常以油田或沉积盆地为单位）已探明油气储量所引起的资源暴露性大小。油气储量的等级划分参照国际标准（徐树宝，2002）（表 9-12）。由此，对不同储量等级的暴露性进行赋值（表 9-13）。

表 9-12　油气储量的等级划分

油气田类型	石油可采储量/10^8 t	油气田面积/km^2	平均探井井距/km			取心井/口
	天然气地质储量/10^8 m^3	油气层厚度/m	简单油气田	复杂油气田	十分复杂油气田	
巨型	大于 3.0	大于 100	10~12	10~50	10~50	5~8
	大于 5000	10~15				
大型	1.0~3.0	大于 100	4	2.9	1.8	3~5
	1000~5000	10~15	(3.5~4.5)	(2.7~3.2)	(1.5~3.0)	
中型	0.3~1.0	25~100	3	2.1	1.2	1~2
		8~12	(2.7~3.3)	(1.8~2.5)	(0.8~1.5)	
小型	0.1~0.3	10~50	2.2	1.5	1	1~2
		5~10	(1.5~2.5)	(1.2~1.7)	(0.8~1.3)	
较小型	小于 0.1	3.0~2.5	1.5	1.5	1	1~2
		3~8	(1.2~1.7)	(1.2~1.7)	(0.5~1.5)	

表 9-13　不同储量等级的暴露性等级划分

油田等级	巨型	大型	中型	小型	较小型
赋值	0.9	0.7	0.5	0.3	0.1

9.4.2.2　暴露性指标：d_{14}—我国油气资源需求度

定义：在我国经济发展中对油气资源的需求程度。需求度越高，则暴露性越大。

量化：以油气消费在我国一次能源结构中的比例来表示，其分类赋值见表 9-14（余良晖等，2006；管卫华等，2006）。

表 9-14　油气资源需求度等级划分

油气消费比例（%）	>60	50~60	40~50	30~0	<30
赋值	0.9	0.7	0.5	0.3	0.1

9.4.2.3 暴露性指标：d_{15}—油气资源地理位置指标

定义及量化：由资源所处位置的开采权属争议大小所造成的资源暴露性。开采权的争议性越大，则暴露性越大。其分级赋值如表 9-15 所示。

表 9-15 资源地理位置暴露性量化标准

资源所处地理位置	位于极大主权争议区	位于较大争议区	位于公共海域（如北极）	位于大陆专属经济区	位于大陆领海及毗连区以内
资源所处区域的争议特征	涉及多个国家核心利益	涉及两个国家核心利益	涉及多个国家一般利益	可能涉及两个国家一般利益	不涉及海域争议
暴露性取值	0.9	0.7	0.5	0.3	0

9.4.2.4 暴露性指标：d_{16}—开采难易度指标

定义：用于度量油气资源开采难易程度引起的资源暴露性大小。一般来说，开采难度越小/大，则其暴露性越大/小。而开采难易程度主要受地理条件、水文气象条件、开发技术的制约。

量化：参考姜宁（2010）和王化增（2010）等研究工作，结合海上油气资源特点选取油田储层深度（depth）、渗透率（filter）、天气条件（weather）、到大陆距离（distance），以及我国石油开采技术现状（technique）5 个指标。参考文献中的论述确定出其相对重要性，并通过层次分析法得到各自权重（表 9-16）。

表 9-16 开采难易程度各指标权重计算

开采难易程度	储层深度	渗透率	天气条件	到大陆距离	技术现状
储层深度	1	2	3	2	2
渗透率	1/2	1	2	2	1
天气条件	1/3	1/2	1	1	1/2
到大陆距离	1/2	1/2	1	1	1
技术现状	1/2	1	2	1	1
单层权重	0.3495	0.2126	0.1126	0.1403	0.1851

即有

$$d_{16} = 1 - (0.35 \times E_{depth} + 0.21 \times E_{filter} + 0.11 \times E_{weather} + 0.14 \times E_{distance} + 0.19 \times E_{tecnique}) \quad (9-2)$$

其中，

$$E_{depth} = \begin{cases} 0, & depth \leqslant K_1 \\ \dfrac{depth - K_1}{K_2 - K_1}, & K_1 < depth < K_2 \\ 1, & depth \geqslant K_2 \end{cases} \qquad E_{filter} = \begin{cases} 0, & filter \geqslant K_3 \\ \dfrac{K_3 - filter}{K_3 - K_4}, & K_4 < filter < K_3 \\ 1, & filter \leqslant K_4 \end{cases}$$

$$E_{weather} = \begin{cases} 0, & weather \leqslant K_5 \\ \dfrac{weather - K_5}{K_6 - K_5}, & K_5 < weather < K_6 \\ 1, & weather \geqslant K_6 \end{cases} \qquad E_{distance} = \begin{cases} 0, & distance \leqslant K_7 \\ \dfrac{distance - K_7}{K_8 - K_7}, & K_7 < distance < K_8 \\ 1, & distance \geqslant K_8 \end{cases}$$

指数中均有两个判别参数，可根据专家意见或根据样本数据用数学方法确定。

对于开发技术的现状情况的评价，在综合有关海底油气开采技术的基础上，设定如下等级评语集（表 9-17）。

表 9-17　开发技术评级

开发技术评级	一级	二级	三极	四级	五级
等级描述	具有国际先进的深水勘探技术、钻井平台，以及漏油控制技术和海上油气输送技术	具有国际先进的深水勘探技术，较为先进的作业平台及漏油控制技术	具有较为先进的深水勘探技术，较为现代的开采设备，有一定的风险控制技术和油气输送技术	深水勘探技术比较落后，缺乏先进的深水作业装备，漏油控制及油气输送技术落后	深水勘探技术十分落后，没有先进的深水作业装备，漏油控制及油气输送技术严重落后
赋值	0.1	0.3	0.5	0.7	0.9

海洋环境的水文气象条件对海上油气开发的影响，参考朱金龙（1997）的工作，选取了热带气旋、大风、浪、流、雾等亚级指标。根据文献中对其影响因子的分析，用层次分析法进行权值确定（表 9-18）。

表 9-18 气象水文影响因子的权重赋值

气候条件恶劣度	热带气旋	大风	大浪	平均流速	低能见度
热带气旋	1	2	2	3	3
大风	1/2	1	2	2	2
大浪	1/2	1/2	1	2	2
平均流速	1/3	1/2	1/2	1	1
低能见度	1/3	1/2	1/2	1	1
单层权重	0.3667	0.2363	0.1791	0.1089	0.1089

即有

$$\text{Weather} = 0.3667 \times \text{cyclone} + 0.2363 \times \text{wind} + 0.1791 \times \text{wave} + 0.1089 \times \text{flow} + 0.1089 \times \text{visibility} \tag{9-3}$$

式中，cyclone、wind、wave、flow 和 visibility 分别是［0，1］标准化后的热带气旋频次、6 级以上大风（风速>10.8 m/s）频次、5 级以上大浪（浪高>2.5 m）频次、平均流速和低能见度（能见度<4 km）频次。标准化方法与前面相同，但其判别参数仍需进一步通过文献或根据样本数据来确定。

9.4.3 敏感性指标

9.4.3.1 d_{17}—我国的油气资源储采比指标

定义：按目前的剩余可采储量与年开采量计算，预计剩余可采年数，再根据剩余可采年数，计算油气资源储采比的敏感性值。

量化：油气资源储采比可简单表示为

$$d_{17} = w_{oil} \times SR_{oil} + w_{gas} \times SR_{gas} \tag{9-4}$$

式中，SR_{oil} 和 SR_{gas} 分别为石油和天然气存储比的敏感性值；w_{oil} 和 w_{gas} 分别为其权重。权重的计算是根据石油和天然气在能源消费中所占的相对比重。根据 2009 年的数据，得到 $w_{oil}=0.84$，$w_{gas}=0.16$；SR_{oil} 和 SR_{gas} 的计算式如下：

$$SR_{oil} = \begin{cases} 1, & R_{oil} \leqslant K_1 \\ \dfrac{K_2 - R_{oil}}{K_2 - K_1}, & K_1 < R_{oil} < K_2 \\ 0, & R_{oil} \geqslant K_2 \end{cases} \qquad SR_{gas} = \begin{cases} 1, & R_{gas} \leqslant K_3 \\ \dfrac{K_4 - R_{gas}}{K_4 - K_3}, & K_3 < R_{gas} < K_4 \\ 0, & R_{gas} \geqslant K_4 \end{cases} \tag{9-5}$$

式中，K_1、K_2 是石油储采比敏感性判别值，K_3、K_4 是天然气储采比敏感性判别值，根据相关论述，K_1 和 K_3 一般取 10 a，K_2 和 K_4 一般取 200 a；R_{oil} 和 R_{gas} 分别是石油和天然气的储采比，储采比可定义为年末剩余储量与当年产量之比。因此，石油和天然气存储比敏感性值：

$$R_{oil} = \mathrm{Reserve(oil)/Exploit(oil)}; \quad R_{gas} = \mathrm{Reserve(gas)/Exploit(gas)} \tag{9-6}$$

式中，Reserve 和 Exploit 分别代表石油/天然气目前的剩余可采储量与年开采量。

9.4.3.2 d_{18}—我国油气资源对外依存度指标

定义：原油对外依存度（Depend）是指一个国家原油净进口量占本国石油消费量的比例，体现了一国石油消费对国外石油的依赖程度。考虑到石油在能源消费中占的比重较大，并且进口远远比天然气多，故本书中油气资源对外依存度实际上指原油的对外依存度。对外依存度越高，则敏感性越高。

量化：我国油气资源对外依存度指标可简单表示为

$$\mathrm{Depend} = (Qt - Qe)/Qc \tag{9-7}$$

式中，Qt 为资源进口量；Qe 为资源出口量；Qc 为资源消费量。于是：

$$d_{18} = \begin{cases} 0, & \mathrm{Depend} \leqslant K_1 \\ \dfrac{K_2 - \mathrm{Depend}}{K_2 - K_1}, & K_1 < \mathrm{Depend} < K_2 \\ 1, & \mathrm{Depend} \geqslant K_2 \end{cases} \tag{9-8}$$

式中，K_1、K_2 分别是指标判别参数。一般情况下，当一个国家的石油对外依存度小于 5%，可认为其石油进口风险很小；而大于 60% 时，则进口风险极高。于是我们取 $K_1 = 0.05$，$K_2 = 0.60$。

9.4.3.3 d_{19}—其他可替代能源占比（Substitute）

定义：煤炭、新能源等其他能源在能源的消费结构中所占的比例。所占比例越大，则敏感性越低。

量化：先计算出可替代能源比例，再采用阶梯函数法计算其对应的敏感性。

$$\mathrm{Substitute} = \mathrm{Substitute(coal)} + \mathrm{Substitute(elec)} + \mathrm{Substitute(new)} \tag{9-9}$$

$$d_{19} = \begin{cases} 0, & \mathrm{Substitude} \geqslant K_1 \\ \dfrac{\mathrm{Substitude} - K_2}{K_1 - K_2}, & K_2 < \mathrm{Substitude} < K_1 \\ 1, & \mathrm{Substitude} \leqslant K_2 \end{cases} \tag{9-10}$$

式中，Substitute（coal）、Substitute（elec）、Substitute（new）分别为煤炭、水电和核能，

以及新能源在能源消费中所占比例；K_1、K_2 分别是指标判别参数。一般认为，当替代能源所占比例达到 80%以上，能源结构非常合理，而当替代能源少于 10%时，则能源结构极不合理，油气消费风险较大。于是可取 $K_1=0.8$，$K_2=0.1$。

9.4.4 防卫能力指标

9.4.4.1 d_{20}—外交磋商与政治对话机制指标

定义：通过外交磋商与政治对话机制等对解决资源争端所起到的积极作用，属于防卫能力的一种形式。一般来说，外交磋商级别越高，政治对话机制越成熟，则防范风险的能力越强（许利平，2012；张成豪，2011）。

量化：选取争端国间外交磋商级别、阶段、频率（分别用 $a1$、$a2$、$a3$ 表示）3 个指标来进行评判，量化基准见表 9-19。于是 $d_{20}=(a1+a2+a3)/3$。

表 9-19 外交磋商与政治对话机制评分

磋商级别	元首级	领导人级	部门级	工作层级
磋商阶段	执行	缔约	谈判	对话
对话渠道	有多种对话渠道和成熟对话机制	有多种对话渠道，并保持一年一次以上的战略对话	对话渠道单一，对话机制不成熟	缺乏有效对话渠道
赋值	0.8	0.6	0.4	0.2

9.4.4.2 d_{21}—巡航能力指标

定义：我国对所辖海域的巡航执法能力指标。该指标值越大，则巡防能力越强。

量化：根据简氏防务对中国海监的评价（Jane's Defance weekly，2012）和《2013 年中国海洋行政执法公报》（国家海洋局，2013），考虑如下两套方案。

方案一：选取执法船只数量、总吨位、装备直升机数量、武装船只数量、现代化程度及年巡航执法次数 6 个指标，通过与周边 9 个国家的相关指标进行对比排名，按排名 1~10 分别赋值为 1.0~0.1，最后对 6 个指标进行加权综合，即得综合巡航能力的评价值。

方案二：以实际维权执法频次为基础，选取派出海监船航次、海监飞机出动架次、获取影像资料分钟数及监管发现涉外船舶（飞机）数量 4 个指标，根据历年数据建立判别标准并进行评价，最后对这 4 个指标加权综合，从而得到巡航能力评价值（表 9-20）。

表 9-20 巡航执法能力评分

等级	一级	二级	三级	四级	五级
派出海监船航次	>250	200~250	150~200	100~150	<100
海监飞机出动架次	>700	450~600	300~450	150~300	<150
获取影像资料分钟数	>7000	5500~7000	4000~5500	3000~4000	<3000
监管涉外船舶（飞机）数量	>1000	700~1000	400~700	100~400	<100
赋值	1.0	0.8	0.6	0.4	0.2

9.4.4.3 d_{22}—军事威慑

定义：我国的军事实力对争端国军事实力的优势所产生的一种威慑作用。属防卫能力的一种。军事实力优势越明显，军事威慑力就越大，从而对资源争夺风险的防范能力就越强。

量化：可用实力排名之差进行简单的量化度量。

$$d_{22} = \begin{cases} 1, & D_{\text{class}} \geqslant L_7 \\ \dfrac{L_7 - D_{\text{class}}}{L_7 - L_8}, & L_8 < D_{\text{class}} < L_7 \\ 0, & D_{\text{class}} \leqslant L_8 \end{cases} \tag{9-11}$$

式中，D_{class} 为我国军事实力排名与争端国军事实力排名之差；L_7、L_8 分别为威慑力极大和极小的临界值，一般可取 10 和-10。

各国军事实力的排名可参考美国军事网站全球火力网（Global Firepower）公布的排名次序。该排名在评估各国军事实力时主要参考 45 项参数，以美国国防部的官方报告、中央情报局的情报，以及公开军事出版物和统计报告的数据为基础，主要依据 5 组基本参数，即军队人数、陆军、空军和海军武器装备数量、军费规模。根据中国及周边各国的排名情况可得到中国对争端国的军事实力优势。

9.4.4.4 d_{23}—军力投送能力

定义：我国兵力远程部署与后勤保障能力大小。主要与我国兵力远程投送能力和航道离我国军事基地的距离有关。兵力远程投送能力越强，航道距离越近，则防范能力越强。

量化：根据数据的可获取性要求，可用航道离我国军事基地距离与我国海空军作战半径来进行量化。

方案一：同时考虑作战距离和我国海空军作战半径

$$d_{23}=\begin{cases}0, & R_{\text{ability}} \leqslant L_9 \\ \dfrac{R_{\text{ability}}-L_9}{L_{10}-L_9}, & L_9 < R_{\text{ability}} < L_{10} \\ 1, & R_{\text{ability}} \geqslant L_{10}\end{cases} \tag{9-12}$$

式中，R_{ability} = Radius/Distance；Radius、Distance 分别为作战半径和距离；L_9、L_{10} 分别为兵力远程部署和保障能力极小和极大的临界值，一般可取 0.1 和 1。

方案二：分别考虑作战距离和我国海空军兵力远程投送装备数量，再进行综合评价。

海军的远程投送能力主要包括综合补给舰数量、大型驱逐舰数量、两栖船坞登陆舰数量及航母数量等；空军的远程投送能力主要包括大型运输机数量、远程轰炸机数量和空降部队数量。以美军的相应装备投送能力作为基准 1，取将上述 7 种装备数量分别与美军的比值作为单项指标值，在此基础上进行综合加权。

9.5 风险要素融合和风险评估模型

基于上述建立的风险评价指标体系，首先对各底层指标进行标准化处理，然后综合采用加法、乘法等指标加权融合方法，建立如下海洋资源风险评估的数学模型。

$$RRI = A1 + A2 \tag{9-13}$$

式中，$A1$ 的数学模型为

$$A1 = B1^{W_{B1}} \cdot B2^{W_{B2}}(1-B3)^{W_{B3}} \tag{9-14}$$

进一步展开

$$B1=\sum_{i=01}^{03} W_{d_i} \cdot d_i \tag{9-15}$$

$$B2 = d_{04}^{W_{C1}} \cdot \left(\sum_{i=05}^{06} W_{d_i} \cdot d_i\right)^{W_{C2}} \tag{9-16}$$

$$B3 = d_{07}^{W_{d_{07}}} \cdot d_{08}^{W_{d_{08}}} \tag{9-17}$$

$A2$ 的数学模型为

$$A2 = B4^{W_{B4}} \cdot B5^{W_{B5}} \cdot (1-B6)^{W_{B6}} \tag{9-18}$$

进一步展开

$$B4 = \sum_{i=09}^{12} W_{d_i} \cdot d_i \tag{9-19}$$

$$B5 = \left(\sum_{i=13}^{16} W_{d_i} \cdot d_i \right)^{W_{C3}} \cdot \left(\sum_{i=17}^{19} W_{d_i} \cdot d_i \right)^{W_{C4}} \tag{9-20}$$

$$B6 = \sum_{i=20}^{23} W_{d_i} \cdot d_i \tag{9-21}$$

第十章　沿海经济发展风险

10.1　气候变化影响与潜在风险

中国拥有大陆海岸线 1.8×10^4 km 余，沿海地区共有 14 个省级行政区划，自北向南依次为辽宁省、河北省、天津市、山东省、江苏省、上海市、浙江省、福建省、广东省、广西壮族自治区、海南省，以及台湾省、香港特别行政区和澳门特别行政区。沿海地区以占全国 13.6%的国土面积，承载了全国近 41%的人口，涵盖了全国 70%以上的大城市，创造了全国 60%以上的 GDP，是人口稠密、城市集中、经济发达的地区。

濒临我国的西北太平洋，以及渤海、黄海、东海和南海的海洋环境条件复杂多变，沿海地区又处于海洋与大陆的交汇地带，是海洋灾害袭击的前沿，因此，中国沿海地区一直是我国海洋灾害频繁发生和最严重的地带，同时也是世界上最严重的灾害带之一（左书华和李蓓，2008）。近十年来，随着全球气候的变暖，海洋灾害的发生呈现出增多的趋势（许小峰等，2006）。因此，气候变化使原本就灾害频发的沿海地带将面临更多、更严重的威胁。

海平面上升和随之而来的海岸带侵蚀是气候变化最直接的后果之一。据相关文献（季子修，1996；季荣耀和罗章仁，2009；国家海洋局，2018）近 40 年来，渤海沿岸约 400 km^2 的耕地、盐场和村庄被海水淹没；广东水东沿岸临海的上大海渔村，近百年来，因海岸侵袭而向内陆迁村 3 次，侵蚀速率达 1.5~2.0 m/a；海南乐东黎族自治县龙栖湾村附近海岸在 11 年内后退了 200 m 余，数十间房屋被毁，村庄 3 次搬迁，村民生存空间越来越小。

另外，全球气候变暖不仅引发海平面上升，而且也会导致热带气旋、风暴潮等海洋灾害强度和频率的逐渐增加。根据国家海洋局 1989—2009 年《中国海洋灾害公报》中提供的数据，近 21 年来，中国沿海地区遭受的海洋灾害损失巨大，直接经济损失累计达 2620 亿元，几乎有一半年份受到的经济损失超过 100 亿元。图 10-1 反映了近 21 年来我国沿海地区台风风暴潮灾害发生情况，图 10-2 反映了近 13 年来我国风暴潮灾害损失情况。可以看出，近年来我国台风风暴潮灾害发生频次有所增加，造成的经济损失占海洋灾害总损失的绝大部分比例。可见风暴潮灾害不仅居海洋灾害之首，而且随着全球气候的持续变暖，风暴潮灾害已经成为威胁我国沿岸经济发展最严重的灾害之一。

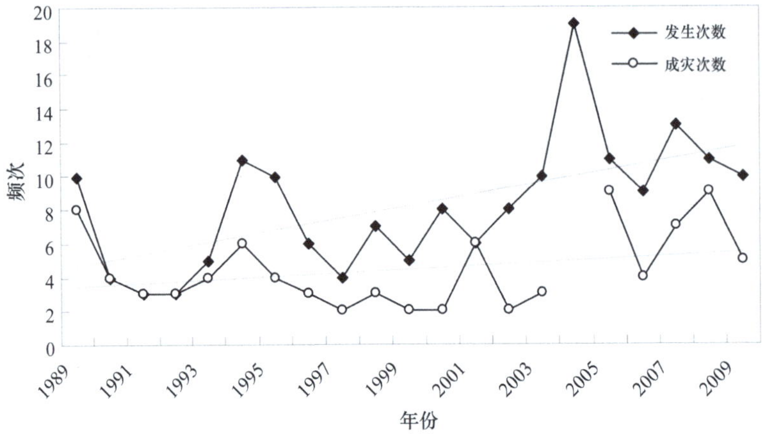

图 10-1　1989—2009 年我国台风风暴潮发生频数序列

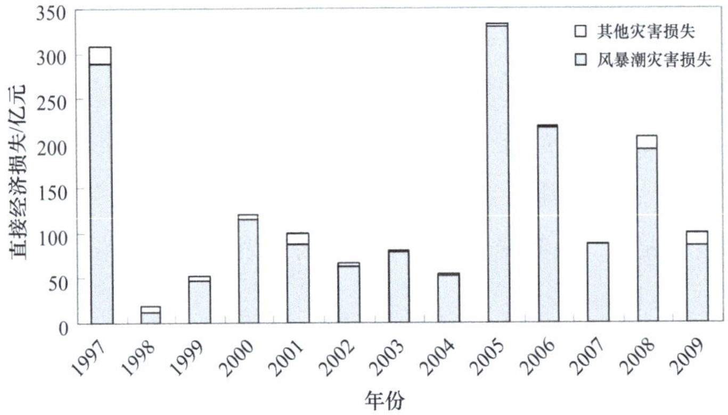

图 10-2　1997—2009 年我国海洋灾害损失情况

（数据来源：国家海洋局 1989—2009 年《中国海洋灾害公报》）

气候变化对沿海经济发展的影响表现为气候变化导致沿海地区海洋灾害加剧，造成经济发展的成本上升，收益减少。首先，灾害问题的恶化，迫使国家或地方政府不得不加大减灾力度，从而使扩大防灾减灾的投入增加，造成经济发展的成本不断上升；其次，一定时期内的社会财富数额是固定的，用于防灾减灾的投入扩大了，那么用于直接发展经济的投入必然减少，社会再生产的发展一定会受到制约；再者，重大灾害发生或者一般灾害的频繁发生都会使已经积累的社会财富遭受一定数额的损失，正常的社会生产中断，灾后重建也会导致一段时期内社会生产的停滞。简单来说，灾害的增加将导致经济收益的减少，使经济发展速度减缓，给沿海地区经济的持续发展带来消极影响。因此，我们可以从气候变化使沿海地区面临的海洋灾害危险程度及损失大小的角度，来评估气候变化对沿海经济发展造成的风险。故定义“沿海经济发展风险”为：气候变化使沿海地区遭受海洋灾害威胁，造成生命和财产损失，从而阻碍经济发展的程度及其可能性。

全球气候变化背景下，多种灾害共同作用，使沿海地区受到极为复杂的影响：海平面上升直接导致潮位升高，风暴潮致灾程度增强，海水入侵面积和范围加大，洪涝灾害加剧；潮差和波高增大，减弱沿岸防护堤坝的能力，海岸和低地侵蚀加重；海平面上升和淡水资源短缺使滨海淡水受到污染，农田盐碱化，河口区咸潮入侵，增加排污难度，破坏生态平衡。为了梳理各灾害之间的关系，这里采用灾害链法由因及果演绎推导出气候变化背景下沿海地区可能面临的灾害系统结构（图 10-3）。

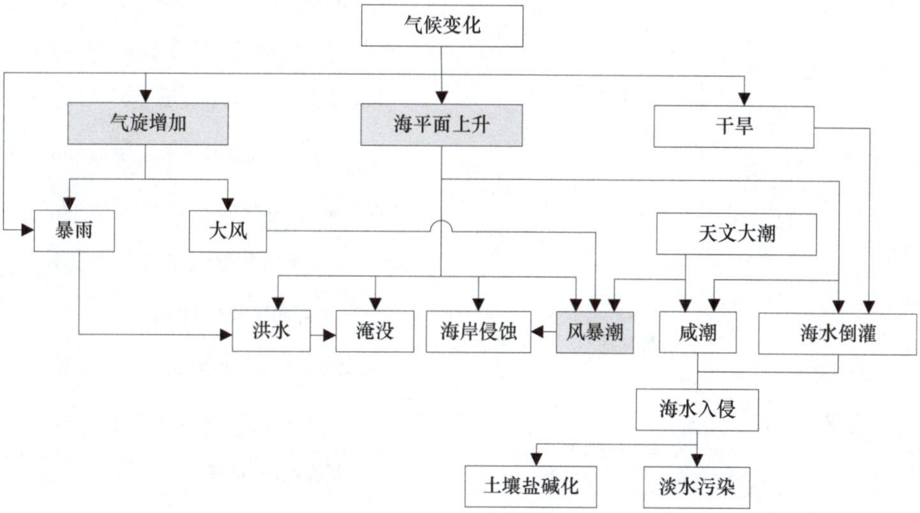

图 10-3　气候变化背景下沿海地区灾害链

由图 10-3 可见，气旋增加和海平面上升是气候变化的直接后果，又是很多次发生灾害的源头，而风暴潮灾害因危害之大，近些年备受关注，出于以上考虑，本节选取热带气旋、海平面上升和风暴潮作为沿海地区典型灾害，进行气候变化背景下的风险评估。

10.2　风险指标体系

综上分析，可以构建出沿海经济发展风险评估指标体系（表 10-1）。

表 10-1 沿海经济发展风险评估指标体系

<table>
<tr><th>目标层（A）</th><th>准则层（B）</th><th>权重</th><th>一级指标层（C）</th><th>权重</th><th colspan="2">二级指标层（D）</th><th>权重</th></tr>
<tr><td rowspan="19">热带气旋灾害风险指标 $A1$</td><td rowspan="12">危险性 $B1$</td><td rowspan="12">W_{B1}</td><td rowspan="8">强度 $C1$</td><td rowspan="8">W_{C3}</td><td>热带气旋过程的最大风速</td><td>d_{01}</td><td>$W_{d_{01}}$</td></tr>
<tr><td>热带气旋过程的风速强度指数</td><td>d_{02}</td><td>$W_{d_{02}}$</td></tr>
<tr><td>热带气旋过程日最大降水量</td><td>d_{03}</td><td>$W_{d_{03}}$</td></tr>
<tr><td>热带气旋过程影响持续时间</td><td>d_{04}</td><td>$W_{d_{04}}$</td></tr>
<tr><td>热带气旋最大风速气候趋势</td><td>d_{05}</td><td>$W_{d_{05}}$</td></tr>
<tr><td>热带气旋风速强度指数气候趋势</td><td>d_{06}</td><td>$W_{d_{06}}$</td></tr>
<tr><td>热带气旋最大日降水气候趋势</td><td>d_{07}</td><td>$W_{d_{07}}$</td></tr>
<tr><td>热带气旋过程持续时间趋势</td><td>d_{08}</td><td>$W_{d_{08}}$</td></tr>
<tr><td rowspan="4">频率 $C2$</td><td rowspan="4">W_{C2}</td><td>热带气旋年生成发展频次</td><td>d_{09}</td><td>$W_{d_{09}}$</td></tr>
<tr><td>热带气旋年登陆影响频次</td><td>d_{10}</td><td>$W_{d_{10}}$</td></tr>
<tr><td>热带气旋年生成频次气候趋势</td><td>d_{11}</td><td>$W_{d_{11}}$</td></tr>
<tr><td>热带气旋年登陆影响气候趋势</td><td>d_{12}</td><td>$W_{d_{12}}$</td></tr>
<tr><td rowspan="4">脆弱性 $B2$</td><td rowspan="4">W_{B2}</td><td rowspan="2">暴露性 $C3$</td><td rowspan="2">W_{C3}</td><td>热带气旋影响地区人口密度</td><td>d_{13}</td><td>$W_{d_{13}}$</td></tr>
<tr><td>热带气旋影响地区地均 GDP</td><td>d_{14}</td><td>$W_{d_{14}}$</td></tr>
<tr><td rowspan="2">敏感性 $C4$</td><td rowspan="2">W_{C4}</td><td>潜在人口伤亡率</td><td>d_{15}</td><td>$W_{d_{15}}$</td></tr>
<tr><td>潜在经济损失率</td><td>d_{16}</td><td>$W_{d_{16}}$</td></tr>
<tr><td rowspan="3">防范能力 $B3$</td><td rowspan="3">W_{B3}</td><td colspan="3">预报警报能力</td><td>d_{17}</td><td>$W_{d_{17}}$</td></tr>
<tr><td colspan="3">应急响应能力</td><td>d_{18}</td><td>$W_{d_{18}}$</td></tr>
<tr><td colspan="3">财政支持能力</td><td>d_{19}</td><td>$W_{d_{19}}$</td></tr>
</table>

续表

目标层（A）	准则层（B）	权重	一级指标层（C）	权重	二级指标层（D）		权重
海平面上升风险指标 $A2$	危险性 $B4$	W_{B4}			海平面上升幅度	d_{20}	$W_{d_{20}}$
					海平面上升概率	d_{21}	$W_{d_{21}}$
	脆弱性 $B5$	W_{B5}	暴露性 $C5$	W_{C5}	海平面上升影响地区人口密度	d_{22}	$W_{d_{22}}$
					海平面上升影响地区地均 GDP	d_{23}	$W_{d_{23}}$
			敏感性 $C6$	W_{C6}	海岸侵蚀指数	d_{24}	$W_{d_{24}}$
					咸潮入侵指数	d_{25}	$W_{d_{25}}$
	防范能力 $B6$	W_{B6}			防护工程基础（堤围达标率）	d_{26}	$W_{d_{26}}$
					海堤防风暴标准	d_{27}	$W_{d_{27}}$
					政策法规及公众认知水平与执行水平	d_{28}	$W_{d_{28}}$
					财政支持能力	d_{29}	$W_{d_{29}}$
风暴潮灾害风险指标 $A3$	危险性 $B7$	W_{B7}	强度 $C7$	W_{C7}	正常潮位	d_{30}	$W_{d_{30}}$
					历史最高增水	d_{31}	$W_{d_{31}}$
					热带气旋/寒潮强度	d_{32}	$W_{d_{32}}$
					地面高程指数	d_{33}	$W_{d_{33}}$
			频率 $C8$	W_{C8}	热带气旋/强冷空气入侵样本统计频次	d_{34}	$W_{d_{34}}$
	脆弱性 $B8$	W_{B8}	暴露性 $C9$	W_{C9}	风暴潮影响地区人口密度	d_{35}	$W_{d_{35}}$
					风暴潮影响地区地均 GDP	d_{36}	$W_{d_{36}}$
			敏感性 $C10$	W_{C10}	人口死亡率	d_{37}	$W_{d_{37}}$
					潜在人口伤亡率	d_{38}	$W_{d_{38}}$
					经济损失率	d_{39}	$W_{d_{39}}$
	防范能力 $B9$	W_{B9}			预报警报能力	d_{40}	$W_{d_{40}}$
					财政支持能力	d_{41}	W_{d_4}
					防护工程基础（堤围达标率）	d_{42}	$W_{d_{42}}$

10.3 风险要素评价指标

10.3.1 热带气旋灾害风险指标

热带气旋灾害是全球发生频率最高、影响最严重的一种灾害。在全球热带气旋生成区中，西北太平洋的频率最高，占全球总数的36%，同时西北太平洋中的热带气旋强度也是全球最强的（张继权和李宁，2007）。中国位于西北太平洋沿岸，是世界上少数几个遭受热带气旋影响最严重的国家之一。面对热带气旋灾害对中国社会和经济的影响，我国学者已经开展了大量的工作（丁燕和史培军，2002；樊琦和梁必骐，2000）。但大多集中在热带气旋强度、路径、台风预报等方面（张继权和李宁，2007）。近几年，热带气旋灾害评估逐渐成为热门，但也仅仅局限于对灾害损失的评定，热带气旋风险评估方面的研究还较少见。不过，大量热带气旋历史资料的积累（如中国气象局热带气旋资料中心整编《CMA-STI热带气旋最佳路径数据集》《热带气旋年鉴》等），为风险评估实现提供了可能。

本书拟以省为基本评估单元，建立沿海地区12个省级行政区（香港、澳门归入广东省）的热带气旋灾害风险指标体系。

10.3.1.1 危险性指标

热带气旋危险性表示未来一段时间内评估区域可能面临的热带气旋强度和频率特征。基于历史资料的概率统计分类方法能较为客观地反映评估区域的未来状况。因此，可以在历史数据资料基础上构建危险性指标。基于不同资料，可以选取不同的危险性指标体系，下面分别给出基于《热带气旋年鉴》和《CMA-STI热带气旋最佳路径数据集》的危险性指标体系方案。

方案一：基于《热带气旋年鉴》的指标体系

1）强度指标

d_{01}—热带气旋过程的最大风速

定义：评估单元（省）一年内所有热带气旋影响过程中曾达到过的最大风速值。

量化：首先提取统计时段内每一年的过程极大风速值，表示成时间序列 $\{d_{01i}\}$，然后求该样本的平均值，即为 d_{01} 的值。

d_{02}—风速强度指数

定义：评估单元内由热带气旋造成的大风动能强度。

量化：考虑大风产生的动能与风速平方成正比，故可取如下风速强度指数计算式（陈俊勇，1994）：

$$d_{02} = \log_{10}(v_1^2 + v_2^2 + \cdots + v_n^2) \tag{10-1}$$

式中，v_n 表示各次热带气旋底层中心附近最大平均风速。可以看出，各指数之间相差一个数量级，该指数能够较好地表示风速与强度的关系。

将统计时段在评估单元中的所有热带气旋每 6 h 记录的近中心附近最大平均风速值代入式（10-1），即得到 d_{02} 的值。

d_{03}—热带气旋过程最大日降水量

定义：评估单元一年内所有热带气旋影响过程中曾出现过的最大日降水量。

量化：首先提取统计时段内每一年的过程最大日降水量，表示成时间序列 $\{d_{03i}\}$，然后求该样本的平均值，即为 d_{03} 的值。

d_{04}—热带气旋过程影响持续时间

定义：评估单元一年内各次热带气旋过程影响日数的平均值。

量化：首先提取统计时段内每一年影响该评估单元的热带气旋次数及每次的影响日数，依此求得该年热带气旋过程平均影响日数，表示成时间序列 $\{d_{04i}\}$，然后求该样本的平均值，即为 d_{04} 的值。

d_{05}、d_{07}、d_{08}—分别为热带气旋最大风速气候趋势、热带气旋风速指数气候趋势、热带气旋最大日降水气候趋势。

定义：评估单元过程最大风速、过程最大日降水量、过程平均影响日数的未来气候变化趋势。

量化：用施能等（1997）提出的气候趋势系数方法，即对任一时间序列 $\{x_i\}$，其气候趋势系数定义为：

$$r = \frac{\sum_{i=1}^{n}(x_i - \bar{x})(i - \bar{i})}{\sqrt{\sum_{i=1}^{n}(x_i - \bar{x})^2 \sum_{i=1}^{n}(i - \bar{i})^2}} \tag{10-2}$$

式中，$\bar{x}$ 为 $\{x_i\}$ 的均值，$\bar{i}$ 为自然数序列 $\{i\}$ 的均值，n 为样本长度。若 $r > 0$，表示序列 $\{x_i\}$ 有上升趋势，r 越大，上升趋势越强；若 $r < 0$，表示序列 $\{x_i\}$ 有下降趋势，r 值越小，下降趋势越强。将 $\{d_{01i}\}$、$\{d_{03i}\}$、$\{d_{04i}\}$ 各序列分别代入式（10-2），即可相应得到 d_{05}、d_{07}、d_{08} 的指标值。

说明：气候变化背景下的风险评估不同于一般意义上的灾害风险评估。气候变化是一个长期过程，会导致热带气旋等相关风险因子强度和频率的持续变化。因此，在进行危险性评估时，还应将气候变化的影响考虑入内，在表示历史平均状况的指标之上加入反映气候变化趋势的指标。基于以上考虑，本书尝试引入气候趋势系数方法，是对气候变化影响定量化评估的探讨。

d_{06}—风速强度指数的气候趋势

定义：评估单元内风速强度指数的未来气候变化趋势。

量化：首先计算评估单元每一年的风速强度指数，表示成时间序列 $\{d_{06i}\}$，即可求得 d_{06}。

2）频率指标

d_{09}—热带气旋年生成发展频次

定义：评估单元一年内热带气旋发生发展的次数。

量化：首先提取统计时段内每一年该评估单元的热带气旋发生发展的次数，表示成时间序列 $\{d_{09i}\}$，然后求该样本的平均值，即为 d_{09} 的值。

d_{10}—热带气旋年登陆影响频次

定义：评估单元一年中的热带气旋每 6 h 记录数目。

量化：

$$d_{10} = \frac{N}{Y} \tag{10-3}$$

式中，N 为统计时段落在评估单元中的所有热带气旋每 6 h 记录个数；Y 为统计时段的年数。

d_{11}—热带气旋年生成频次气候趋势

定义：评估单元年热带气旋生成频次的未来气候变化趋势。

量化：首先统计评估单元每一年的登陆频率，表示成时间序列 $\{d_{11i}\}$，即可求得 d_{11}。

d_{12}—热带气旋年登陆影响气候趋势

定义：评估单元年热带气旋登陆频次的未来气候变化趋势。

方案二：基于《CMA-STI 热带气旋最佳路径数据集》指标体系

以上基于年鉴资料的危险性指标体系需要大量的统计工作量，不利于风险评估的快速实现。《CMA-STI 热带气旋最佳路径数据集》提供了完整的 1949—2009 年西太平洋（含南海，赤道以北，经度 180°以西）海域热带气旋每 6 h 中心位置和近中心最低气压值、近中心最大风速值的记录，不仅减轻了原始数据的收集处理工作量，而且每 6 h 的位置和风速记录也能较为客观地反映热带气旋持续时间、移动情况和影响强度的基本特征。因此，也可基于《CMA-STI 热带气旋最佳路径数据集》进行上述热带气旋危险性指标体系的定义（具体指标内涵阐述、定义和量化表达类同于热带气旋年鉴部分）。

10.3.1.2 脆弱性指标

沿海地区热带气旋灾害承险体较为复杂，但总体上分为人口和经济两大类，因此，脆弱性指标可以从人口脆弱性和经济脆弱性两方面考虑。

1）暴露性指标

d_{13}—热带气旋影响地区人口密度

定义：评估单元单位面积的人口数量。

量化：人口/面积（单位：万人/km²），以当前各省人口为准。

d_{14}—热带气旋影响地区地均 GDP

定义：评估单元单位面积的 GDP。

量化：GDP 总量/面积（单位：元/km²），以各省最近一年的 GDP 总量为准。

2）敏感性指标

d_{15}—潜在人口伤亡率

定义：评估单元因热带气旋灾害可能造成的人员伤亡情况。

量化：

$$d_{15} = \frac{1}{5}\sum_{i=1}^{5}\frac{pop'_i}{pop_i} \tag{10 - 4}$$

式中，pop'_i 为第 i 年评估单元内因热带气旋灾害而伤亡的人数；pop_i 为第 i 年评估单元的受灾人数，i 取近 5 年。

d_{16}—潜在经济损失率

定义：评估单元因热带气旋灾害可能遭受的经济损失率。

量化：

$$d_{16} = \frac{1}{5}\sum_{i=1}^{5}\frac{e'_i}{e_i} \tag{10 - 5}$$

式中，e'_i 为第 i 年评估单元内因热带气旋灾害造成的直接经济损失；e_i 为第 i 年评估单元总产值，i 取近 5 年。

说明：区域人口、经济对热带气旋灾害的敏感性是由人口年龄结构、体能状况、产业结构等复杂物理特性决定的，评估难度很大。但是历史受灾情况却能够反映区域综合敏感情况，因此，可以用历史灾损指标来反映评估单元的敏感性。

10.3.1.3 防范能力指标

对热带气旋灾害，防范能力主要体现在灾前的预报预警能力、灾区民众转移安置能力以及灾害恢复重建能力，后两者与政府的财政能力紧密相关。由此构建如下指标。

d_{17}—预报预警能力

定义及量化：

$$d_{17} = \frac{1}{n}\sum_{i=1}^{n}\frac{In'_i}{In_i} \tag{10-6}$$

式中，In'_i 和 In_i 分别代表评估单元第 i 次发生的热带气旋灾害预报强度和实际强度；n 为考察次数。当预报强度 In'_i 大于实际强度 In_i 时，d_{17} 设定为 1。

d_{18}—应急响应能力

定义及量化：可用紧急转移安置人口占受灾人口比例表示。

d_{19}—财政支持能力

定义及量化：用人均财政收入表示，在该资料获取难度较大的情况下，可用人均 GDP 代替。

10.3.2 海平面上升灾害风险指标

海平面上升对沿海地区是一种渐进性的灾害，易被人们忽视，但其长期累积所造成的灾害影响却比任何其他自然灾害的破坏性更加广泛、持久和深远（陈俊勇，1994）。海平面变化有绝对海平面变化和相对海平面变化两种概念：绝对海平面变化是相对于地心的全球性的海平面变化，全球气候变暖引起的海水热膨胀，以及极地冰盖、陆源冰川冰帽的融化，造成了全球海平面的不断上升；相对海平面变化是特定岸段的地面与海面之间相对位置的变化，是各地验潮站可以实测到的海平面的实际变化。往往某个区域的海平面变化同时包含了全球性因素和区域性因素，例如，未来全球海平面上升对地面沉降的沿海区域会加剧其风险，对地面抬升的区域则可能会被抵消而不受影响。

我国沿海绝大部分地区海拔低于 5 m，其中一些人口集中、经济较为发达的大城市（如天津、上海和广州等）位于河口淤积平原，由于地下水的过量开采和大型建筑物群增加的地面负载，加速了因自然构造运动或新近沉积层压实作用而导致的地面沉降。全球海平面上升叠加上区域沉降，使我国沿海地区相对海平面持续上升。至 2009 年，沿海各省区相对海平面已经比常年上升了 43~107 mm（许小峰和顾建峰，2009），为近 30 年最高，一些地区甚至已经在海平面以下，目前只能靠海堤防护。

例如，在海平面相对上升最快的天津地区，高程一般在 2.5~4.5 m 范围内，平均海平面在 1.5 m 左右。令人担忧的是，1959—1988 年，天津地区陆地沉降面积达 7300 km^2，使天津地区高程半数以上降到 1~3 m，有些地面高程已处于海平面以下，只能靠防护堤围护。

再如，面积为 6932.5 km^2 的珠江三角洲，河道纵横，地势低平，绝大部分地区海拔高度不到 1 m，其中有 25%的土地在珠江基准面高程 0.4 m 以下，大约有 13%的土地（约 803.65 km^2）在海平面以下。目前，珠江三角洲的中山市北部、新会、斗门区、珠海西区等地区有 460 万人生活在海平面以下，靠堤围保护生存。若海平面继续上升，势必会给这些地区带来更加严重的威胁。

《2009年中国海平面公报》（国家海洋局，2010）中提出要在“沿海重点经济区开展海平面上升影响评价，对评价区域进行海平面上升脆弱区划，将评价结果和脆弱区划范围作为沿海重点经济区规划的重要指标”。因此，开展海平面上升风险评估工作对沿海经济发展具有重要意义。

根据《2009年中国海平面公报》对沿海各省区已发生的海平面上升不利事件的描述和对未来30年相对海平面升幅的预估，依据指标选取原则，构建海平面上升风险指标体系。

10.3.2.1 危险性指标

海平面上升的危险性表示评估单元未来一段时间内（比如未来30年）相对海平面上升的严重程度和可能性。其中，上升幅度并不能直观反映危险程度，必须将上升幅度与评估单元的海拔高度结合考察，才更加合理。另外，相对海平面上升的可能性由全球绝对海平面变化和该地区的地面升降决定，目前，关于未来全球海平面将持续上升的预估已经被广泛认可，故只需考察该地区的地面升降情况即可。由此，构建如下指标：

d_{20}—海平面上升幅度

定义及量化：

$$d_{20}=\begin{cases}0.9, & h-\Delta h\leqslant -\Delta h\\ 0.8, & h-\Delta h\leqslant 0\\ 0.7, & h-\Delta h\leqslant T\\ 0.6, & h-\Delta h\leqslant T_{\max}\\ 0.5, & h-\Delta h\leqslant T_{\max}+20\\ 0.1, & h-\Delta h> T_{\max}+20\end{cases}\tag{10-7}$$

式中，h为海拔高程（m）；Δh为评估时段（如未来30年）相对海平面上升幅度（m）；T为该评估单元常见潮位（m）；$T_{\max}$为该评估单元历史最高潮位（m）。对于T和$T_{\max}$采用以点代面的方法，即应用代表站点来表示整个评估单元的数值。将20 m设置为海拔高程脆弱性的临界值。

d_{21}—海平面上升概率

定义：表示评估单元相对海平面上升的可能性。

量化：

$$d_{21}=\begin{cases}0, & R_g-R_r\leqslant 0\\ 1, & R_g-R_r>0\end{cases}\tag{10-8}$$

式中，R_g 和 R_r 分别为评估时段内全球绝对海平面变化速率和评估单元地面升降速率。

10.3.2.2 脆弱性指标

1）暴露性指标

d_{22}—海平面上升影响地区人口密度

定义：评估单元单位面积的人口数量；

量化：人口/面积（单位：万人/km^2）。以当前各省人口为准。

d_{23}—海平面上升影响地区地均 GDP

定义：评估单元单位面积的 GDP；

量化：GDP 总量/面积（单位：元/km^2）。以各省最近一年的 GDP 总量为准。

2）敏感性指标

d_{24}—海岸侵蚀指数

定义：评估单元海岸线易于遭受侵蚀的程度。

量化：

$$d_{24} = (E_b/\Delta h') \times (E_1/L) \tag{10-9}$$

式中，E_b 为某一历史时期评估单元的海岸侵蚀距离；$\Delta h'$ 为同期评估单元海平面上升幅度；E_l 为评估单元已被侵蚀的海岸线长度；L 为评估单元海岸线总长度。

d_{25}—咸潮入侵指数

定义：评估单元易于遭受海水入侵的程度。

量化：

$$d_{25} = S_b/\Delta h' \tag{10-10}$$

式中，S_b 为某历史时期评估单元的海水入侵距离；$\Delta h'$ 为同期评估单元的海平面上升幅度。

10.3.2.3 防范能力指标

面对海平面上升所带来的一系列灾害，区域防治能力主要体现在防治工程和政策法规和公众意识 3 个方面。首先，防护林的保护或种植面积、防护海堤的修建力度和防护标准，对于减轻未来几十年内的海平面上升灾害是最为直接和有效的措施；其次，若政府能够合理规划利用土地，出台有效的措施或政策平衡经济发展与生态环境保护的关系，公众能够认识到海平面上升的巨大危害，节约生活消耗，对防御海平面上升灾害有很大帮助。

d_{26}—防护工程基础（堤围达标率）

定义及量化：海岸线绿化长度或海堤长度占评估单元海岸线总长度的比例。

以山东省为例，全省海岸线绿化长达 1432 km，而全省海岸线长 3121 km（王贵霞等，2004），故其 $d_{26}=1432/3121=0.459$。

我国现有 1.8×10^4 km 余的大陆海岸线，分别濒临黄海、渤海、东海和南海，现有总长度约 1.2×10^4 km 的各类不同标准的海堤工程（李维涛和王静，2003），故其防护工程基础指标 $d_{26}=1.2/1.8=0.667$。

d_{27}—海堤防风暴标准

定义及量化：海堤防风暴的水平。

沿海各地区规划海堤防风暴标准如表 10-2 所示。

表 10-2　沿海各地区规划海堤防风暴标准（李维涛和王静，2003）

<table>
<tr><th rowspan="2">城市名称</th><th rowspan="2">城市防洪（潮）标准/a</th><th colspan="4">海堤标准（重现期）</th></tr>
<tr><th>100 a</th><th>50 a</th><th>20 a</th><th>10 a</th></tr>
<tr><td>丹 东</td><td>100</td><td></td><td rowspan="6">5 万亩以上</td><td rowspan="6">1 万~5 万亩</td><td rowspan="6">1 万亩以下</td></tr>
<tr><td>大 连</td><td>100</td><td></td></tr>
<tr><td>锦 州</td><td>50</td><td></td></tr>
<tr><td>营 口</td><td>100</td><td></td></tr>
<tr><td>盘 锦</td><td>50</td><td></td></tr>
<tr><td>葫芦岛</td><td>20~50</td><td></td></tr>
<tr><td>秦皇岛</td><td>100</td><td></td><td>一般市区</td><td></td><td></td></tr>
<tr><td>唐 山</td><td>100</td><td></td><td></td><td rowspan="2">一般乡村</td><td></td></tr>
<tr><td>沧 州</td><td>50</td><td></td><td></td><td></td></tr>
<tr><td>天 津</td><td>200</td><td>市区、企业
加 7 级风</td><td>一般地区
加 7 级风</td><td></td><td></td></tr>
<tr><td>东 营</td><td>100</td><td></td><td></td><td></td><td></td></tr>
<tr><td>潍 坊</td><td>50</td><td></td><td></td><td></td><td></td></tr>
<tr><td>烟 台</td><td>50</td><td></td><td rowspan="2">加 10 级风</td><td rowspan="2">1 万~5 万亩加
10 级风，其他
加 8 级风</td><td></td></tr>
<tr><td>威 海</td><td>20</td><td></td><td></td></tr>
<tr><td>青 岛</td><td>50~100</td><td>市区
加 12 级风</td><td></td><td></td><td></td></tr>
<tr><td>日 照</td><td>50</td><td></td><td>加 10 级风</td><td></td><td></td></tr>
</table>

续表

<table>
<tr><th rowspan="2">城市名称</th><th rowspan="2">城市防洪（潮）标准/a</th><th colspan="5">海堤标准（重现期）</th></tr>
<tr><th>100 a</th><th>50 a</th><th colspan="2">20 a</th><th>10 a</th></tr>
<tr><td>连云港</td><td>50~100</td><td>市区</td><td rowspan="3">县城
加10级风</td><td rowspan="3" colspan="3"></td></tr>
<tr><td>盐 城</td><td>50~100</td><td></td></tr>
<tr><td>南 通</td><td>50~100</td><td></td></tr>
<tr><td>上 海</td><td>1000</td><td>市区加12级风；农村加11级风</td><td>城乡接合部加11级风</td><td colspan="2"></td><td></td></tr>
<tr><td>嘉 兴</td><td>100</td><td rowspan="6">50万~100万人城市、100万亩平原加同频率风</td><td rowspan="6">10万~50万人城市、5万~100万亩农田</td><td rowspan="6" colspan="2">1万~10万人城市、1万~5万亩农田</td><td rowspan="6">1万人以下、1万亩以下</td></tr>
<tr><td>杭 州</td><td>100~500</td></tr>
<tr><td>舟 山</td><td>50~100</td></tr>
<tr><td>台 州</td><td>50~100</td></tr>
<tr><td>宁 波</td><td>100</td></tr>
<tr><td>温 州</td><td>100</td></tr>
<tr><td>福 州</td><td>200</td><td></td><td rowspan="2"></td><td rowspan="2" colspan="2"></td><td></td></tr>
<tr><td>莆 田</td><td>50</td><td></td><td></td></tr>
<tr><td>泉 州</td><td>100</td><td></td><td rowspan="3">万亩以上</td><td rowspan="3" colspan="2">1000亩以上</td><td></td></tr>
<tr><td>厦 门</td><td>100</td><td></td><td></td></tr>
<tr><td>漳 州</td><td>100</td><td></td><td></td></tr>
<tr><td>汕 头</td><td>50</td><td rowspan="8">五大联杆</td><td rowspan="8">20万~50万人；20万~100万亩</td><td rowspan="8">1万~20万人；1万~20万亩</td><td rowspan="8">1万~5万亩</td><td rowspan="8">小于1万亩</td></tr>
<tr><td>惠 州</td><td>100</td></tr>
<tr><td>珠 海</td><td>50</td></tr>
<tr><td>东 莞</td><td>50</td></tr>
<tr><td>中 山</td><td>50~100</td></tr>
<tr><td>深 圳</td><td>100</td></tr>
<tr><td>广 州</td><td>200</td></tr>
<tr><td>湛 江</td><td>100</td></tr>
</table>

续表

<table>
<tr><th rowspan="2">城市名称</th><th rowspan="2">城市防洪（潮）标准/a</th><th colspan="4">海堤标准（重现期）</th></tr>
<tr><th>100 a</th><th>50 a</th><th>20 a</th><th>10 a</th></tr>
<tr><td>钦 州</td><td>50</td><td></td><td rowspan="4">5 万亩以上</td><td rowspan="4">1 万~5 万亩</td><td rowspan="4">万亩以下</td></tr>
<tr><td>北 海</td><td>50</td><td></td></tr>
<tr><td>南 宁</td><td>100</td><td></td></tr>
<tr><td>防城港</td><td>50</td><td></td></tr>
<tr><td>海 口</td><td>50</td><td></td><td></td><td rowspan="2">一般地区</td><td></td></tr>
<tr><td>三 亚</td><td>50</td><td></td><td></td><td></td></tr>
</table>

d_{28}—政策法规及公众认知和执行水平

量化：采用专家、普通民众问卷及打分的方式进行评分。

d_{29}—财政支持能力

量化：根据政府的财政支持力度和能力来进行评分。

10.3.3 风暴潮灾害风险指标

风暴潮指的是由强烈的大气扰动，如热带气旋、温带气旋等引起的海面异常升高现象。风暴潮有两种类型：一种是由热带气旋引起的台风风暴潮，另一种是由温带气旋引起的温带风暴潮。风暴潮灾害主要是由大风和高潮水位共同引起的，是局部地区的猛烈增水，如果正好遇上天文大潮，则形成特大风暴潮，将酿成重大灾害（左书华和李蓓，2008）。我国风暴潮灾害一年四季均有发生，受灾区域几乎遍及整个中国沿海，所受灾害居西太平洋沿岸国家之首（许小峰等，2009）。每次风暴潮造成的经济损失少则几亿元，多则几百亿元。

近 500 年历史潮灾史料和近 50 年风暴潮观测记录研究均表明，在偏暖时段，中国沿海的风暴潮灾害发生频次较偏冷时段显著偏多（许小峰等，2009）。由此预想，全球变暖将使风暴潮灾害加剧。事实上，风暴潮由强烈大气扰动引起的海面异常升高现象，全球气温升高为气旋等强烈大气扰动的生成创造了更为有利的条件，同时，沿海地区相对海平面的升高使风暴潮位相应抬升，风暴增水值与潮位叠加后将出现更高的风暴高潮位，这就意味着目前的高潮位重现期将显著缩短，风暴潮灾害将更加严重。

形成严重风暴潮的条件有 3 个：一是强烈而持久的向岸大风；二是有利的岸带地形，如喇叭口状港湾和平缓的海滩；三是天文大潮配合。根据不同的条件，风暴潮的空间范围一般由几十千米至上千千米不等。风暴潮的强度可以由风暴潮增水的多少来划分，一般把风暴潮分为 7 级，见表 10-3（许小峰等，2009）。

表 10-3　风暴潮强度等级划分

级别	名称	增水/cm
0	轻风暴潮	30~50
1	小风暴潮	51~100
2	一般风暴潮	101~150
3	较大风暴潮	151~200
4	大风暴潮	201~300
5	特大风暴潮	301~450
6	罕见特大风暴潮	≥450

综上分析，利用国家海洋局 1989—2009 年《中国海洋灾害公报》中提供的风暴潮灾害统计资料，依据指标选取原则，建立如下的风暴潮灾害风险指标体系。

10.3.3.1　危险性指标

1）强度指标

d_{30}—正常潮位

定义：评估单元正常潮位高度。

量化：采用代表站点的正常潮位来表示整个评估单元的值。

d_{31}—历史最高增水

定义及量化：1989—2009 年评估单元所出现过的风暴潮最高增水值。

d_{32}—热带气旋/寒潮强度

定义及量化：1989—2009 年评估单元所出现过的热带气旋或者寒潮强度。

d_{33}—地面高程指数

定义及量化：

$$d_{33}=\begin{cases}0.9, & h\leqslant 0\\0.8, & h\leqslant \Delta h\\0.7, & h\leqslant \Delta h+T\\0.6, & h\leqslant \Delta h+T_{\max}\\0.5, & h\leqslant \Delta h+T_{\max}+20\\0.1, & h>\Delta h+T_{\max}+20\end{cases}\tag{10-11}$$

式中，h 为海拔高程；Δh 为评估时段（如未来 30 年）相对海平面升幅；T 为该评估单元常见潮位；T_{max} 为该评估单元历史最高增水，将 20 m 设置为海拔高程脆弱性的临界值。

2）频率指标

d_{34}—历史样本统计频次（热带气旋/强冷空气入侵频次）

定义及量化：

$$d_{34} = \frac{1}{n}\sum_{i=1}^{6}\omega_i \cdot p_i \tag{10 - 12}$$

式中，n 为统计时段年数；i 为风暴潮强度等级；p_i 为统计时段内评估单元发生 i 级风暴潮的次数；ω_i 为其对应的权重，并取 ω_1 为 0.02，ω_2 为 0.04，ω_3 为 0.07，ω_4 为 0.14，ω_5 为 0.19，ω_6 为 0.24，ω_7 为 0.30。

全国 1989—2007 年各年、各等级的风暴潮次数见表 10-4（谢莉和张振克，2010）。

表 10-4　全国 1989—2007 年各级风暴潮次数及分布区域

年份＼风暴潮次数	总数	0 级	1 级	2 级	3 级	4 级	5 级	6 级	分布区域
1989	10	2	1	4	3	0	0	0	浙江、广东、海南、上海
1990	4	0	0	1	2	1	0	0	福建、浙江
1991	7	0	0	0	4	2	1	0	海南、广东
1992	8	0	0	4	2	1	1	0	海南、广西、福建、广东
1993	5	0	0	1	1	3	0	0	广东
1994	11	0	4	1	4	2	0	0	浙江、福建、广东
1995	10	0	4	2	4	0	0	0	广东、广西、福建
1996	6	0	0	0	3	3	0	0	福建、广东、广西、浙江
1997	4	0	0	0	2	2	0	0	沿海大部分省区
1998	7	0	3	4	0	0	0	0	广东、福建
1999	5	0	0	5	0	0	0	0	广东、福建
2000	8	0	2	1	2	1	2	0	浙江、江苏
2001	6	0	0	2	2	2	0	0	广东、福建
2002	8	0	1	1	2	2	2	0	广东、福建、浙江
2003	10	0	0	0	6	1	3	0	广东、广西、海南
2004	10	0	2	3	2	1	2	0	浙江、福建、上海

续表

年份＼风暴潮次数	总数	0级	1级	2级	3级	4级	5级	6级	分布区域
2005	11	0	0	5	2	1	3	0	浙江、海南、福建
2006	9	0	0	0	4	3	2	0	福建、广东
2007	13	0	3	2	2	6	0	0	浙江、广东、海南

以 2004 年为例，根据所给权重和公式，可计算得到全国范围 2004 年的历史样本统计频次指数：

$$d_{34} = \frac{1}{n}\sum_{i=1}^{6}\omega_i \cdot p_i$$

10.3.3.2 脆弱性指标

1）暴露性指标

d_{35}—风暴潮影响地区人口密度

定义：评估单元单位面积的人口数量。

量化：人口/面积。以 2009 年各省人口为准（前面写的是以最近一年各省人口为准，是不是要统一）。

d_{36}—风暴潮影响地区地均 GDP

定义：评估单元单位面积的 GDP。

量化：GDP 总量/面积。以 2009 年的 GDP 总量为准。

2）敏感性指标

d_{37}—人口死亡率

定义：评估单元死亡的人数占该单元总人数的比例。

量化：

$$d_{37} = \frac{1}{5}\sum_{i=1}^{5}\frac{pop'_i}{pop_i} \tag{10-13}$$

式中，pop'_i 为第 i 年评估单元内因风暴潮灾害而死亡的人数；pop_i 为第 i 年评估单元总人数，i 取近 5 年。

d_{38}—潜在人口伤亡率

定义：评估单元可能伤亡的人数（这里用受灾人数代替）占该单元总人数的比例。

量化：

$$d_{38} = \frac{1}{5}\sum_{i=1}^{5}\frac{pop''_i}{pop_i} \qquad (10-14)$$

式中，pop''_i为第 i 年评估单元内因风暴潮灾害而受灾的人数；pop_i 为第 i 年评估单元总人数，i 取近 5 年。

广东省 1991—2005 年因为风暴潮灾害死亡人数、总人数和受灾人数如表 10-5 所示。

表 10-5 广东省 1991—2005 年因风暴潮灾害死亡人数、总人数和受灾人数（邓松等，2006）

年份	风暴潮灾害死亡人数/人	总人口数/万人	风暴潮灾害受灾人数/人
1991	0	6359.45	0
1992	0	6532.17	0
1993	47	6691.28	1468.0
1994	0	7123.09	0
1995	74	7387.49	1042
1996	208	7531.66	930
1997	6	7882.58	111
1998	0	8107.82	0
1999	10	8343.91	525
2000	0	8650.03	0
2001	7	8712.39	698
2002	0	8844.72	0
2003	22	8902.17	1118.6
2004	0	9001.80	0
2005	0	9194.00	0

由此根据公式（10-13），可估算出广东省的人口死亡率：

$$d_{37} = \frac{1}{5}\sum_{i=1}^{5}\frac{pop'_i}{pop_i} = \frac{1}{5}\left(\frac{7}{8712.39 \times 10\,000} + \frac{22}{8902.17 \times 10\,000}\right) = 3.273 \times 10^{-7}$$

根据公式（10-14），可估算出广东省的潜在人口伤亡率：

$$d_{38} = \frac{1}{5}\sum_{i=1}^{5}\frac{pop''_i}{pop_i} = \frac{1}{5}\left(\frac{698}{8712.39 \times 10\,000} + \frac{1118.6}{8902.17 \times 10\,000}\right) = 0.21 \times 10^{-4}$$

江苏盐城 2000—2007 年因风暴潮灾害死亡人数、总人数和受灾人数如表 10-6 所示。

表 10-6　江苏盐城 2000—2007 年因风暴潮灾害死亡人数、总人数和受灾人数（于文金等，2009）

年份	风暴潮灾害死亡人数/人	总人口数/万人	风暴潮灾害受灾人数/人
2000	2	613.41	2.4
2001	10	639.34	11
2002	0	649.67	0
2003	4	710.83	116.58
2004	0	743.96	0
2005	2	798.67	289.76
2006	0	801.47	10.98
2007	0	808.77	0

由此可根据公式（10-13），可估算出江苏盐城的人口死亡率：

$$d_{37}=\frac{1}{5}\sum_{i=1}^{5}\frac{pop'_i}{pop_i}=\frac{1}{5}\left(\frac{4}{710.83\times 10\,000}+\frac{2}{798.67\times 10\,000}\right)=0.75\times 10^{-6}$$

根据公式（10-14），可估算出江苏盐城的潜在人口伤亡率：

$$d_{38}=\frac{1}{5}\sum_{i=1}^{5}\frac{pop''_i}{pop_i}=\frac{1}{5}\left(\frac{116.58}{710.83\times 10\,000}+\frac{289.76}{798.67\times 10\,000}+\frac{10.98}{801.47\times 10\,000}\right)=0.541\times 10^{-4}$$

d_{39}—经济损失率

定义：评估单元因风暴潮灾害遭受的经济损失率。

量化：

$$d_{39}=\frac{1}{5}\sum_{i=1}^{5}\frac{e'_i}{e_i}\tag{10-15}$$

式中，e'_i 为第 i 年评估单元内因风暴潮灾害造成的直接经济损失；e_i 为第 i 年评估单元总产值，i 取近 5 年。

广东省 1991—2005 年因风暴潮灾害引起的经济损失如表 10-7 所示。

表 10-7　广东省 1991—2005 年因风暴潮灾害引起的经济损失（邓松等，2006）

年份	风暴潮灾害造成的直接经济损失/亿元	GDP 总量/亿元
1991	0	1893
1992	0	2448
1993	57.83	3469

续表

年份	风暴潮灾害造成的直接经济损失/亿元	GDP 总量/亿元
1994	0	4619
1995	63.00	5933
1996	129.00	6835
1997	21.00	7775
1998	0	8531
1999	12.68	9251
2000	0	10741
2001	24.50	12 039
2002	0	13 502
2003	42.00	15 845
2004	0	18 865
2005	0	22 557

由此根据公式（10-13），可估算出广东省的经济损失率：

$$d_{39} = \frac{1}{5}\sum_{i=1}^{5}\frac{pop'_i}{pop_i} = \frac{1}{5}\left(\frac{24.50}{12\ 039} + \frac{42.00}{15\ 845}\right) = 0.465 \times 10^{-2}$$

10.3.3.3 防范能力指标

d_{40}—预报警报能力

定义及量化：

$$d_{40} = \frac{1}{n}\sum_{i=1}^{n}\frac{In'_i}{In_i} \qquad (10-16)$$

式中，In'_i 和 In_i 分别代表评估单元第 i 次发生的风暴潮灾害的预报强度和实际强度；n 为考察次数。当预报强度 In'_i 大于实际强度 In_i 时，d_{40} 设定为 1。

d_{41}—财政支持能力

定义及量化：用人均财政收入表示，在该资料获取难度较大的情况下，可用人均 GDP 代替。

d_{42}—防护工程基础（堤围达标率）

定义及量化：达标的防潮堤长度占评估单元海岸线总长度的比例。

10.4 风险要素融合与风险评估模型

根据指标融合方法，首先对各底层指标进行标准化处理，其中气候趋势项只取其绝对值进行标准化；然后可认为热带气旋、海平面上升、风暴潮对沿海地区具有同等重要性，建立如下沿海经济发展风险评估的数学模型：

$$CRI = A1 + A2 + A3 \tag{10-17}$$

式中，$A1$ 的数学模型为

$$A1 = B1^{W_{B1}} \cdot B2^{W_{B2}} \cdot (1 - B3)^{W_{B3}} \tag{10-18}$$

进一步展开为

$$B1 = \left(\sum_{i=01}^{06} W_{d_i} \cdot d_i\right)^{W_{C1}} \cdot \left(\sum_{i=07}^{08} W_{d_i} \cdot d_i\right)^{W_{C2}} \quad \text{（方案一）} \tag{10-19}$$

或

$$B1 = \left(\sum_{i=09}^{10} W_{d_i} \cdot d_i\right)^{W_{C1}} \cdot \left(\sum_{i=11}^{12} W_{d_i} \cdot d_i\right)^{W_{C2}} \quad \text{（方案二）} \tag{10-20}$$

$$B2 = \left(\sum_{i=13}^{14} W_{d_i} \cdot d_i\right)^{W_{C3}} \cdot \left(\sum_{i=15}^{16} W_{d_i} \cdot d_i\right)^{W_{C4}} \tag{10-21}$$

$$B3 = \sum_{i=17}^{19} W_{d_i} \cdot d_i \tag{10-22}$$

$A2$ 数学模型为

$$A2 = B4^{W_{B4}} \cdot B5^{W_{B5}} \cdot (1 - B6)^{W_{B6}} \tag{10-23}$$

进一步展开为

$$B4 = d_{20}^{W_{d_{20}}} \cdot d_{21}^{W_{d_{21}}} \tag{10-24}$$

$$B5 = \left(\sum_{i=22}^{23} W_{d_i} \cdot d_i\right)^{W_{C5}} \cdot \left(\sum_{i=24}^{25} W_{d_i} \cdot d_i\right)^{W_{C6}} \tag{10-25}$$

$$B6 = \sum_{i=26}^{28} W_{d_i} \cdot d_i \tag{10-26}$$

$A3$ 数学模型为

$$A3 = B7^{W_{B7}} \cdot B8^{W_{B8}} \cdot (1 - B9)^{W_{B9}} \tag{10-27}$$

进一步展开为

$$B7 = \left(\sum_{i=29}^{32} W_{d_i} \cdot d_i\right)^{W_{C7}} \cdot (W_{d_{33}} \cdot d_{33})^{W_{C8}} \tag{10-28}$$

$$B8 = \left(\sum_{i=34}^{35} W_{d_i} \cdot d_i\right)^{W_{C9}} \cdot \left(\sum_{i=36}^{37} W_{d_i} \cdot d_i\right)^{W_{C10}} \tag{10-29}$$

$$B9 = \sum_{i=38}^{40} W_{d_i} \cdot d_i \tag{10 - 30}$$

10.5 西太平洋海区热带气旋风险实验评估

西北太平洋是全球热带气旋发生频率最高、强度最强、分布范围最广的海域。中国位于西北太平洋沿岸，属世界上遭受热带气旋影响最为严重的国家之一。根据政府间气候变化专门委员会（IPCC）第四次评估报告（2007a；2007b），由人类活动引起的全球气候变暖已成为不争的事实，20 世纪 40 年代后期以来的观测结果显示，全球平均海表温度持续上升。在此背景之下，很多学者对热带气旋频数或强度与全球变暖的关系开展了机理研究、数值模拟和统计关联等方面的研究（黄勇和李崇银，2009；袁俊鹏和江静，2009）。现在虽还不足以证明西北太平洋热带气旋发生频率和平均强度随全球气候变化有确定的增加趋势，但是极具破坏力的强台风将随全球海表温度的升高而相应地增加（EMANUEL，2000），这势必会给人类社会带来更加严重的影响。在此情景下开展风险评估显得尤为重要。美国早在 20 世纪 80 年代就全面开展了加勒比海沿岸地区的飓风灾害风险评估，建立了完整的可供操作的飓风灾害风险评估模式（HOWARD，1998），而我国的相关研究尚不多见。本节拟基于前面建立的风险分析评价指标对热带气旋危险性及其对我国周边海域的灾害风险进行分析和实验评估。

10.5.1 资料与方法

基于中国气象局上海台风研究所整编的 1949—2009 年的 CMA-STI 热带气旋最佳路径数据集，选取我国周边海域（0°—45° N，95°—140° E）作为研究区域，按照 GB/T 19201—2006 的热带气旋等级国家标准，将热带气旋（Tropical Cyclone，TC）分为热带低压（Tropical Depression，TD）、热带风暴（Tropical Storm，TS）、强热带风暴（Severe Tropical，STS）、台风（Typhoon，TY）、强台风（Severe Typhoon，ST）、超强台风（Super Typhoon，STY）进行讨论。热带气旋强度和频数分别选用底层（近地面或近海面）中心附近最大平均风速和研究区域一年中的热带气旋每 6 h 记录总条数。其中，极端最大风速指研究区域内一年中所有 TC 生命史中曾达到过的最大中心风速值；年均最大风速指研究区域内一年中所有 TC 生命史中曾达到过的最大中心风速的算术平均值。将研究区域内热带气旋记录。

根据空间位置分配到 1°×1°的网格单元内，即可得到 2025 个网格单元的 1949—2009 年热带气旋近中心最大风速样本。

热带气旋灾害风险评估基于地理信息系统（Geographic Information System，GIS），采用灾害风险评价指数法（刘引鸽等，2005），认为热带气旋灾害风险是危险性（H）、脆弱性（V）、区域防灾减灾能力（R）综合的结果。可以表达为

$$\text{TC 灾害风险指数}=\text{危险性}(H)\times\text{脆弱性}(V)\times[1-\text{区域防灾减灾能力}(R)] \tag{10-31}$$

采用层次分析法（AHP）并结合德尔菲法进行指标体系建立和指标权重计算。

为了消除各指标量纲差异，采用如下标准化公式对各指标进行标准化处理：

$$X' = \frac{X - X_{\min}}{X_{\max} - X_{\min}} \tag{10 - 32}$$

式中，X' 为某单元内某指标标准化后的值；X 为某单元内某指标的原始值；$X_{\min}$ 为研究范围内该指标的最小值；$X_{\max}$ 为研究范围内该指标的最大值。

脆弱性和防灾减灾能力指标合成采用加权综合评价法（张继权和魏民，1994）：

$$C_j = \sum_{i=1}^{n} W_i \cdot X_i \tag{10 - 33}$$

式中，C_j 表示因子 j（脆弱性或防灾减灾能力）的计算值；X_i 是对应于因子 j 的指标 i 的标准化值；W_i 是指标 i 的权重；n 是对应于因子 j 的指标个数。

10.5.2 我国周边海域热带气旋频数与强度的气候特征

1949—2009 年我国周边海域（0°—45°N，95°—140°E）范围内热带气旋（TC）频数分析表明，TC 总频数和 TY 及以上级别 TC 频数在 61 年间均呈现出弱减少趋势，然而自 20 世纪 90 年代后期至 2009 年呈波动增加状态［图 10-4（a）］；虽然 10 年来 TC 总频数仍低于历史平均水平，但 TY 及以上级别 TC 频数所占比例明显偏多。

TC 强度由底层（近海面）中心附近最大平均风速表示。图 10-4（b）给出了 1949—2009 年我国周边海域 TC 年均最大风速、TY 及以上级别 TC 的年均最大风速、极端最大风速的逐年分布及 5 阶拟合曲线。可以看到，TC 平均强度在 20 世纪 60 年代末之前偏高，之后呈现弱的波动变化特征，2000 年后略有增加；而 TC 强度极值的波动特征比平均状况要明显得多，自 2000 年后，强度极值明显增加，中心最大风速由 2001 年的 50 m/s 持续上升至 2009 年的 65 m/s，这种年最大强度连续 9 年持续上升现象在 61 年间是极为少见的。

上述 TC 频数与强度的变化趋势特征虽尚不足以证明我国周边海域热带气旋发生频率和平均强度有必然增加的趋势，但少数极具破坏力的强台风则有可能会随着海表温度升高而相应增加，使沿海地区和海上活动面临严重的潜在灾害风险。为此，开展如下气候变化背景下的热带气旋灾害风险分析与实验评估。

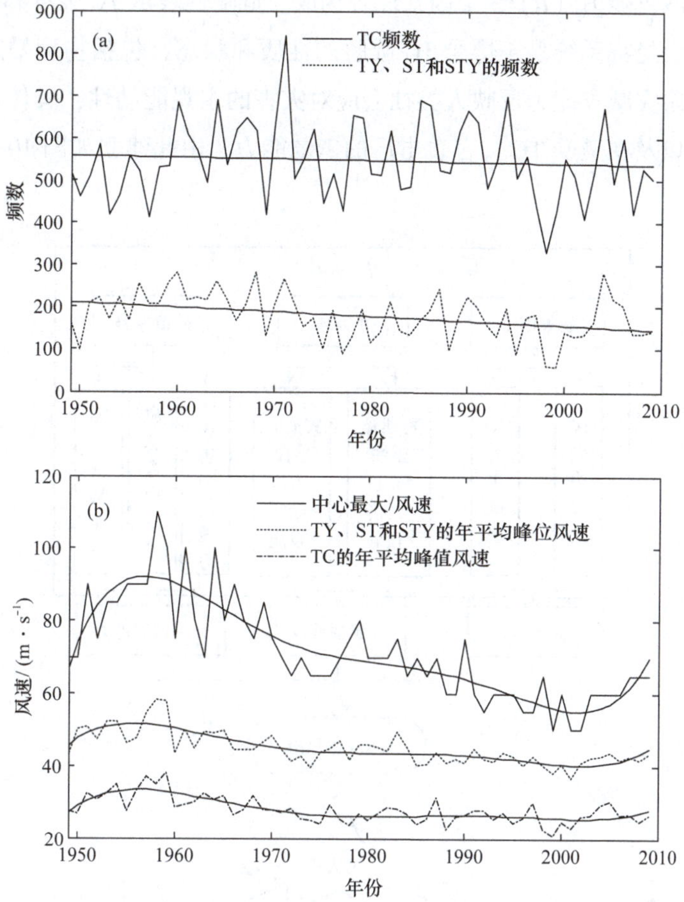

图 10-4　1949—2009 年我国周边海域 TC 频数与变化趋势（a）；中心最大风速分布及 5 阶拟合曲线（b）

10.5.3　我国周边海域热带气旋灾害风险评估

10.5.3.1　概念模型

灾害是指某种自然变异超过一定程度，对人类和社会经济造成损失的事件。风险是指遭受损失的可能性。这里的热带气旋灾害风险是指热带气旋灾害发生的可能性和由此造成损失的严重程度。热带气旋灾害风险评估即通过风险分析手段，对尚未发生的热带气旋灾害致灾体强度、潜在受灾程度进行评定和预估。

热带气旋灾害风险要素可归纳为孕灾背景、致灾因子、承灾体特征及风险防范能力等要素（张继权等，2006）。总结前人研究并结合作者对灾害风险内涵理解，我们认为区域 TC 灾害风险是在一定的孕灾背景中，由 TC 灾害危险性（H）、承灾体的脆弱性（V）

和区域综合防灾减灾能力（*R*）3 个因素综合构成。危险性表示 TC 强度和频率特征，脆弱性表示风险区社会经济系统易于遭受 TC 威胁的性质和状态，包括物理暴露性和灾损敏感性两方面内容；防灾减灾能力反映人类社会应对灾害的主观能动性，具体可指区域灾害预警、防范能力，以及在遭受 TC 灾害袭击后的恢复能力。由此建立如图 10-5 所示的 TC 灾害风险概念模型。

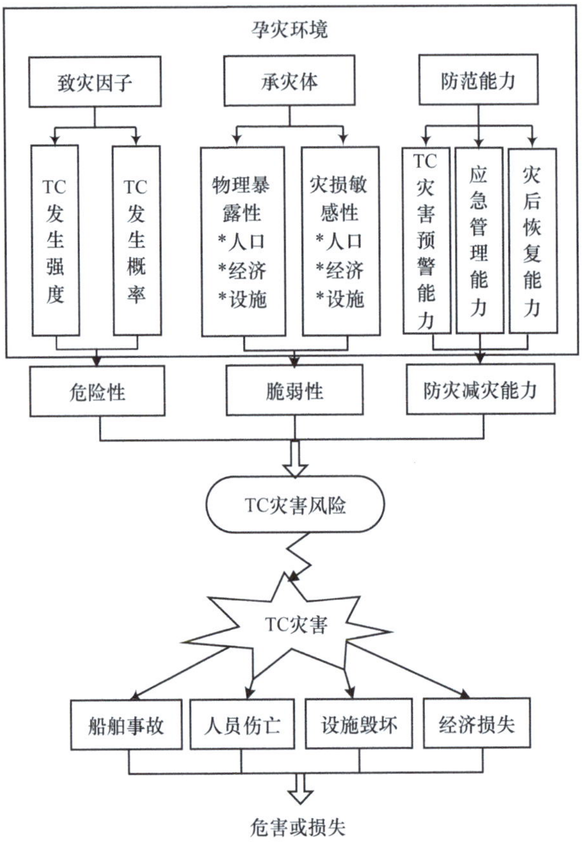

图 10-5　热带气旋灾害风险概念模型

10.5.3.2　指标体系

根据 TC 灾害风险概念模型及灾害风险评价指数法，综合考虑指标体系确定的目的性、系统性、科学性、可比性和可操作性原则，建立 TC 灾害风险评估指标体系（表 10-8）。该指标体系分为目标层、因子层、指标层。最高层为综合指标：TC 灾害风险指数 *RI*，表示我国周边海域易遭受热带气旋灾害的严重程度，由 TC 危险性、各类承灾体的脆弱性，以及综合防灾减灾能力所决定。需要说明的是，我国周边海域受热带气旋灾害影响极为广泛，包括渔业、航运、科考、资源开采等所有海上活动，这里仅以近海及远洋船舶、油气资源开采活动两类承灾体为例，进行脆弱性分析；另外，防灾减灾能力涉及区域财力、科技、物力等的综合情况，对其进行全面评估极为复杂，这里仅以离岸距离作为应急救援效率的简单量化指标。若有进一步的评估需求，可以对指标体系进行相应补充或调整。

表 10-8 我国周边海域 TC 灾害风险评估指标体系

目标层	因子层		指标层	
	因子	权重	指标	权重
我国周边海域 TC 灾害风险指数（RI）	危险性（H）	$W_H=0.5454$	频率（X_1）	$W_1=0.6667$
			强度（X_2）	$W_2=0.3333$
	脆弱性（V）	$W_V=0.2728$	船舶密度（X_3）	$W_3=0.5333$
			船舶排水量（X_4）	$W_4=0.0667$
			油气资源分布（X_5）	$W_5=0.1333$
			开采量（X_6）	$W_6=0.2667$
	防灾减灾能力（R）	$W_R=0.1818$	离岸距离（X_7）	$W_7=1$

各指标的权重用层次分析法（AHP）确定，在构造判断矩阵时为使计算结果更加准确合理，可采用德尔菲法征求多位专家意见，具体步骤可参考相关文献（文世勇等，2007）。通过一致性检验的权重计算结果见表 10-8。

各指标量化方法如下。

（1）频率（X_1）：

$$X_{1i}=\frac{N_i}{Y} \tag{10-34}$$

式中，N_i 为统计时段内落在评估单元 i 内的热带气旋每 6 h 记录个数；Y 为统计时段的年数。

（2）强度（X_2）：考虑到大风所产生的动能与风速的平方成正比，参考周俊华军等（2004）研究，构造如下风速强度指数计算公式：

$$X_{2i}=\log_{10}(v_1^2+v_2^2+\cdots+v_n^2) \tag{10-35}$$

式中，v_2 表示落在评估单元 i 内的各次 TC 底层中心附近最大平均风速。

（3）船舶密度（X_3）：航行于评估单元内的船舶数量分布。属于物理暴露性指标，其值越大，潜在的灾害风险越大。

（4）船舶排水量（X_4）：属于灾损敏感性指标，反映船舶本身抵御风浪的能力，一般情况下，排水量越小，抗风能力就越差，发生倾覆的可能性越大，则灾损敏感性越高。量化标准如表 10-9 所示。

表 10-9　船舶灾损敏感性量化标准

船舶排水量/t	抗风能力/级	灾损敏感性描述	灾损敏感性取值
<200	5~6	敏感性极高	0.9
200~500	6~8	敏感性较高	0.7
500~1000	8~9	敏感性一般	0.5
1000~3000	9~11	敏感性较低	0.3
>3000	11~12	敏感性极低	0.1

（5）油气资源分布（X_5）：属于物理暴露性指标，油气分布可以反映潜在的开采活动分布情况。若评估单元内有油气资源分布，则 X_5 的值记为 1，否则记为 0。

（6）开采量（X_6）：钻井平台年产油量。属于灾损敏感性指标，开采量越大，需投入的人力、资金、设备也越多，遭受热带气旋侵袭时，受到的损失就会越严重。

（7）离岸距离（X_7）：反映应急救援效率，一般情况下，离海岸越远，应急救援效率越低。

10.5.3.3　数学模型

根据以上指标体系建立 TC 灾害风险评估数学模型如下：

$$RI = H^{W_H} \cdot V^{W_V}(1 - R)^{W_R} \tag{10-36}$$

$$H = X_1^{W_1} \cdot X_2^{W_2} \tag{10-37}$$

$$V = \sum_{i=3}^{6} W_i \cdot X_i \tag{10-38}$$

$$R = W_7 \cdot X_7 \tag{10-39}$$

式中，X 为各指标标准化之后的量化值。

10.5.3.4　风险评估及区划实验

由公式（10-39）计算得到各评估单元 TC 灾害危险性值，最大值为 0.9988，最小值为 0。为比较不同评估单元的 TC 致灾危险程度，利用 GIS 空间分析功能，采用 Kriging 插值和自然断裂法（Natural breaks），将 TC 危险性分为 5 级，等级划分基准及各等级所占比例如表 10-10 所示。由此绘制出我国周边海域 TC 危险性分布［图 10-6（a）］。

同理得到脆弱性和防灾减灾能力评估结果如图 10-6（b）和图 10-6（c）所示。

表 10-10 我国周边海域 TC 危险性等级划分

H	≤0.11	0.11~0.29	0.29~0.50	0.50~0.68	>0.68
等级	1	2	3	4	5
描述	危险性极低	危险性较低	危险性中等	危险性较高	危险性极高
比例	33.4%	20.3%	16.6%	17.8%	11.9%

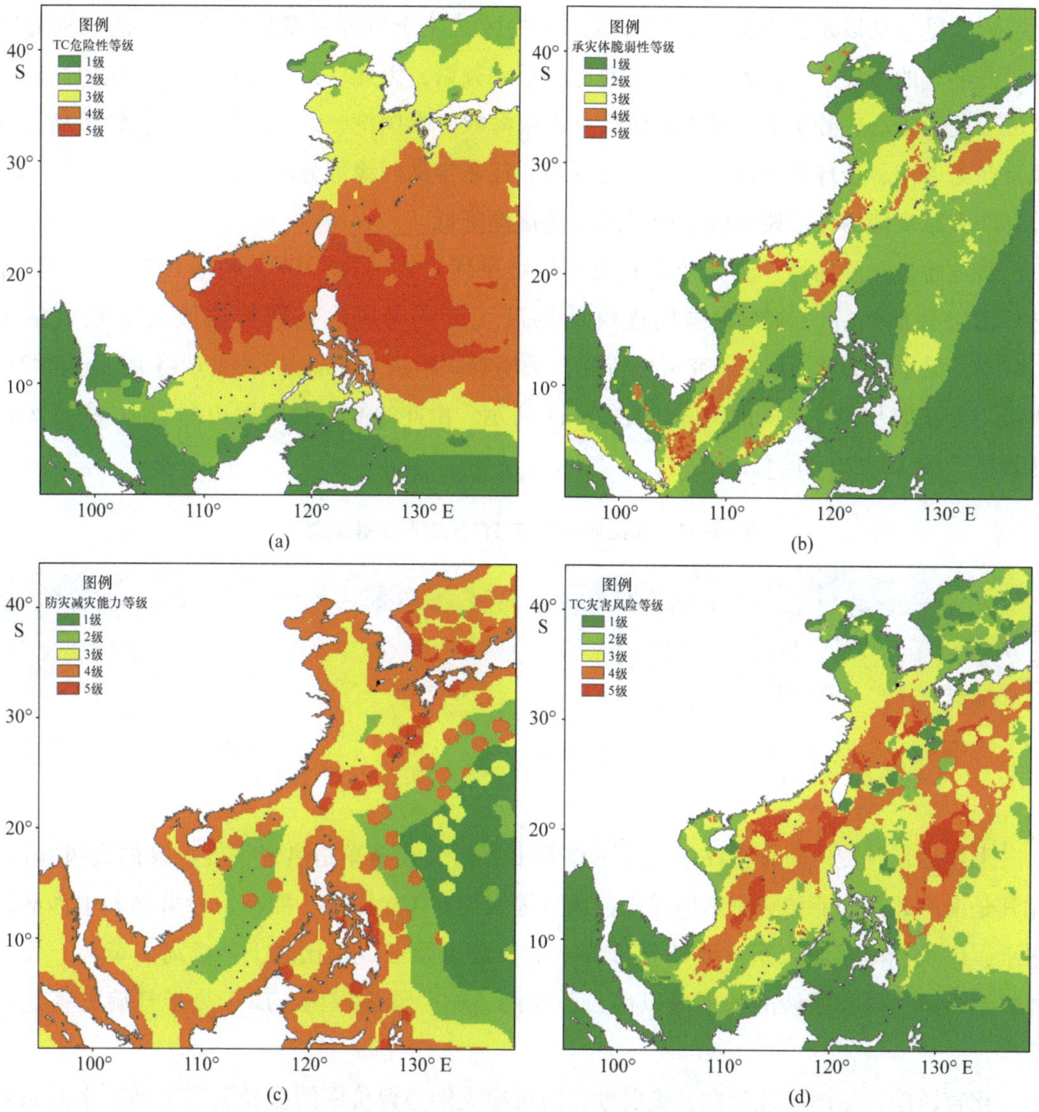

图 10-6 我国周边海域 TC 风险评估区划

（a）TC 危险性；（b）承灾体脆弱性；（c）防灾减灾能力；（d）TC 灾害风险

由图 10-6 可见，热带气旋危险性极高区域主要分布在海南岛东南部包括西沙群岛、中沙群岛、东沙群岛在内的我国南海海域，以及巴士海峡、菲律宾海广大海域。这些海域热带气旋极为活跃，海上活动极易遭受其影响。危险性较高区域由此向外扩展，包括北部湾、珠江口附近、台湾海峡、台湾岛以东、琉球群岛以南的海域，这些区域遭受热带气旋影响的可能性较大。渤海、黄海、日本海，以及泰国湾、南薇滩、太平岛、苏禄海、帕劳群岛以南海域的热带气旋灾害风险较低。

脆弱性极高区域主要分布在东沙群岛北部、巴士海峡、马来半岛以东、曾母暗沙附近，以及昆仑岛以东、南薇滩以西海域，这些区域位于世界主要航线上，且油气资源丰富，是油气的主要产区，各种海上交通运输活动频繁，因此，其脆弱性最大。脆弱性较高区域以此为中心向外扩展，另外还包括马六甲海峡、泰国湾、北部湾、香港、钓鱼岛，以及济州岛以东、琉球群岛以西、九州岛以东、辽东半岛西缘部分海区。

防灾减灾能力按照距离陆地由近到远而逐渐降低。

将危险性、脆弱性、防灾减灾能力评估结果代入式（10-39），利用 GIS 栅格计算器进行图层叠加运算，得到我国周边海域热带气旋灾害风险指数评估值 *RI*，最大值为 0.6228，最小值为 0。考虑研究区域特征，采用等间距法（equal interval）将 *RI* 分为 5 级，等级划分基准及各等级所占比例如表 10-11 所示。由此绘制出我国周边海域 TC 灾害风险区划图［图 10-6（d）］。

表 10-11　我国周边海域 TC 灾害风险等级划分

RI	≤0.12	0.12~0.25	0.25~0.37	0.37~0.50	>0.50
等级	1	2	3	4	5
描述	极低风险	较低风险	中等风险	较高风险	极高风险
比例	22.6%	22.0%	30.6%	20.4%	4.4%

上述热带气旋风险分析评估结果可以看出，西北太平洋是热带气旋灾害的高风险区，尤其是南海北部和菲律宾海东部洋面，风险等级均在 4 级以上；而在东沙群岛和中沙群岛附近，以及菲律宾海以东，更是分布着 3 个 5 级风险区。相比之下，渤海、黄海、日本海、泰国湾，以及南沙的太平岛以南、苏禄海、帕劳群岛以南，属于热带气旋灾害低风险区。

比较风险区划图和危险性、脆弱性、防灾减灾能力评价图的差异发现：马来半岛东南侧及马六甲海峡承灾体脆弱性很高，但是很少有热带气旋发生，即危险性极低，所以热带气旋灾害风险极低，可见致灾体危险性是构成风险必不可少的条件；菲律宾海西北部热带气旋危险性极高，但是由于承灾体暴露很少，故风险值较低，可见承灾体也是风险存在的必要条件；珠江口、台湾岛南缘和琉球群岛附近，热带气旋危险性和脆弱性都较高，但是由于防灾减灾能力发挥作用，发生灾害的风险并不高。由以上分析可知，包含危险性、脆弱性、防灾减灾能力 3 个因子的风险概念模型较为合理，从致灾体危险性、承灾体脆弱性和防灾减灾能力 3 个方面对灾害风险进行评估具有实际意义。

10.6 几点结论

本节针对气候变化背景下热带气旋演变趋势与灾害风险，探讨了我国周边海域热带气旋强度及频数的气候变化特征，从风险分析的角度构建了热带气旋灾害风险概念模型，并基于风险评价指数法初步构建了风险评估的指标体系和数学模型，应用 GIS 技术进行了我国周边海域热带气旋灾害风险的等级区划。

几点结论：

（1）在全球气候变化背景下，我国周边海域热带气旋频数近 60 年来呈现出弱下降趋势，但从 20 世纪 90 年代后期开始，TC 频数又有所增加，尤其是达到台风及以上级别 TC 频数增加显著；TC 平均强度有弱的下降趋势，但是自 2000 年以来，TC 平均强度又有所加强，尤其是 TC 的强度极值增强更为显著。

（2）南海北部和菲律宾以东洋面是热带气旋灾害的高风险区；而渤海、黄海、日本海、泰国湾，以及太平岛、苏禄海、帕劳群岛以南海域热带气旋灾害风险较低。

（3）比较目标层和各因子层评价结果的差异可知，从致灾体危险性、承灾体脆弱性和防灾减灾能力 3 个方面对灾害风险进行评估具有实际意义。

由于资料来源有限，上述承灾体脆弱性和防灾减灾能力评估时，指标选取较单一，因此，只能作为对评估方法和技术的探讨。实际上热带气旋灾害风险系统涉及的对象和内容要复杂得多，应对指标体系进一步充实，使评估区划结果更为科学、合理。

第十一章　岛礁主权争端风险

11.1　气候变化影响与潜在风险

我国既是一个陆地大国，也是一个海洋大国，主张拥有约 300×10^4 km^2 的海洋国土面积。大陆海岸线北起鸭绿江口，南到北仑河口，长为 1.8×10^4 km，居世界第四位；200 n mile 的专属经济区面积居世界第十位。然而，我国与 8 个国家（朝鲜、韩国、日本、菲律宾、马来西亚、文莱、印度尼西亚及越南）海岸相邻或相向的事实也使我国大约 120×10^4 km^2 的海洋国土与周边国家存在争议或没有掌握在自己手中。当前，我国海洋主权面临的侵害主要表现为岛礁被侵占和海域被分割为两个方面。

在本已存在争端的情况下，全球气候变化作为新的风险因子，在未来可能给海洋主权带来更多新的威胁，从而加剧主权争端风险。

当然，气候变化对减缓某些争端也是有积极作用的，例如，印度和孟加拉国多年来一直争夺的一座岛屿（印度称为葛拉马拉岛，孟加拉国称为南塔尔巴提岛）就已经随着海平面的上升而完全被淹没，两国麻烦“被迫”解决。但是这种情况并不适用于我国。我国周边海域拥有丰富的海洋渔业和油气资源，南海诸岛又位于国际重要海洋航线之上，这正是主权争端的关键诱因。全球气候变化一方面给一些国家造成资源压力，使其对海洋资源开发和海上航运通道的依存度越来越高；另一方面通过海平面和极端天气变化改变现有岛礁生存环境和分布格局，使某些岛礁的军事防卫能力减弱，原来拥有领海辖区的岛屿失去拥有条件，新的岩礁露出海面达到拥有领海辖区的条件，等等。这些情况给我国海洋主权带来的风险远大于其积极作用。这里所要研究的就是由于气候变化的影响使我国海洋主权面临的争端形势，由此定义“主权争端风险”：全球气候变化导致的海平面和极端天气事件，使我国海岸线、岛礁自然环境变迁，从而发生海洋主权争端的程度极其可能性。

为了厘清气候变化与主权争端之间的关系脉络，这里采用事件树方法，由结果向原因做树状图分解，从而找到主权争端的根源所在（图 11-1）。可以看出，主权争端包括岛礁争端和海域争端两个方面，岛礁争端风险又是造成海域争端的原因之一，因此，可以先对岛礁争端进行分析，在此基础上构建海域争端风险指标。

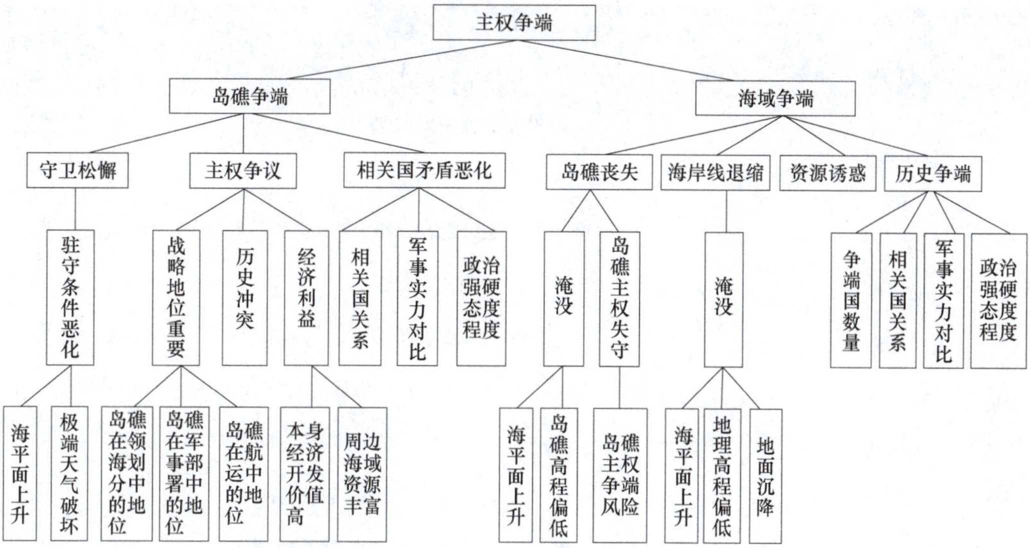

图 11-1　气候变化背景下的主权争端风险辨识事件树

11.2　风险评价指标体系

综上风险辨识和影响因子分析，构建主权争端风险评价指标体系（表 11-1）。

表 11-1　主权争端风险评估指标体系

目标层（A）	准则层（B）	权重	一级指标层（C）	权重	二级指标层（D）		权重
岛礁争端风险 $A1$	危险性 $B1$	W_{B1}	海平面上升危险指数			d_{01}	$W_{d_{01}}$
			热带气旋变异危险指数/（强度、路径、频数）			d_{02}	$W_{d_{02}}$
	脆弱性 $B2$	W_{B2}	暴露性 $C1$	W_{C1}	岛礁面积/海拔高度	d_{03}	$W_{d_{03}}$
					岛礁的经济价值	d_{04}	$W_{d_{04}}$
					岛礁的战略价值	d_{05}	$W_{d_{05}}$
			敏感性 $C2$	W_{C2}	岛礁的地理位置	d_{06}	$W_{d_{06}}$
					岛礁的实际控制情况	d_{07}	$W_{d_{07}}$
					争端国与我国的关系	d_{08}	$W_{d_{08}}$
					争端国与我国军事实力对比	d_{09}	$W_{d_{09}}$
					争端国的政治态度强硬程度	d_{10}	$W_{d_{10}}$
					争端国之间的历史冲突情况	d_{11}	$W_{d_{11}}$

续表

目标层（A）	准则层（B）	权重	一级指标层（C）	权重	二级指标层（D）		权重
	防卫能力 $B3$	W_{B3}			驻军数量/武器装备	d_{12}	$W_{d_{12}}$
					巡航能力/频次	d_{13}	$W_{d_{13}}$
					海、空军基地支援能力/（距大陆距离）	d_{14}	$W_{d_{14}}$
海域争端风险 $A2$	脆弱性 $B4$	W_{B4}			海岸线变更危险性	d_{15}	$W_{d_{15}}$
					领海主权宣称争端	d_{16}	$W_{d_{16}}$
	脆弱性 $B5$	W_{B5}	暴露性 $C3$	W_{C3}	海域类型	d_{17}	$W_{d_{17}}$
					油气与渔业资源分布状况	d_{18}	$W_{d_{18}}$
					海域的船舶航线密度	d_{19}	$W_{d_{19}}$
			敏感性 $C4$	W_{C4}	诸海区的实际控制情况	d_{20}	$W_{d_{20}}$
	防卫能力 $B6$	W_{B6}			巡航能力（频次、航程）	d_{21}	$W_{d_{21}}$
					兵力投送与支援能力/（距大陆或周边军事基地的距离）	d_{22}	$W_{d_{22}}$

11.3 指标的定义与建模

11.3.1 岛礁争端风险指标

岛屿是指四周环水，高潮时露出海面的陆地。我国是世界上岛屿最多的国家之一，面积超过 1000 km^2 的大岛有 3 个：台湾岛、海南岛、崇明岛，面积大于 500 m^2 的岛屿有 6500 余个，其中有常住居民岛屿的有 460 余个。东海岛屿占总数的 66%，南海岛屿约占 25%，黄海岛屿居第三位，渤海岛屿最少。大部分岛屿分布在沿岸海域，距离大陆小于 10 km 的岛屿约占总数的 67%以上。

按照岛屿的成因可分为大陆岛、冲积岛、海洋岛三大类；按照岛屿的物质组成可分为基岩岛、沙泥岛、珊瑚岛。

大陆岛全部为基岩岛，约占到全国岛屿总数的 93%，其特点是面积大、海拔高，是建设港口、发展旅游业、海洋渔业的理想场所，是海岛开发的核心。

冲积岛全部为沙泥岛，其土质肥沃，可开辟为良田，也可发展海岛旅游业、海水养殖业和工业。

海洋岛又可以进一步分为火山岛和珊瑚岛两种，其中火山岛属于基岩岛。我国的火山岛分布远离大陆，岛屿本身面积不大，如钓鱼岛面积仅 3.8 km^2，赤尾屿面积为 0.05 km^2，除钓鱼岛外均无淡水，也无人居住。但是，这些岛屿在海洋划界中的地位十分重要，且附近海域中蕴藏着丰富的油气资源，故其重要性不在于岛屿本身，而在于附近海域中拥有的海洋资源。

珊瑚岛是由海洋中造礁珊瑚的钙质遗骸和石灰藻类生物遗骸堆积形成的岛屿，由于珊瑚虫的生长、发育要求有温暖的水温，故珊瑚岛只分布在南、北纬30℃之间的热带和亚热带海域。除西沙群岛高尖石岛外的南海诸岛，以及澎湖列岛都是在海底火山上发育而成的珊瑚岛。珊瑚岛一般地势低平、面积不大，以岛、礁、沙、滩等形式存在。我国珊瑚岛面积最大的是澎湖岛，为 82 km^2；南海面积最大的珊瑚岛是西沙群岛的永兴岛，为 2.0 km^2，南沙群岛面积较小，露出海面的海拔也较低，最大的太平岛仅 0.43 km^2，高 7.6 m。虽然南沙群岛的岛礁面积不大，但是它控制着广阔的海域，海底油气资源量约为 160×10^8 t，海洋渔业资源蕴藏量约 180×10^8 t，年可捕获量 50×10^4～60×10^4 t。又因为它位于新加坡、马尼拉和香港之间航线的中途，是沟通印度洋和太平洋的重要通道，因此，在政治、军事、交通运输和经济上都极具重要地位（杨文鹤，2000）。

考虑到有相当一部分以礁、沙、滩形式存在的珊瑚岛在高潮时并不能露出海面，不满足“岛屿”的定义，但它们的战略地位不可忽视，因此，本书以“岛礁”涵盖岛、礁、沙、滩等各种形式的海洋陆地。

在这些岛礁之中，有的作为我国的领海基点，在明确海洋主权范围、维护国家海洋权益中发挥着重要作用。根据《联合国海洋法公约》，领海基点是计算沿海国领海、毗连区、专属经济区和大陆架的起始点，相邻基点之间的连线构成领海基线，是测算沿海国上述国家管辖海域的起算线（图 11-2）。沿海国可采取 3 种方式确定其领海基线：正常基线法、直线基线法和混合基线法。1996 年 5 月 15 日，我国政府发表了《关于中华人民共和国领海基线的声明》，宣布了我国大陆领海的部分基线和西沙群岛领海基线，公布了作为领海基点的 77 个岛礁、岬角的名称和经纬度。其中，大陆领海部分基线为 49 个基点之间的直线连线，西沙群岛领海基线为环绕西沙群岛外缘岛礁的 28 个基点之间的直线连线。在这 77 个领海基点中，位于岛礁上的有 75 个，其中 66 个设在无居民岛礁之上。

岛礁争端风险分析所要关注的是作为大陆领海基点的大陆边缘岛屿，以及大陆领海基线以外归我国所有的海洋岛礁。这些岛礁大多面积较小，海拔较低，距离大陆较远，很少有常住居民，按照物质组成有基岩礁和珊瑚礁。根据评估需要，将其分为“a”到“j” 10 类（表 11-2）。

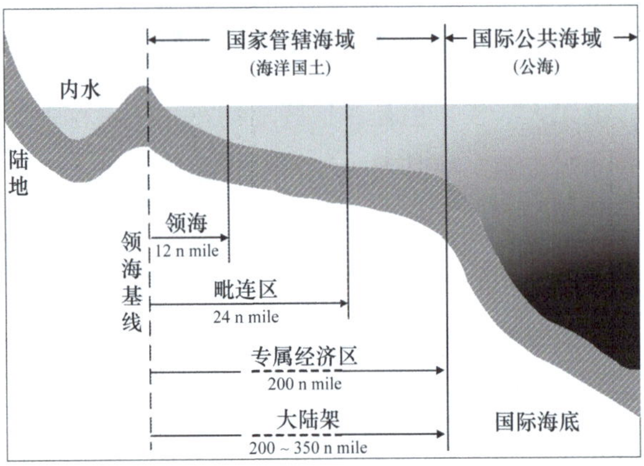

图 11-2 《国际海洋法公约》海域划分规定示意图

表 11-2 岛礁类型划分

岛礁类型	基点岛礁	专属经济区或大陆架内我国实际控制的岛礁	专属经济区或大陆架内他国实际控制的岛礁	专属经济区或大陆架内无实际控制的岛礁
露出海面有领海辖区的岛礁	a	c	f	/
露出海面无领海辖区的岛礁	/	d	g	i
海面之下的岩礁	b	e	h	j

11.3.1.1 危险性指标

极端天气和海平面变化与各类岛礁主权争端风险的关系如表 11-3 所示。需要注意的是，由于南海绝大部分岛礁属于珊瑚岛礁，虽然海水增暖和酸化会造成珊瑚的白化和死亡，不利于珊瑚岛礁生长，但仍不排除个别岛礁生长速率高于南海区域平均海平面上升速率的现象，因此在定义海平面上升危险性指标时，应充分考虑到岛礁本身的升降情况。由此建立气候变化背景下岛礁争端危险性指标。

表 11-3 气候变化危险性与各类岛礁主权争端风险的关系

岛礁类型	未来气候变化情景			是否关系海域争端
	极端天气	海平面上升大于岛礁生长	海平面上升小于岛礁生长	
a	生存条件恶化，守卫困难，争端风险加大	淹没，争端风险加大	易于守卫，争端风险减小	是
b	守卫困难，争端风险加大	守卫困难，争端风险加大	易于守卫，争端风险减小	是
c	生存条件恶化，守卫困难，争端风险加大	淹没，争端风险加大	易于守卫，争端风险减小	是
d	生存条件恶化，守卫困难，争端风险加大	淹没，争端风险加大	生存条件好转，具备拥有领海辖区的潜在条件，争端风险加大	无直接关系
e	守卫困难，争端风险加大	守卫困难，争端风险加大	易于守卫，争端风险减小	无直接关系
f	生存条件恶化，守卫松懈，争端风险减小	淹没，争端风险减小	易于守卫，争端风险增大	是
g	生存条件恶化，守卫松懈，争端风险减小	淹没，争端风险减小	生存条件好转，具备拥有领海辖区的潜在条件，争端风险加大	是
h	守卫松懈，争端风险减小	守卫松懈，争端风险减小	生存条件好转，争端风险加大	是
i	无直接影响	无直接影响	生存条件好转，具备拥有领海辖区的潜在条件，争端风险加大	是
j	无直接影响	无直接影响	生存条件好转，争端风险加大	是

（1）d_{01}—海平面上升危险指数

定义：评估时段内岛礁主权受相对海平面变化影响的程度。

量化：认为当岛礁海拔（h）高于 30 m 时，受海平面变化的影响很小，则建立海平面变化危险性函数为

$$d_{01}=\begin{cases}0.1, & h>30\text{ m 的岛礁或满足 }\Delta h-\Delta e>0\text{ 的 i、j 类岛礁}\\ 0.5+0.5\times\dfrac{a_i-a_{\min}}{a_{\max}-a_{\min}}, & \text{其他}\end{cases} \tag{11-1}$$

式中，a_i 为岛礁 i 的高差指数，按照下式计算：

$$a_i=\begin{cases}[(\Delta h-\Delta e)+T]-h, & \text{a、b、c、e 类岛礁}\\(|\Delta h-\Delta e|+T)-h, & \text{d 类岛礁}\\h-[(\Delta h-\Delta e)+T], & \text{f、g、h 类岛礁或满足 }\Delta h-\Delta e<0\text{ 的 i、j 类岛礁}\end{cases}\qquad(11-2a)$$

式中，h 为岛礁的海拔高度（m），Δh 为评估时段（如未来 30 年）区域平均海平面上升幅度（m），Δe 为评估时段岛礁本身生长或沉降幅度，T 为岛礁常见潮位（m）。在 Δe 不易获知时，不考虑岛礁本身生长或沉降，则采用下式进行计算：

$$a_i=\begin{cases}(\Delta h+T)-h, & \text{a、b、c、d、e 类岛礁}\\h-(\Delta h+T), & \text{f、g、h 类岛礁}\end{cases}\qquad(11-2b)$$

（2）d_{02}—热带气旋变异危险指数/（强度、路径、频数）

定义：岛礁主权受热带气旋影响的程度。

量化：a、b、c、d、e 类岛礁参照公式（11-2）的计算方法，直接得到 d_{02}。f、g、h 类岛礁参照公式（11-2）计算方法得出结果之后，再由 1 减去该结果得到 d_{02}。

11.3.1.2 脆弱性指标

根据图 11-1 主权争端风险辨识事件树，建立岛礁争端脆弱性指标。

1）暴露性指标

（1）d_{03}—岛礁面积/海拔高度指标

定义及量化：可采用岛礁的面积或海拔高度来度量；岛礁面积越大，海拔越高，则其承受风险的暴露性越大；反之，则暴露性越小。

（2）d_{04}—经济价值指标

定义及量化：指岛礁自身的经济开发价值，以及周边海域的海洋资源利用价值，分别用 $a1$、$a2$ 表示，评判标准见表 11-4，则 d_{04} =（$a1$+$a2$）/2。

表 11-4　岛礁经济价值评判标准

自身经济开发价值	生物、矿物资源丰富，植被繁茂	有生物、矿物资源、少量植被覆盖	生物、矿物资源贫乏，无植被覆盖
周边海域资源	油气资源丰富、天然渔场	水产资源丰富	其他
$a1$、$a2$ 取值	0.9	0.5	0.1

（3）d_{05}—战略价值指标

定义及量化：指岛礁在海上交通运输中的作用和岛礁的军事利用价值等，分别用 $a1$、

$a2$ 表示，评判标准见表 11-5，则 $d_{05} = (a1 + a2)/2$。

表 11-5 岛礁战略价值评判标准

在海上交通运输中的作用	$a1$ 取值	军事价值	$a2$ 取值
国际航线交通枢纽	0.9	极为重要	0.9
国内航线交通要道	0.7	比较重要	0.5
其他	0.1	一般重要	0.1

2）敏感性指标

（1）d_{06}—岛礁地理位置指标

定义及量化：岛礁地理位置可以大致分为 3 种情况：①位于领海及毗连区以内；②位于专属经济区；③位于专属经济区以外的大陆架上。可按表 11-6 进行赋值。

表 11-6 岛礁争端敏感性各指标评价标准

地理位置	位于专属经济区以外的大陆架上	位于专属经济区	位于领海及毗连区以内		
赋值	0.9	0.5	0.1		
实际控制情况	他国实际控制且多国有主权要求	他国实际控制	无人实际控制但多国有主权要求	我国实际控制且他国有主权要求	我国实际控制
赋值	0.9	0.8	0.7	0.5	0.1
争端国与我国关系	极其紧张	比较紧张	一般	比较友好	无争端
赋值	0.9	0.7	0.5	0.3	0
争端国与我国军事实力对比	两国相当	一国较强	一国超强	无争端	
赋值	0.9	0.6	0.3	0	
争端国政治态度强硬程度	十分强硬	比较强硬	比较缓和	十分缓和	无争端
赋值	0.9	0.7	0.3	0.1	0
历史冲突情况	剧烈冲突	严重冲突	较大冲突	一般冲突	无冲突
赋值	0.9	0.7	0.5	0.3	0

（2）d_{07}—岛礁实际控制指标

定义及量化：岛礁的实际控制情况分为 5 种：①我国实际控制；②我国实际控制但他国有主权要求；③无人实际控制但多国有主权要求；④他国实际控制；⑤他国实际控制且多国有主权要求。可按表 11-6 进行赋值。

（3）d_{08}—争端国与我国关系指标

定义及量化：争端国与我国关系可通过两国间目前的贸易额和外交关系密切程度来进行判断，一般可划分为极其紧张、比较紧张、一般、比较友好、友好 5 个等级，并按表 11-6 赋值；若争端国涉及多个国家，则以与我国关系最紧张的国家为标准。

（4）d_{09}—争端国与我国军事实力对比指标

定义及量化：军事实力对比可按兵力比值分为一国超强、一国较强、两国相当 3 个等级，按表 11-6 进行赋值；若争端国涉及多个国家，则以军事实力最强的国家为标准。

（5）d_{10}—争端国政治态度强硬程度指标

定义及量化：争端国的政治态度可大致划分为十分强硬、比较强硬、比较缓和、十分缓和 4 个等级，按表 11-6 进行赋值。若争端国涉及多个国家，则以态度最强硬的国家为标准。

（6）d_{11}—争端国之间历史冲突情况指标

定义及量化：历史冲突情况可根据官方记载的事件，按冲突的性质分为剧烈冲突（指发生过战争或战斗）、严重冲突（发生过激烈的冲撞事件和外交斗争）、较大冲突（有过较大外交纷争和间接冲撞）、一般冲突（指发生过外交纷争）和无冲突（没有发生冲撞或纷争）5 种情况，并按表 11-6 进行赋值。

11.3.1.3　防卫能力指标

岛礁的防卫能力包含岛礁自身防御力量和应急防卫力量两个方面。其中，岛礁自身防御力量可以用岛上驻军人数衡量，而应急防卫力量则取决于对岛礁附近海域的巡航力度和岛礁离大陆的距离。

（1）d_{12}—驻军数量/武器装备指标

定义及量化：岛礁驻军的人员或者武器装备数量，若为其他国家驻军时，则取为负值。按表 11-7 进行赋值。

（2）d_{13}—巡航能力/频次指标

定义及量化：我军对岛礁周边海域的巡航频次。按表 11-7 进行赋值。

（3）d_{14}—海、空军基地支援能力指标

定义及量化：可简单通过岛礁与我国大陆距离的远近来衡量。按表 11-7 进行赋值。

表 11-7 岛礁防卫能力各指标量化基准与量化值

驻军数量/人	>60	30~60	10~30	1~10	0
巡航频次/（次·月$^{-1}$）	>10	7~10	4~7	1~4	≤1
距大陆距离/km	<100	100~300	300~600	600~1000	>1000
赋值	0.9	0.7	0.5	0.3	0.1

11.3.2 海域争端风险指标

全球气候变化与海域争端的关系表现为以下几方面：一是气候变化造成全世界普遍的能源压力，加大了海洋资源开发需求，进而使相关国家对敏感海域的主权要求更加强烈；二是气候变化改变了某些国家的种植制度和生产结构，使世界范围内进出口贸易大增，各国对海上交通更加依赖，引发相关国家对航线密集海域的控制企图；三是气候变化造成海岸线的退缩，以及作为领海基点的岛礁和本身拥有领海辖区的岛屿的丧失（淹没或主权被侵犯），引起相关海域的主权争议。

11.3.2.1 危险性指标

（1）d_{15}—海岸线变更危险性

定义：由于大陆和岛屿海岸线的变更而使海域面临争议的程度。

量化：除了 d、e 类岛礁之外的其余类型岛礁的主权争端风险，都会引起相应海域的争端风险。按照岛礁争端风险等级，可对相应海域的争端危险性进行赋值（表 11-8）。其中，a、b 类岛礁对应海域的确定方法：首先根据数字高程数据及各岸段预估的未来海平面上升幅度，制作未来海岸可能的淹没图，以淹没后的岸线为起点，向外扩展 200 n mile；再以 a、b 类岛礁构成的领海基线为起点向外扩展 200 n mile，这之间的海域就是 a、b 类岛礁对应的争端海域。c、f、g、h、i、j 类岛礁对应的争端海域是以岛礁为中心，向外扩展 200 n mile 的海域，若有重叠，则将因不同岛礁争端风险造成的各危险性值进行叠加，得到该海域的争端危险性值。

表 11-8　海域争端危险性量化标准

岛礁争端风险等级	对应海域争端危险性赋值		
	a、b 类	c、f、g、h、i、j 类	
		24 n mile 范围内	200 n mile 范围内
1	0.1	0.1	0.05
2	0.3	0.3	0.15
3	0.5	0.5	0.25
4	0.7	0.7	0.35
5	0.9	0.9	0.45

(2) d_{16}—领海主权宣称争端指标

定义：由于大陆和岛屿海岸线的变更致使领海主权产生争端的风险程度。

量化：可以参考表 11-9 的评判标准进行指标赋值。

表 11-9　领海主权宣称争端

大陆和岛屿海岸线在海域划分中的地位	d_{16} 取值
领海基点	0.9
位于海域边缘	0.7
其他	0.1

11.3.2.2　脆弱性指标

1）暴露性指标

(1) d_{17}—海域类型

定义及量化：根据评估需要，这里对海域的划分仅依据大陆领海基线，将西沙群岛周围海域归为大陆的专属经济区，但是并不表示实际的海域性质。各类海域量化标准见表 11-10。

表 11-10 海域类型量化标准

海域类型	大陆专属经济区以外的大陆架	大陆专属经济区	大陆领海及毗连区
d_{17} 取值	0.9	0.7	0.1

（2）d_{18}—油气与渔业资源分布状况指标

定义：由于海洋资源开发需求而使资源蕴藏丰富的海域面临争端的程度。

量化：可用油气或渔业资源蕴藏量来表示。

（3）d_{19}—海域的船舶航线密度指标

定义：用海域的船舶航线密度来表示各国对海上交通的依存程度。

量化：可用国际船舶航线的密度来表示。

2）敏感性指标

（1）d_{20}—海区的实际控制指标

定义：当前目标海区的实际控制与争端状况。

量化：可以通过设定 4 个评判标准：争端国家数量、争端国与我国关系、争端国与我国军事实力对比和争端国政治态度强硬程度指标来简单度量，分别用 $a1$、$a2$、$a3$ 和 $a4$ 表示。$a1$ 的取值见表 11-11；$a2$、$a3$ 和 $a4$ 的取值见表 11-6，若涉及多个国家时，以取值最大的那个国家为准。根据评判标准之间的关系，$d_{20} = a1 \times [(a2 + a3 + a4)/3]$。

表 11-11 争端国家数量评判标准

争端国家数量	≥5	4	3	2	1	0
$a1$ 取值	0.9	0.8	0.7	0.6	0.5	0

11.3.2.3 防卫能力指标

（1）d_{21}—巡航能力指标

定义及量化：可用我国对相应海域的驻军情况、周边军事基地，以及巡航的频次和航程来度量。分级赋值见表 11-7。

（2）d_{22}—兵力投送与支援能力指标

定义及量化：可采用该海区距离我国大陆及周边军事基地距离远近来度量。分级赋值见表 11-7。

11.4 风险要素融合和风险评估模型

用指标融合方法，首先对各底层指标进行标准化处理，建立如下主权争端风险评估的数学模型：

$$SRI = A1 + A2 \tag{11-3}$$

式中，$A1$ 的数学模型为

$$A1 = B1^{W_{B1}} \cdot B2^{W_{B2}} \cdot (1 - B3)^{W_{B3}} \tag{11-4}$$

进一步展开为

$$B1 = \sum_{i=01}^{02} W_{d_i} \cdot d_i \tag{11-5}$$

$$B2 = \left(\sum_{i=03}^{05} W_{d_i} \cdot d_i\right)^{W_{C1}} \cdot \left(\sum_{i=06}^{11} W_{d_i} \cdot d_i\right)^{W_{C2}} \tag{11-6}$$

$$B3 = \sum_{i=12}^{14} W_{d_i} \cdot d_i \tag{11-7}$$

$A2$ 的数学模型为

$$A2 = B4^{W_{B4}} \cdot B5^{W_{B5}} \cdot (1 - B6)^{W_{B6}} \tag{11-8}$$

进一步展开为

$$B4 = \sum_{i=15}^{16} W_{d_i} \cdot d_i \tag{11-9}$$

$$B5 = \left(\sum_{i=17}^{19} W_{d_i} \cdot d_i\right)^{W_{C3}} \cdot \left(W_{d_{20}} \cdot d_{20}\right)^{W_{C4}} \tag{11-10}$$

$$B6 = \sum_{i=21}^{22} W_{d_i} \cdot d_i \tag{11-11}$$

11.5 风险分级

风险分级是指依据一定的方法（或标准）把风险评估值所组成的数据集划分成不同的子集，借以凸显数据指标间的个体差异性。由于风险指数往往并不是绝对损失量，因此，必须对其进行分级，表示成风险度等级来表明风险的严重程度，便于更好地进行风险区划，突出显示评估区域内风险大小分布特征。

风险分级应遵循一定的原则：一是要遵循客观规律，保持数据的分布特征；二是要讲究科学性原则，力求改善分级间隔的规则性、统计之中的同质性，以及不同等级间的差异性；三是要讲究实用性，对于一个由风险指标值所组成的数据集，其数值的分级结果应该根据风险评估区域的具体情形或应用需要而进行；四是要讲究美观性原则，在重点体现评估指标值的空间分布特征时也要尽量使区划图色彩平衡，特征明显，易于理解。

常规的风险分级方法包括以下几种。

11.5.1 数列分级

数列分级是以某种数列中的一些点作为分级界线，常见的有等差分级法、等比分级法和人为定级法。

等差分级法是按固定的间隔来对数据进行分级，即间距 $d=(X_{max}-X_{min})/n$。其中，X_{max}、X_{min} 和 n 分别为数据集中的最大值、最小值和要求分出的级别数。该方法适用于原始数据呈直线分布，在数值分布差异过大的情形下无法有效地反映数据离散情形，影响区划效果。

等比分级法的级差成等比数列增加或递减，一般适用于数值按指数增长的数据，凡数据变化在曲线图上具有抛物线分布特征的可以采用此法，它对反映数据相差非常大的制图现象有较好的效果。如有一统计数列为 1~10 000，其各统计数值之间的变化大致是符合按指数增长的数列。如将其分为 4 级，则为 1~10、11~100、101~1000、1001~10 000。

人为定级法主要是基于一些专家经验、自然常理和国际准则来进行等级划分。例如，对于风险指标中灾害发生频率的等级划分，部分学者采用等间距划分方法，将其划分为 5 个等级；而 IPCC-4 报告中，将不确定性划分为 10 个等级，即几乎确定，>99%；极有可能，>95%；很可能，>90%；可能，>66%；多半可能，>50%；或许可能，33%~50%；不太可能，<33%；很不可能，<10%；极不可能，<5%；几乎不可能，<1%。

11.5.2 分位数分级

分位数分级是一种等值分级法。它将数据从小到大排列，然后按各级内数据个数相等的规则来确定分级界线，用此方法的分级界线只取决于指标的序数而不是数值。分段数根据风险等级划分的具体要求可以选择 3~7 分位。

分位数分级可以使每一级别的统计量数目相等，因此，这种方法尤其适用于反映差异显著的数据。

11.5.3 标准差分级

原理：标准差是反映各数据间离散程度的一个指标，它的表达公式为

$$\sigma=\sqrt{\frac{\sum(X_i-\bar{X})^2}{n-1}}$$

按标准差进行分级，需要先计算算术平均值 $\bar{X}$ 和标准差 σ，然后根据数据波动情况划分等级，以算术平均值 $\bar{X}$ 作为中间级别的一个分界点，其余分界点为 $\bar{X} \pm\sigma$，$\bar{X} \pm 2\sigma$，$\bar{X} \pm 3\sigma$，…，$\bar{X} \pm n\sigma$；或采用 $\bar{X} \pm\frac{1}{2}\sigma$，$\bar{X} \pm\sigma$，…，$\bar{X} \pm\frac{n}{2}\sigma$ 形式。其中 n 为分级个数。

显然，这种分级方法适用于呈正态分布的风险度数值。一般情况下，数据的较多数目和统计区域被纳入中间等级，少数远离算术平均值的统计区域则划归为两头等级。

11.5.4 自然断裂法

原理：任何统计数列都存在一些自然转折点、特征点，可利用频率（或积累频率）直方图、坡度曲线图及离差图等进行断点选择，实现组内方差最小，组间方差最大。

该方法是在分级数确定的情况下，通过聚类分析将相似性最大的数据分在同一级，差异性最大的数据分在不同级。显然，这类方法考虑了数据的自然分组，可以较好地保持数据的统计特征，但分级界限往往是任意数，不符合常规制图需要。

11.5.5 聚类分级法

聚类的方法很多，常见的有均值聚类、分层聚类及模糊聚类等方法。在一维聚类中，最常用的是 K 均值聚类。它是一种经典的空间聚类算法。首先，要给定聚类数目 K 创建一个初始划分，用每个聚类中所有对象的平均值作为该聚类（簇）的中心，然后根据误差平方和最小的准则将空间对象与这些聚类中心和初始类逐一做比较，判断对象的归属。

这种分级法充分考虑了数据的分布特性，但实现起来相对比较烦琐。

可见，每种方法都有各自的优点和不足，在应用时要根据具体情况进行选择。

11.6 岛礁主权争端风险评估与区划

11.6.1 资料说明

岛礁主权争端风险评估中采用的海平面上升数据为《2009 年中国海平面公报》中预估的未来 30 年中国周边海区平均海平面升幅的上限值，即渤海取 0.178 m，黄海取 0.186 m，东海取 0.298 m，南海取 0.187 m。常见潮位统一取 3 m。热带气旋记录选用“CMA-STI 热带气旋最佳路径数据集”，选取落在评估岛礁 200 km 缓冲区内的热带气旋每 6 h 的记录数据进行评估。其他资料则通过阅读相关书籍文献和查阅网站、数据库等途径获取。选取了 47 个代表性岛礁进行主权争端风险评估。

11.6.2 指标结构与权重

根据前面建立的指标体系，鉴于实际可获取的数据资料，暂不考虑争端国与我国的军事实力对比、争端国政治态度及巡航频次等因素，可构建岛礁争端风险评估的层次结构体系（图 11-3）。

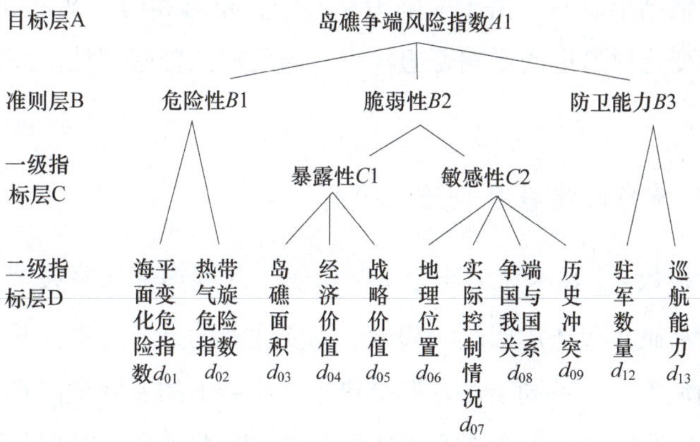

图 11-3　岛礁争端风险层次结构模型

通过构造两两比较判断矩阵并经一致性检验，得到的各指标权重分配见表 11-12。

表 11-12　岛礁争端风险评估指标权重分配

指标	权重	指标	权重	指标	权重	指标	权重	指标	权重	指标	权重
$B1$	0.2174	$C1$	0.25	d_{01}	0.6667	d_{03}	0.4	d_{06}	0.5195	d_{12}	0.25
$B2$	0.4977	$C2$	0.75	d_{02}	0.3333	d_{04}	0.4	d_{07}	0.2597	d_{13}	0.75
$B3$	0.2849					d_{05}	0.2	d_{08}	0.0808		
								d_{09}	0.1400		

11.6.3 风险评估与实验区划

11.6.3.1 海平面变化危险指数量化结果分析

正如前文所述，海平面变化危险指数 d_{01} 表示在全球变暖的背景下，区域相对海平面变化使岛礁面临淹没，进而对岛礁主权造成影响的程度。根据前面公式，计算出各岛礁 d_{01} 的值，最小为 0.1，最大为 1，平均为 0.654，标准差为 0.313。按照自然断裂法将其分为 5 级（表 11-13）。

表 11-13　岛礁海平面变化危险等级划分

d_{01} 值	0~0.100	0.100~0.628	0.628~0.824	0.824~0.856	0.856~1
危险等级	1	2	3	4	5
描述	无危险	较低危险	一般危险	较高危险	极高危险

危险性实验评估结果表明：由于大陆沿岸岛屿、东海和南海北部岛屿海拔高度较高、面积较大，海平面变化对这里的影响普遍较小，即危险性普遍较低。高危险区主要位于西沙群岛和南沙群岛。

11.6.3.2　热带气旋危险指数量化结果分析

热带气旋危险指数 d_{02} 表示在全球变化背景下，区域热带气旋灾害使岛礁生存、守卫环境恶化，进而对岛礁主权造成影响的程度。需要注意的是，这里的热带气旋危险指数是与岛礁主权关联的危险性，不同于岛礁遭受热带气旋袭击的实际危险性。例如，对被他国实际控制的 f、g、h 类岛礁，遭受热带气旋袭击的危险性越小，对他国驻守越有利，而不利于我国对岛礁主权的收复和控制，故其热带气旋危险指数则偏高。

根据 d_{02} 的量化方法，得出其量化值最小为 0，最大为 1，平均为 0.609，标准差为 0.280。按照自然断裂法进行分级，得到各岛礁热带气旋危险指数等级。

11.6.3.3　综合危险性评估结果分析

将 d_{01}、d_{02} 的值代入公式，即得到综合危险性 $B1$ 的值，最小为 0.129，最大为 0.904，平均为 0.639，标准差为 0.253。按照自然断裂法将其分为 5 级（表 11-14）。

表 11-14　气候变化危险性等级划分

$B1$ 值	0.129~0.352	0.352~0.644	0.644~0.727	0.727~0.817	0.817~0.904
危险性等级	1	2	3	4	5
描述	危险性极低	危险性较低	危险性中等	危险性较高	危险性极高

11.6.3.4　脆弱性评估结果分析

岛礁主权争端的脆弱性由岛礁的战略价值、经济价值及其所处地理位置、实际控制情况等综合决定。根据各指标的量化方法，对 d_{03}、d_{04}、d_{05}、d_{06}、d_{07}、d_{08}、d_{09} 进行量化，代入公式即得到脆弱性 $B2$ 的值，最小为 0.124，最大为 0.810，平均为 0.509，标准差为 0.198。按照自然断裂法将其分为 5 级（表 11-15）。

表 11-15 岛礁主权争端脆弱性等级划分

B2 值	0. 124~0. 139	0. 139~0. 474	0. 474~0. 589	0. 589~0. 681	0. 681~0. 810
脆弱性等级	1	2	3	4	5
描述	脆弱性极低	脆弱性较低	脆弱性中等	脆弱性较高	脆弱性极高

11. 6. 3. 5 防卫能力评估结果分析

根据 d_{12}、d_{13} 的量化方法，得到岛礁防卫能力 *B*3 的值，最小为 0，最大为 0. 924，平均为 0. 406，标准差为 0. 306。大陆沿岸岛屿及西沙群岛防卫能力普遍较强，而南沙群岛的防卫能力普遍较弱。

11. 6. 3. 6 岛礁主权争端风险评估结果分析

将危险性、脆弱性、防卫能力评估结果代入前面公式，得到各岛礁主权争端风险指数评估值 *A*1，最小为 0. 116，最大为 0. 828，平均为 0. 544，标准差为 0. 211。按照自然断裂法将其分为 5 级（表 11-16）。

表 11-16 岛礁主权争端风险等级划分

A1 值	0. 116~0. 198	0. 198~0. 504	0. 504~0. 620	0. 620~0. 729	0. 729~0. 828
风险等级	1	2	3	4	5
描述	风险极低	风险较低	风险中等	风险较高	风险极高

需要说明的是，这里的风险评估结果仅仅表示未来由于气候变化原因导致的岛礁主权争端趋势，而并非绝对的主权争端形势；除气候变化的影响之外，还有很多其他的复杂因素会诱发主权争端事件的发生。

第五部分　海洋环境对作战行动的影响评估与智能决策

第十二章　基于航行案例的风险评估与动态航路规划模型检验

12.1　风险评估建模

船舶在海上航行的安全性会受到各种因素的影响，从航行的实际过程来看，可从两方面进行风险评估。一方面为气象、海洋环境等要素对船只带来的危险性影响；另一方面为船只本身在航行期间的风险承受能力，即脆弱性影响。

12.2　风险评估指标

本书选择影响船舶航行的 3 个气象水文因子构成危险性评估指标，即风速、有效波高和海表温度。船舶在远洋航行期间的安全性与气象水文密切相关。当船舶在大风浪区域航行时，容易出现较剧烈的颠簸、摇荡运动等现象，甚至出现难以预料的危险以至倾覆、搁浅。风速较大时，风所产生的转头力矩、风动压力增大。当转头力矩增加时，船舶的保向难度增大，航行不稳定；当风动压力增大时，船舶阻力增大，导致船舶严重失速。在巨浪中航行时，船舶产生猛烈摇摆，机电设备负荷变大，此时“中垂”或“中拱”的出现会使船舶结构变形或船体断裂。水密度与船体阻力呈正相关，水温与水密度成反比。因此，随着水温的降低，船舶阻力增大，船舶的航行效率降低，航行危险概率提升。不正常的海表温度可能导致船舶设备故障，船舶内部温度的上升往往伴随着海水温度的上升，进而导致冷凝器冷凝效果变差，压缩机排气温度上升，有可能导致排气压力高而报警停机；同时制冷效果也会下降。过于温暖的海水不仅无法起到冷却作用，反而容易导致发动机故障频发。

船舶的脆弱性表示船舶的承险能力，即船舶的脆弱性数值越高，船舶航行的风险越高，且船舶的安全性越低。在被设计建造时，船舶本身的参数会影响其承担风险的能力。同时，船舶在航行过程中的状态，如船速和船龄，也会影响船舶承担风险的能力。根据相关研究对海上运输事故的分析，本书将船速、船龄、船长和登记的总吨位作为脆弱性评估指标。综上所述，本书建立的风险评估指标体系如图 12-1 所示。

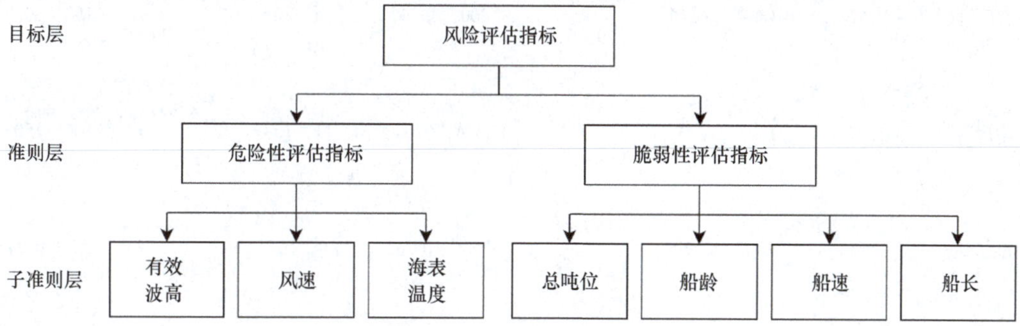

图 12-1　风险评估指标体系

12.2.1　指标风险分级标准

本书通过分级的方式划分风险等级来达到量化风险大小、简化数据的目的。分级统计分析是根据一定的方法（或标准）把数据集划分成属性不变的子集，其目的在于凸显数据集的个体差异性。分级方法包括等差分级法、正态分位数分级法、标准差分级法等。本书选择使用等差分级法。

等差分级法是按照相等的算术间隔对数据划分等级，各等级的宽没有变化。即

$$\Delta = \frac{X_{\max} - X_{\min}}{n} \tag{12-1}$$

式中，Δ 为算术间隔；$X_{\max}$ 和 $X_{\min}$ 分别为数据集中的最大值和最小值；n 为所要划分的等级数。

根据相关文献（Fan et al.，2020；Yu et al.，2021）对风浪等级的划分，得到各指标的风险分级标准（表 12-1）。

表 12-1 风险分级标准

	有效波高/m	风速/(m·s^{-1})	海表温度/℃	总吨位/t	船龄/a	船速/kn	船长/m
高风险	[7, ∞)	[24.4, ∞)	(∞, 12) (31, ∞)	[0, 300]	(20, ∞)	[12, ∞) [0, 1)	[200, ∞)
较高风险	[5, 7)	[18.3, 24.4)	[12, 14) (29, 31]	[300, 3534)	[15, 20]	[10, 12) [1, 2)	(150, 200]
中风险	[3, 5)	[12.2, 18.3)	[14, 16) (27, 29]	[3534, 6768)	[11, 15]	[8.10) [2, 3)	(100, 150]
较低风险	[1, 3)	[6.1, 12.2)	[16, 18) (25, 27]	[6768, 10 002)	[6, 10]	[6.8) [3, 4)	(50, 100]
低风险	[0, 1]	[0, 6.1)	[18, 25]	[10 002, ∞)	(0, 5]	[4, 6)	(50, ∞]

12.2.2 多层模糊综合评价模型

模糊综合评价是一种基于模糊数学原理的评价方法。它通过应用模糊数学的隶属度理论将一些模糊或难以量化的问题因素定量化，从多个因素对评价事物的隶属度等级进行区分。本书利用多层模糊综合评价法对影响船舶航行安全的风险进行评估。

模糊综合评价的主要步骤包括建立因素集和评语集、确定评价指标的权重、确定隶属函数和选择综合算子。首先，确定我们所要评估的海上航行环境的因素集，即建立危险性评估指标和脆弱性评估指标。其次，对每个指标确定评价等级，根据相关数据确定模糊评价矩阵和评价指标的权重后，将指标的权重与模糊评价矩阵进行模糊合成。最后，得到最终的风险评估结果。多层模糊综合评价则是在单层模糊综合评价的基础上再增加一层准则层，其步骤如下。

第一步：建立评估因素集和评估评语集。

由第 12.2.1 节风险评估指标的分类标准可以确定因素集 $U=\{U_1, U_2\}$，其中 $U_1=$ {有效波高(u_1)，风速(u_2)，海表温度(u_3)}，$U_2=$ {总吨位(u_4)，船龄(u_5)，船速(u_6)，船长(u_7)}。

在第 12.1.2 节等级划分的基础上我们将风险分为 5 个等级，即评语集 $V=$ {高风险，较高风险，中风险，较低风险，低风险}。

第二步：用层次分析法求解指标权重。

层次分析法是一种系统的、分层的多因素评价分析方法。采用 1~9 比例标度法比较相邻两指标之间的相对重要程度并进行赋值，根据赋值可构成成对比较阵 Z，并计算最大特征值 $\lambda_{\max}$ 时采用归一化公式计算，$\boldsymbol{W}$ 是 $\lambda_{\max}$ 对应的标准化特征向量，即

$$\boldsymbol{Z}=\begin{pmatrix} z_{11} & z_{12} & \cdots & z_{1n} \\ z_{21} & z_{22} & \cdots & z_{2n} \\ \vdots & \vdots & \vdots & \vdots \\ z_{n1} & z_{n2} & \cdots & z_{nn} \end{pmatrix} \tag{12-2}$$

$$\boldsymbol{ZW}=\lambda_{\max}W \tag{12-3}$$

第三步：一致性检验。

一致性指标 CI 和随机一致性比率 CR 计算方法为

$$CI=\frac{\lambda_{\max}-n}{n-1} \tag{12-4}$$

$$CR=\frac{CI}{RI} \tag{12-5}$$

式中，RI 为随机一致性指标。

第四步：构建隶属函数。

常见的隶属度函数有三角形分布、梯形分布、抛物形或半抛物形分布、高斯分布和 S 形分布等。考虑到高斯隶属度函数处理问题更平滑可靠，因此，本书选取高斯隶属度函数。其基本公式为

$$f(x,\ \sigma,\ \delta)=\mathrm{e}^{-\frac{(x-\delta)^2}{2\sigma^2}} \tag{12-6}$$

式中，δ 表示指标处于相关等级的数据均值；σ 为标准差；返回值 f 代表指标对风险等级的隶属程度。

第五步：确定子准则层的单因素评价矩阵。

根据式（12-6）构建单因素评价矩阵 $\boldsymbol{E}_k$，如式（12-7）和式（12-8）所示。矩阵 $\boldsymbol{E}_k$ 中的 ε_{ij} 表示第 i 个指标属于第 j 个评价等级的隶属度。

$$\boldsymbol{E}_1=\begin{pmatrix} \varepsilon_{11} & \varepsilon_{12} & \varepsilon_{13} & \varepsilon_{14} & \varepsilon_{15} \\ \varepsilon_{21} & \varepsilon_{22} & \varepsilon_{23} & \varepsilon_{24} & \varepsilon_{25} \\ \varepsilon_{31} & \varepsilon_{32} & \varepsilon_{33} & \varepsilon_{34} & \varepsilon_{35} \end{pmatrix} \tag{12-7}$$

$$E_2=\begin{pmatrix}\varepsilon_{41} & \varepsilon_{42} & \varepsilon_{43} & \varepsilon_{44} & \varepsilon_{45}\\ \varepsilon_{51} & \varepsilon_{52} & \varepsilon_{53} & \varepsilon_{54} & \varepsilon_{55}\\ \varepsilon_{61} & \varepsilon_{62} & \varepsilon_{63} & \varepsilon_{64} & \varepsilon_{65}\\ \varepsilon_{71} & \varepsilon_{72} & \varepsilon_{73} & \varepsilon_{74} & \varepsilon_{75}\end{pmatrix} \tag{12-8}$$

第六步：确定准则层的评价矩阵。

确定子准则层指标权重向量 $\boldsymbol{W}_k$ 和单因素评判矩阵 $\boldsymbol{E}_k$ 后，进行计算得到准则层的评价矩阵 $\boldsymbol{B}$：

$$\boldsymbol{B}_1=\boldsymbol{W}_1\times\boldsymbol{E}_1=(w_1,\ w_2,\ w_3)\times\begin{pmatrix}\varepsilon_{11} & \varepsilon_{12} & \varepsilon_{13} & \varepsilon_{14} & \varepsilon_{15}\\ \varepsilon_{21} & \varepsilon_{22} & \varepsilon_{23} & \varepsilon_{24} & \varepsilon_{25}\\ \varepsilon_{31} & \varepsilon_{32} & \varepsilon_{33} & \varepsilon_{34} & \varepsilon_{35}\end{pmatrix}=(b_{11},\ b_{12},\ b_{13},\ b_{14},\ b_{15}) \tag{12-9}$$

$$\boldsymbol{B}_2=\boldsymbol{W}_2\times\boldsymbol{E}=(w_1,\ w_2,\ w_3,\ w_4)\times\begin{pmatrix}\varepsilon_{41} & \varepsilon_{42} & \varepsilon_{43} & \varepsilon_{44} & \varepsilon_{45}\\ \varepsilon_{51} & \varepsilon_{52} & \varepsilon_{53} & \varepsilon_{54} & \varepsilon_{55}\\ \varepsilon_{61} & \varepsilon_{62} & \varepsilon_{63} & \varepsilon_{64} & \varepsilon_{65}\\ \varepsilon_{71} & \varepsilon_{72} & \varepsilon_{73} & \varepsilon_{74} & \varepsilon_{75}\end{pmatrix}=(b_{21},\ b_{22},\ b_{23},\ b_{24},\ b_{25}) \tag{12-10}$$

$$\boldsymbol{B}=\begin{pmatrix}\boldsymbol{B}_1\\ \boldsymbol{B}_2\end{pmatrix}=\begin{pmatrix}b_{11} & b_{12} & \cdots & b_{15}\\ b_{21} & b_{22} & \cdots & b_{25}\end{pmatrix} \tag{12-11}$$

第七步：进行综合评价。

$$\boldsymbol{A}=\boldsymbol{K}\times\boldsymbol{B}=(k_1,\ k_2)\times\begin{pmatrix}b_{11} & b_{12} & \cdots & b_{15}\\ b_{21} & b_{22} & \cdots & b_{25}\end{pmatrix}=(a_1\quad a_2\quad \cdots\quad a_5) \tag{12-12}$$

式中，$\boldsymbol{K}$ 为准则层因素的权重向量，$\boldsymbol{A}$ 为总综合评价。将总综合评价加权后得到最终风险值，其中风险等级（低风险、较低风险、中风险、较高风险、高风险）对应权重为（0，0.25，0.5，0.75，1）：

$$\boldsymbol{R}=\boldsymbol{A}\times(0\quad 0.25\quad 0.5\quad 0.75\quad 1)^{\mathrm{T}} \tag{12-13}$$

风险值越接近于0，风险越低，船舶航行的安全性越高。

12.3 航迹规划模型

12.3.1 数学模型

在航迹规划模型上，本书选择使用双向 A * 算法。通过对 A * 算法改进代价函数、增加约束条件来解决融合 IMO 规则、地形和风浪失速的问题，最终实现获取最优航线的目标。

12.3.1.1 风浪的影响

在大风浪中航行时，船舶的螺旋桨因剧烈颠簸会露出水面，造成推力减小。同时，风动压力增大，转头力矩增加，船舶航行阻力增加、航速降低。船舶在风浪作用下的航速损失模型的准确性直接影响了航路估计模型计算的准确性。在船舶实际航行过程中，风和浪对航速的影响密不可分，需要综合考虑浪向、浪高、风速和风向，即航速损失模型如下：

$$v = v_0 - (a_1 h - a_2 q h + a_3 v_W \cos\theta) \times (1 - a_4 D v_0) \tag{12-14}$$

式中，v 为船舶实际航速；v_0 为船舶在静水中的航速；v_W 为风速；h 为波高；q 为波向与船舶航向的夹角；D 为船舶的排水量；$a_m(m = 1, 2, 3, 4)$ 为由船型决定的系数；θ 为风向与船舶航向的夹角。

12.3.1.2 IMO 约束规范

船舶在恶劣海况的承险能力不同，取决于船只的速度、尺寸，船型等。国际海事组织根据可能导致船舶倾覆和损坏风险的危险制定了适应于各种类型的商船的指导方针。本书在约束模型中考虑了国际海事组织关于避免在恶劣天气和海况下的危险情况修订指南中避开危险的两种情况。

（1）当相遇角 q 在 135°~225°且实际航速 v 大于该海况下的临界速度 v_l，应该绕开此区域。其中临界速度的计算公式为

$$v_l = \frac{1.8\sqrt{L}}{\cos(180 - q)} \tag{12-15}$$

式中，L 为垂线之间船舶的长度。

（2）横摇固有周期 T_r 在小于 0.7 倍或者大于 1.3 倍的遇波周期 T_E 时极易发生共振，应该绕开此区域。其中遇波周期的计算公式为

$$T_E = \frac{3T_W^2}{3T_W + V\cos q} \tag{12-16}$$

式中，V 为船舶速度；T_W 为波浪周期。

将两种情况作为硬约束条件，在双向 A＊算法搜索中，满足上述两种情况的节点拓展不再选择。

12.3.1.3 多目标规划模型

在实际航行过程中，船舶运输需要从各个方面综合考虑船舶安全，船舶的安全性包括航行的气象环境、船舶的承险能力、船舶的航行时间及地形对船舶的影响。不同的船舶对地形的要求不同，一些船舶的航路若靠近海礁和海岸会增加搁浅风险，也有一些船舶需要在临岸的海域内靠近海岸以及时到达避难港。为了综合考虑航行风险 R、航行时间 T、地形风险 G 等的影响，在规划航行路线时需要将这 3 个方面转化为目标函数。

航行风险由气象水文因子与船舶脆弱性两部分组成，航行时间取决于实际航线和受风浪影响后的实际航速，地形风险则以船舶的实际需要进行地形风险赋值。航行时间代价函数如式（12-17）所示，地形风险的代价函数如式（12-18）和式（12-19）所示。

$$T = \frac{2}{\pi}\arctan\frac{X}{v} \tag{12-17}$$

式中，X 为船舶上一个栅格到下一个栅格走过的海里数；v 为实际速度；T 为归一化后的时间代价函数（T 越靠近 1，航行时间越长；越靠近 0，航行时间越短）。

$$G = \begin{cases} \left(1 - \dfrac{l_{\min} - d}{l_{\lim}}\right)^n, & l_{\min} - d < l_{\lim} \\ 0, & l_{\min} - d \geqslant l_{\lim} \end{cases} \tag{12-18}$$

$$G = \begin{cases} \left(\dfrac{l_{\min} - d}{l_{\lim}}\right)^n, & l_{\min} - d < l_{\lim} \\ 1, & l_{\min} - d \geqslant l_{\lim} \end{cases} \tag{12-19}$$

式中，$l_{\min}$ 为可航行栅格点与不可航行栅格点间最小的欧氏距离；d 为相邻栅格点间最小的欧氏距离；l_{lim} 为设置的距离阈值；n 为正整数，代表地形风险值衰减或递增的速度。当船舶需要远离陆地以减小搁浅风险时，风险代价函数如式（12-18）所示；当船舶需要靠近陆地以随时进入避难港时，风险代价函数如式（12-19）所示。将环境风险、航行时间和地形风险的多目标非线性规划问题转化为单目标规划问题，目标函数为

$$\min \text{Cost} = \rho_1 R + \rho_2 T + \rho_3 G \tag{12-20}$$

式中，Cost 为最终的目标函数；R 为航行风险；T 为航行时间；G 为地形风险；$\rho_i(i = 1, 2, 3)$ 是每个代价函数的权重并满足：

$$\begin{cases} 0 \leqslant \rho_i \leqslant 1,\ i = 1,\ 2,\ 3 \\ \sum_{i=1}^{3} \rho_i = 1 \end{cases} \tag{12 - 21}$$

在满足目标函数最优解的同时，本书将 IMO 的约束规范及各类船舶的航行手册中对风浪情况的限制作为约束条件，设船舶能承受的最大风速和浪高分别为 W_{max} 和 H_{max}，可以构建如下的约束条件：

$$\begin{cases} 135° \leqslant q \leqslant 180° \text{ 或 } v \leqslant v_l \\ \dfrac{T_r}{T_E} < 0.7 \text{ 或 } \dfrac{T_r}{T_E} > 1.3 \\ v_W \leqslant W_{max} \\ h \leqslant H_{max} \end{cases} \tag{12 - 22}$$

12.3.2 双向 A＊算法

A＊算法是传统的静态路径规划启发式搜索算法，它从起点开始向终点计算可行的最短路径节点。A＊算法的主体是 OpenList 和 CloseList，分别用来表示待遍历的节点和已遍历的节点。A＊算法通过启发式距离代价函数来计算每个节点的优先级，即

$$f(n) = g(n) + h(n) \tag{12 - 23}$$

式中，$g(n)$ 为节点 n 到起点的距离代价；$h(n)$ 为节点 n 到终点的预计距离代价，也是 A＊算法的启发函数；$f(n)$ 为节点 n 的最终代价值，也是 A＊算法计算优先级的依据。本书选择目标函数作为 $g(n)$ 代价值，而在 $h(n)$ 中采用欧几里得距离计算。双向 A＊算法是对 A＊算法的一种优化，相比于 A＊算法，双向 A＊算法从起点和终点同时进行搜索，起点以终点为目标，终点以起点为目标，最后当两者已遍历的节点相重叠时，返回最优路径。这种优化可以覆盖整个状态空间，有效避免遍历多个节点和计算耗时的问题。本书利用双向 A＊算法求解航迹规划模型，算法流程如图 12-2 所示。

12.4 案例研究

12.4.1 案例描述和数据集

本书选择的案例是来自新加坡运输安全调查局的海上事故最终调查报告。新加坡运输安全调查局将该事件列为非常严重的海上事故。事故调查报告详细地记录了事故发生的原因、事故发生前后的船舶信息及状态、航行计划路线等。

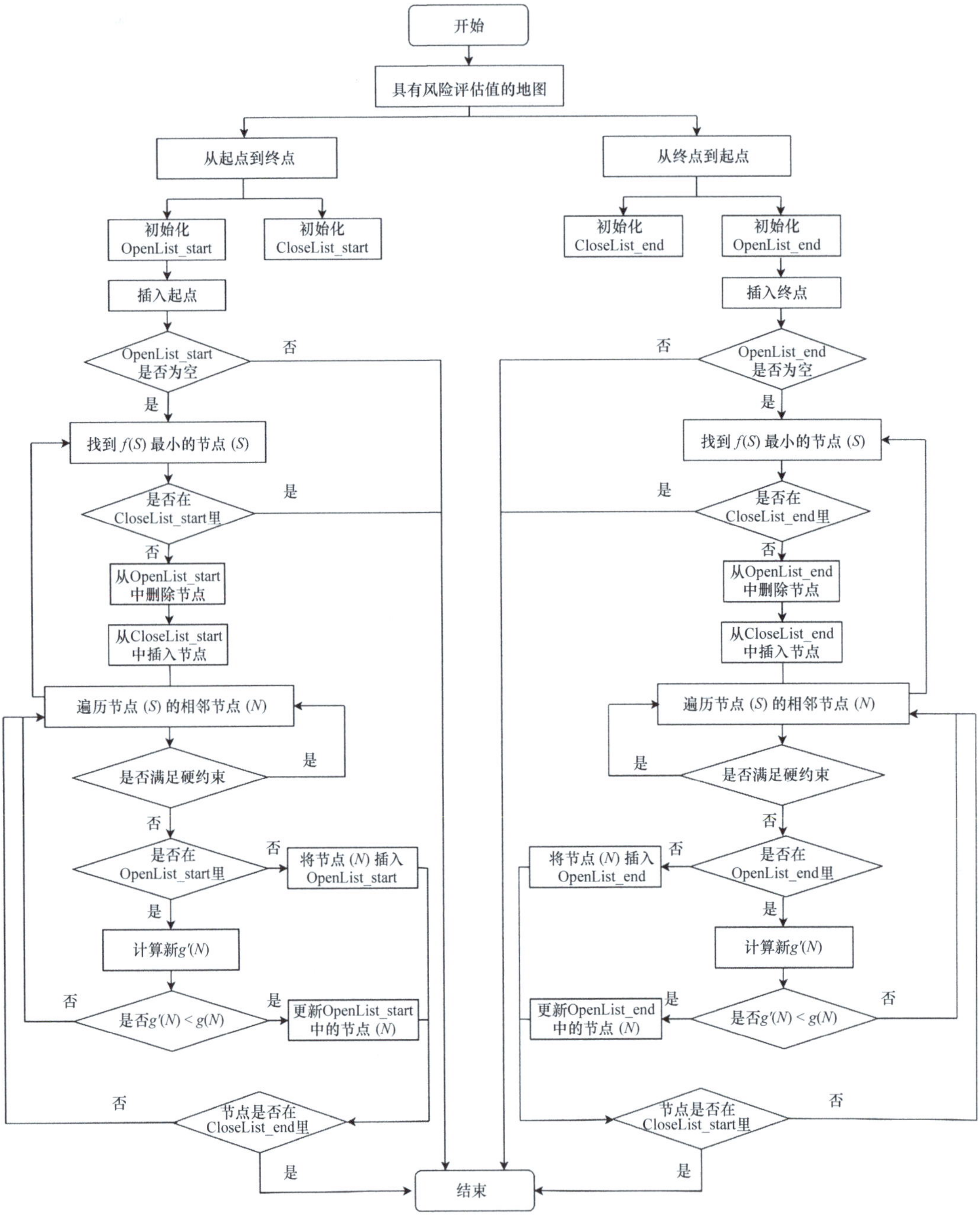

图 12-2　双向 A＊算法的技术路线图

发生事故的船舶是一艘远洋 barge *CB*100-01，船长 42.06 m，船宽 15.24 m，型深 3.05 m，注册总吨位为 444 t。该船于 2016 年在印度尼西亚的船厂建造完成。2022 年 5 月 1 日，拖船 *ASL Osprey*（*AO*）拖着 *CB*100-01，从新加坡船厂出发，*AO* 船估计在 2022 年 6

月 3 日到达吉布提，平均拖曳速度为 5.5 kn。此次航行按照拖船手册的航线计划路线前进，大致航线如图 12-3 所示。

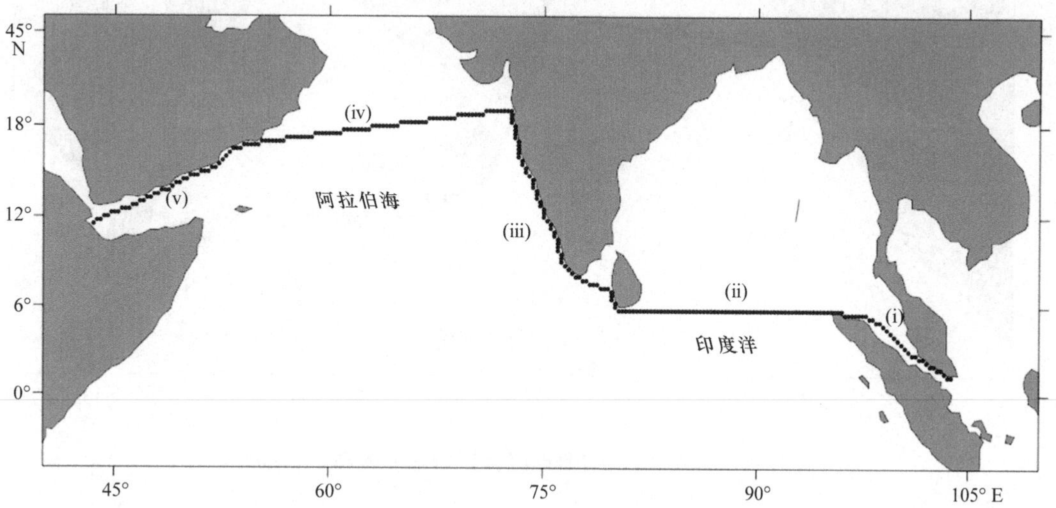

图 12-3 拖船手册的大致航线

由调查报告信息可知，拖船手册的航线计划分为 5 部分：新加坡船厂—北苏门答腊—斯里兰卡—印度孟买—塞拉莱—吉布提。由于向斯里兰卡航行时（5 月 12 日前后），船舶的右舷撑杆和船尾撑杆丢失，船舶在 5 月 18 日到达斯里兰卡的科伦坡后进行维修、调查、固定剩余的左舷螺柱等安排。船舶在 6 月 16 日驶离科伦坡按照原计划路线航行，船长预计 7 月 7 日到达吉布提，此时的平均拖曳速度为 5 kn。7 月 2 日，因偏离拖曳手册的计划航线，拖轮进入恶劣天气区域内，*CB*100-01 船与 *AO* 船间的拖曳绳断裂。在船长重新连接 *CB*100-01 船时，*CB*100-01 船体被破坏，影响了船舶的水密性，导致海水进入，造成最后 *CB*100-01 船的倾覆。

根据拖曳手册计划路线和报告中船舶的平均速度，出发后的第 12 天船舶可以到达斯里兰卡，出发后的第 34 天到达吉布提。但根据船舶的实际航行中在斯里兰卡的科伦坡停航近 1 个月，为了方便研究拖曳手册的计划路线，将原计划路线分成两段（图 12-4）。将新加坡船厂—斯里兰卡这一段航行记作拖曳手册路线 A（TMroutes A），时间为 5 月 1—12 日；将斯里兰卡—吉布提的计划路线记作拖曳手册路线 B（TMroutes B），计划时间为 6 月 16 日至 7 月 7 日。以 *CB*100-01 船为研究对象，在拖曳气象要求、IMO 规则约束条件下，建立了综合天气条件、失速、地形条件和约束条件的船舶航路规划模型进行规划分析。

本书使用的气象海洋环境数据范围为 5°S—25°N，40°—110°E，时间范围为 2022 年 5

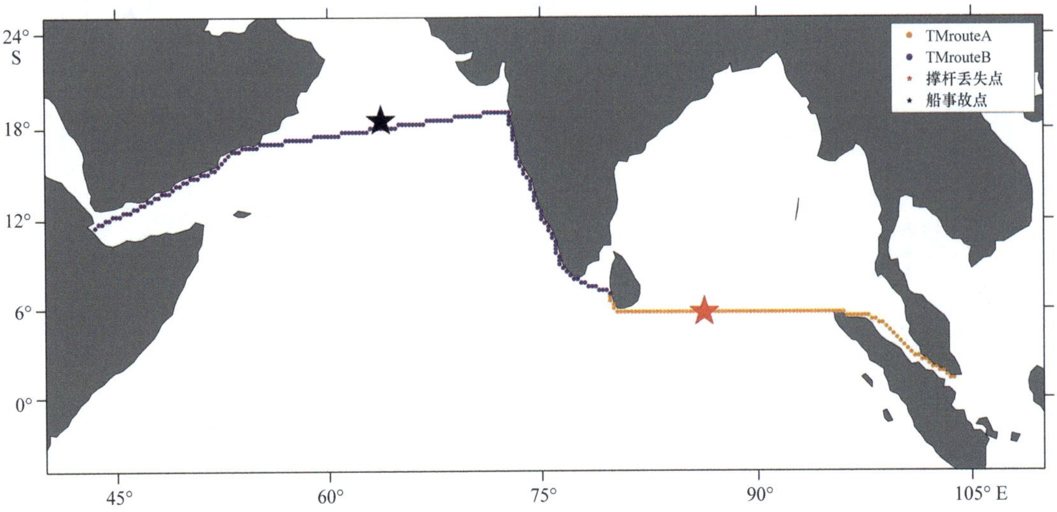

图 12-4 将拖曳手册计划路线分为 TMrouteA 和 TMrouteB

月 1—18 日、6 月 16 日至 7 月 7 日。海表面 10 m 风场三维格点数据选取自哥白尼大气监测服务网（Copernicus Atmospheric Monitoring Service，CAMS）。风场包括风向和风速两个方面，网格空间分辨率为（1/12)°×（1/12)°。海表面海浪和海表面温度三维格点数据选取自哥白尼海洋环境监测服务网（Copernicus Marine Environment Monitoring Service，CMEMS)。海浪包括有效波高、平均周期和波向 3 个方面，网格空间分辨率为（1/4)°×(1/4)°。由于数据的来源不同，所有数据空间分辨率与海浪数据保持一致。船舶的总吨位、长度、船龄和船速均来自新加坡运输安全调查局的海事调查报告。

12.4.2 结果和分析

12.4.2.1 风险评估结果

根据因素集中每个指标的数据对高斯隶属度函数的参数进行拟合，获得高斯隶属度函数及其图像。选取其中风速、波高和海表温度 3 个指标，其图像如图 12-5 至图 12-7 所示。

12.4.2.2 风险评估区划结果

根据第 12.2.2 节的风险评估模型得到本案例的两段航行风险评估结果，如图 12-8 和图 12-9 所示。

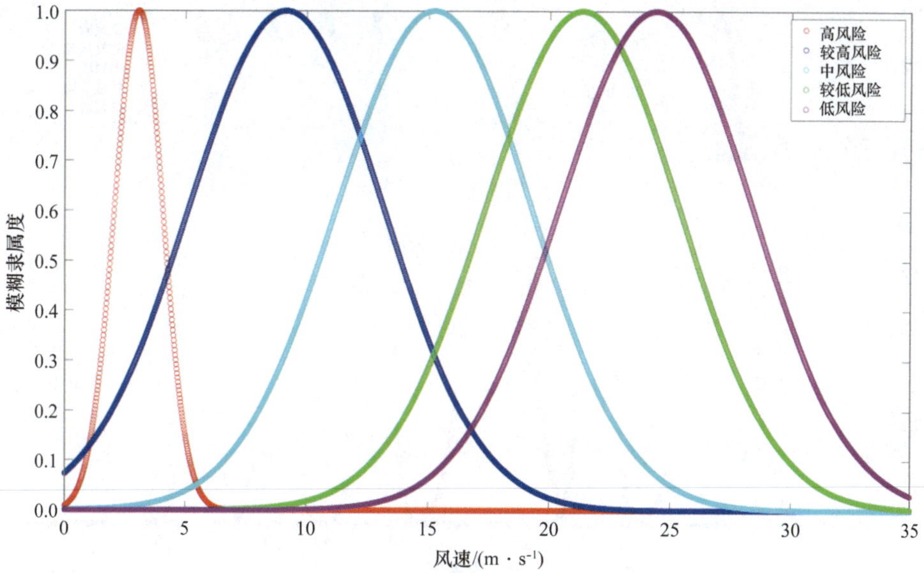

图 12-5 风速的高斯隶属度函数图像

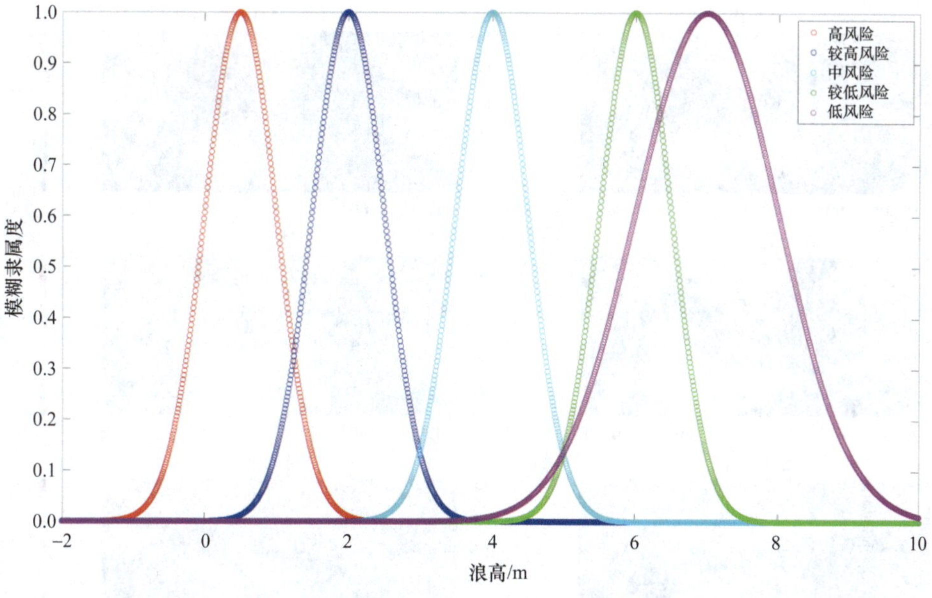

图 12-6 波高的高斯隶属度函数图像

如图 12-8 所示，在 5 月 1—12 日，即船舶第一段航线 TMrouteA 期间，航行区域的整体风险较小，船舶航行的安全性较高。

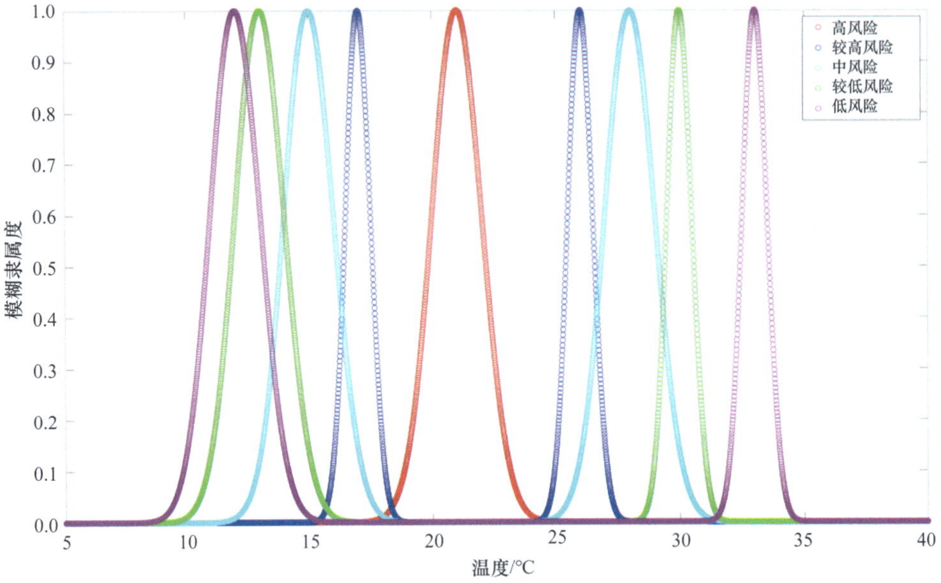

图 12-7　海表温度的高斯隶属度函数图像

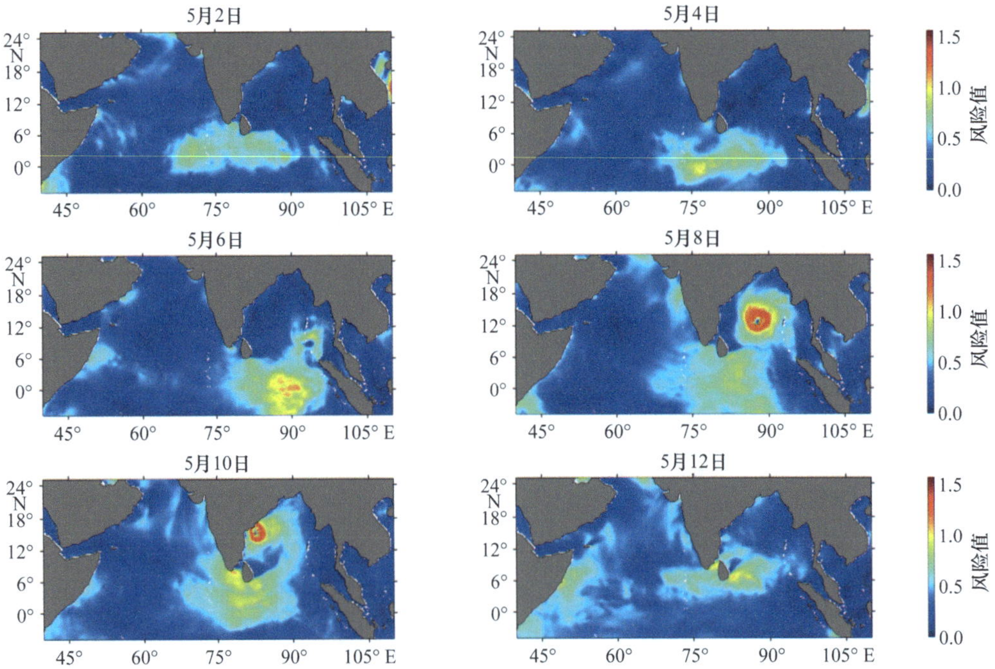

图 12-8　航线 TMrouteA 期间选定的风险区域化结果

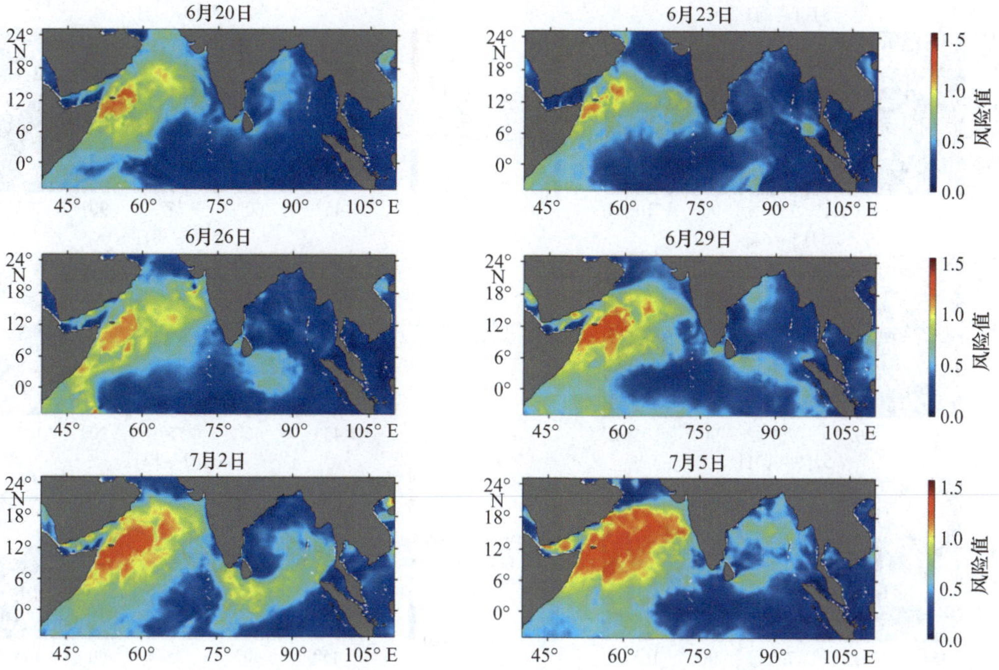

图 12-9　航线 TMrouteB 期间选定的风险区域化结果

如图 12-9 所示，在 6 月 16 日至 7 月 7 日，即船舶第二段航线 TMrouteB 期间，航行区域的风险在 6 月 29 日前后逐渐增大，高风险的范围也逐渐增大。根据调查报告可知，此时该海域进入了季节性季风期，与图 12-9 所示的风险变化结果相符，可以看出，本书风险评估较准确。

12.4.2.3　航迹规划结果

通过第 12.3 节的航迹规划模型对两段航线进行规划，并将新加坡船厂到斯里兰卡的这段航线记作 IBA * routeA，将斯里兰卡到吉布提的这段航线记作 IBA * routeB，航迹规划结果如图 12-10 和图 12-11 所示。

由图 12-10 可知，IBA * routeA 与 TMrouteA 基本重合。TMrouteA 的平均风险为 0.4173，IBA * routeA 的平均风险仅为 0.4081。可以看出，IBA * routeA 的避险能力比 TMrouteA 好。

由图 12-11 可知，IBA * routeB 与 TMrouteB 大部分重合，但在公海区 IBA * routeB 对高风险的躲避能力比 TMrouteB 更好。TMrouteB 的平均风险为 0.5403，而 IBA * routeB 的平均风险仅为 0.4384。可以看出，IBA * routeB 的避险能力比 TMrouteB 好。

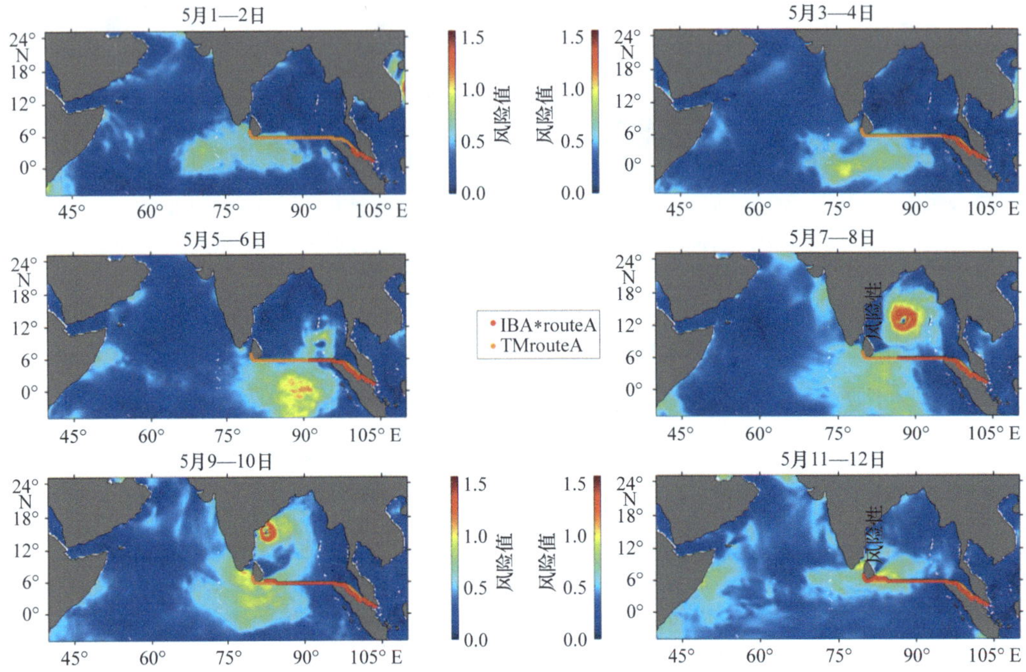

图 12-10　2022 年 5 月 1—12 日 IBA * routeA

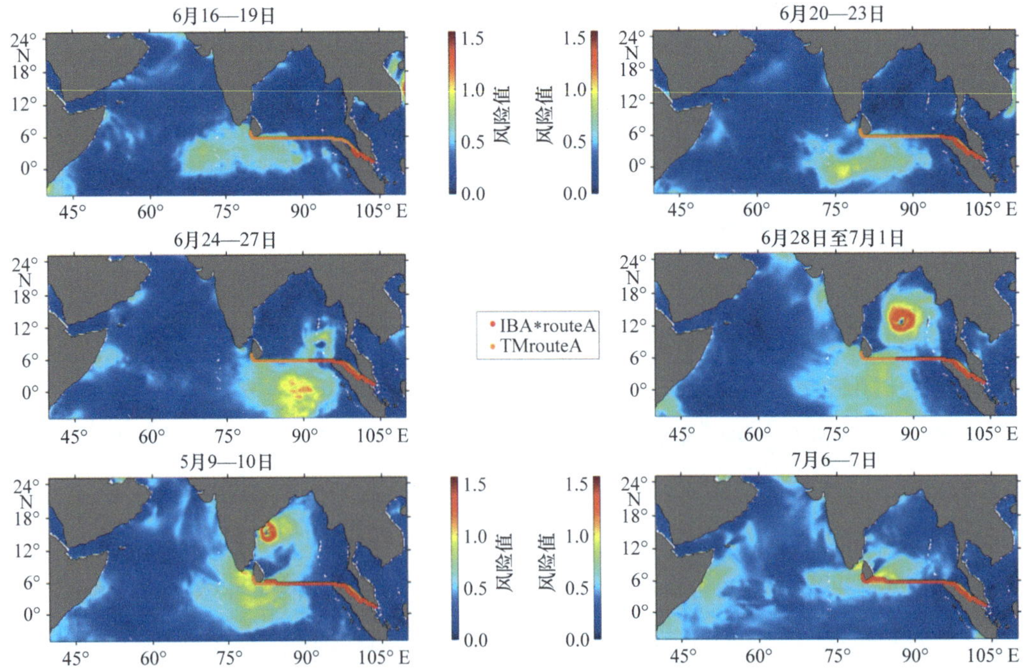

图 12-11　2022 年 6 月 16 日至 7 月 7 日 IBA * routeB

12.4.3 风险评估与航迹规划验证

12.4.3.1 风险评估结果对比及验证

若已知航行中已发生的真实情况，风险评估模型的评估结果可以通过与真实情况的对比来验证评估模型的准确率，准确率公式为

$$\eta = \left(1 - \frac{|R_r - R_e|}{R_r}\right) \times 100\% \tag{12-24}$$

式中，R_r 为实际风险值；R_e 为风险评估模型评估得到的评估风险值；η 为评估模型的准确率。

根据新加坡事故调查报告对事故前后经过的具体分析，可以得出船舶在阿拉伯海域中遭受大风浪的袭击以至于倾覆。这个倾覆结果作为已知事实，可以推出真实情况中其为高风险的概率接近于1，因此，我们假设船舶倾覆点的风险等级为高风险，即实际风险值 R_r 为0~1风险值范围内的1。报告中只给出船舶倾覆点的大概位置，因此，取倾覆前到大概倾覆点间3°×3°的海域范围中风险的最大值1.2151作为风险评估模型评估得到的风险值。然后将其标准化为0.81，处于高风险区域（0.8~1）之间，与真实情况相一致，评估模型的准确率 $\eta = 81\%$。

12.4.3.2 航线对比及验证

当船舶前后两次规划的路线目测相差不大时，拖曳手册计划路线和本书规划路线的相似性程度可以用拖曳计划航线对本书规划航线的拟合优度 R_{NL} 来刻画（Zhang，2002），R_{NL} 计算公式为

$$R_{NL} = 1 - \sqrt{\frac{\sum (y_i - \hat{y}_i)^2}{\sum y_i^{\ 2}}} \tag{12-25}$$

拖曳手册计划路线和本书拟规划路线的平均相对误差 R_E 的计算公式为

$$R_E = \frac{|y_i - \hat{y}_i|}{n(y_{\max} - y_{\min})} \tag{12-26}$$

式中，y_i 和 $\hat{y}_i$ 分别是拖曳计划路线和本书规划路线第 i 经度栅格值对应的纬度栅格值；$y_{\max}$ 和 $y_{\min}$ 分别是拖曳手册路线的最大纬度栅格值与最小纬度栅格值。

将拖曳手册的计划路线（TMrouteA、TMrouteB）分别与本书规划航线（IBA * routeA、IBA * routeB）进行对比，计算拟合优度与平均相对误差（表12-2）。

表 12-2　TMroute 和 IBA * route 之间 R_{NL} 与 R_E 的比较

	2022 年 5 月 1—12 日	2022 年 6 月 16 日至 7 月 7 日
R_{NL}	0. 9679	0. 9668
R_E	0. 0314	0. 0346

由表 12-2 中可以看出，本书规划路线（IBA * routeA、IBA * routeB）与拖曳手册路线（TMrouteA、TMrouteB）的拟合优度均高于 95%，平均相对误差均低于 5%，表明本书规划路线与拖曳手册路线的相似度较高。

根据调查报告可知，船舶在 6 月 19 日至 7 月 2 日期间已经偏离拖曳手册的计划路线，进入了日趋恶劣的天气条件区域内（图 12-12）。

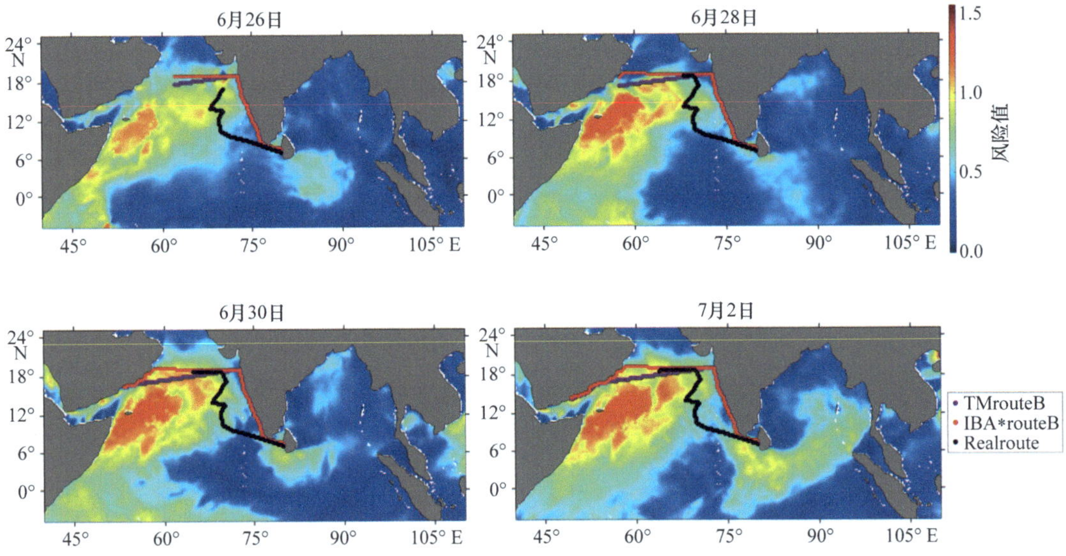

图 12-12　2022 年 6 月 26 日至 7 月 2 日的 Realroute、TMrouteB 和 IBA * routeB

由图 12-12 可知，Realroute 在偏离航线后约在 7 月 2 日进入高风险区域，而根据调查报告中船舶计划到达时间计算出拖曳手册 TMrouteB 在 6 月 30 日已经离开公海海域，IBA * routeB 在 6 月 28 日开始选择绕开高风险区域。

为研究实际路线、拖曳手则路线与本书规划路线的风险，分别计算 3 条路线在斯里兰卡科伦坡到塞拉莱期间的平均风险（表 12-3 和图 12-13）。

表 12-3 Realroute、TMroute 和 IBA * route 的风险值比较

	Realroute	TMrouteB	IBA * routeB
平均风险	0. 7251	0. 4445	0. 3784
最大风险	1. 2151	1. 0168	0. 8853
最小风险	0. 1586	0. 0981	0. 0969

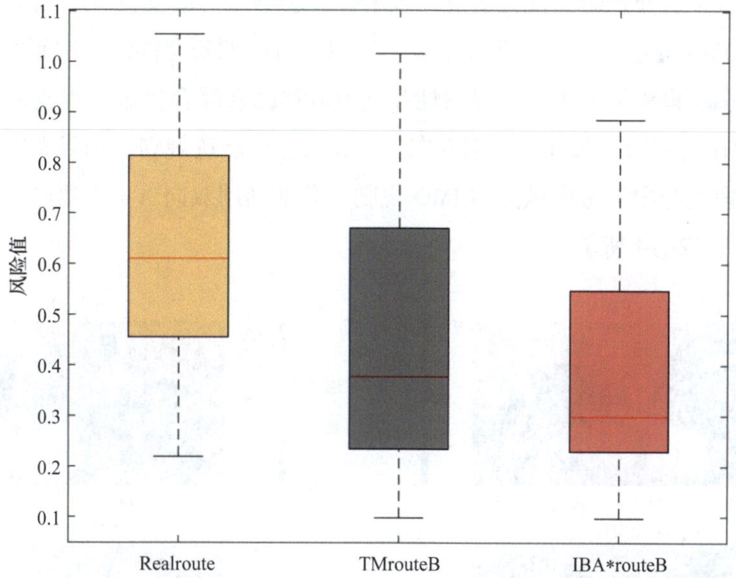

图 12-13 Realroute、TMrouteB 和 IBA * routeB 的风险箱线图

由表 12-3 可知，在平均风险值、最大风险值和最小风险值上，Realroute 大于 TM-routeB 和 IBA * routeB，且 IBA * routeB 的平均风险值仅为 0. 3784，最大风险值仅为 0. 8853，最小风险值仅为 0. 0969，均为 3 条路线里最小值，由此可以看出，本书规划路线船舶航行的总体风险最小。

由图 12-13 可知，Realroute 具有最大的风险平均值、中位数、下四分位数和上四分位数，TMrouteB 次之，IBA * routeB 最小。不仅如此，IBA * route 的风险平均值、中位数、下四分位数和上四分位数都远小于 Realroute，由此可以看出，本书规划模型具有很强的规避风险能力。

12.5 讨论和结论

12.5.1 讨论

气象与海洋因素直接或间接造成船舶的损害和全部损失。对于货物运输量占世界贸易量90%以上的海上运输来说，船舶的安全性与气象海洋因素间的研究一直被广泛关注。目前，已经有许多学者通过研究优化航迹路线来提高船舶航行的安全性。然而，这些规划模型没有考虑到IMO规则的约束，且关于船舶脆弱性对船舶安全性的影响研究较少。

本书利用多层模糊综合评价将脆弱性和气象海洋因素综合集成，得到风险评价值，同时将IMO规则作为硬约束条件，采用双向A＊算法进行航迹规划。如果在斯里兰卡科伦坡到吉布提的这段航行中不考虑风险与IMO规则，分别利用双向A＊算法进行路径规划，路径规划结果如图12-14所示。

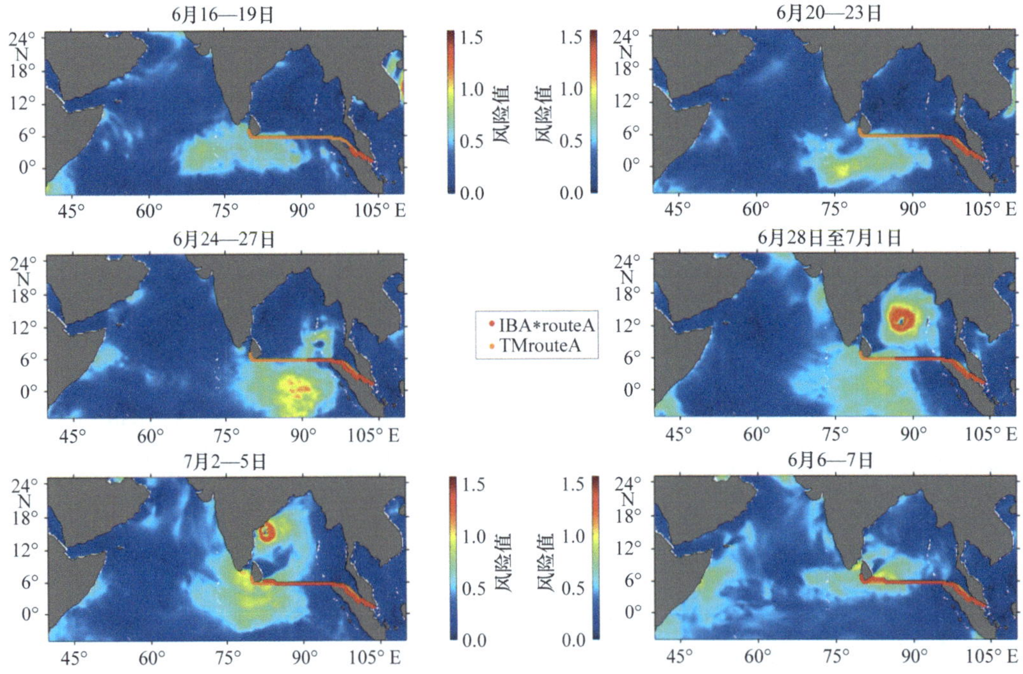

图12-14　2022年6月16日至7月7日IBA的routeB和WrouteB

由图12-14中可以看出，当不考虑风险与IMO规则时，双向A＊算法规划出的路线WrouteB约在6月27日进入了高风险区域，而本书规划路线IBA＊routeB绕开了风险区域。由此可以看出，风险与IMO规则对于船舶航行安全非常重要。

在以往的研究中，解决寻路问题的常见算法有 Dijkstra 算法和 A＊算法等。相比于 Dijkstra，A＊算法不仅考虑了从起点到当前节点的距离，还考虑了从当前节点到终点的估算代价。然而，在远洋航线中涉及的区域范围大且时间跨度长，需要搜索效率更高的算法进行路径规划。本书的双向 A＊算法是在 A＊算法的基础上进行改进的，同时从起点与终点开始搜索寻找交点，从而减少搜索的节点数量，提高了搜索效率。将 Dijkstra 算法、A＊算法与双向 A＊算法在本书案例规划航线中的运行时间进行对比（表 12-4）。可以看出，Dijkstra 算法的运行时间最长，运行总时长为 31.350 s，远大于 A＊算法与双向 A＊算法。双向 A＊算法的运行时间最短，仅为 2.003 s。由此可以得出，双向 A＊算法的运行效率大于 Dijkstra 算法和 A＊算法。

表 12-4　3 种算法的运行时间对比

	Dijkstra 算法	A＊算法	双向 A＊算法
运行时间/s	31.350	3.176	2.003

12.5.2　结论

针对船舶远洋航迹规划模型中定量考虑船舶脆弱性和 IMO 的研究较少，本书提出了一种多目标航线规划模型，通过融合船舶脆弱性和气象海洋要素进行综合风险评估，同时以 IMO 规则为硬约束条件，利用双向 A＊算法求解多目标非线性规划模型。首先，构建多层模糊综合风险评估模型。其次，考虑了风浪使船舶失速的现实情况并通过加入 IMO 规则约束构建多目标非线性规划模型，最终利用双向 A＊算法求解航线规划模型。最后，研究了对新加坡海事调查研究报告中的实例，实验结果表明，本书模型得到的航线与原计划路线相似度较高，且总体风险水平更小。在算法上，双向 A＊算法的运行效率比 Dijkstra 算法和 A＊算法更快。综上所述，本书模型实现了船舶远洋航线安全性与规划航线高效率这两个目标。在未来的工作中，船舶远洋的规划算法还可以继续改进，将搜索效率大幅度提升且更加接近最优解。

第十三章　海洋环境对潜艇安全航行影响评估

影响潜艇航行安全最为重要的环境要素是内孤立波，近几十年来发生了数次由遭遇内孤立波而导致的潜艇掉深事故（陶声，1999；Wang et al.，2022；Gong et al.，2022）。印度尼西亚（以下简称印尼）海域地形复杂、岛屿众多，水深梯度较大，因而造成该海域的潮地相互作用十分显著，内孤立波分布广泛。因此，开展印尼海域内孤立波时空分布、发源位置、参数反演研究，进而开展内孤立波环境下的潜艇水下航行安全性风险评估，对保障潜艇长距离机动就显得尤为重要。本章首先通过多年遥感图像观测资料统计了印尼海内孤立波的时空分布特征；然后基于 KdV 理论在帝汶海开展了内孤立波的水下结构与振幅反演，并将反演结果与潜标实测数据进行对比，验证了反演方法的可靠性；最后基于内孤立波在不同空间位置的发生频率差异，建立了影响潜艇水下航行安全的环境风险评估模型，开展了印尼海域不同季节下潜艇安全性环境风险评估与区划。

13.1　印尼海内孤立波时空分布特征

13.1.1　内孤立波遥感观测资料

内孤立波观测的主要手段包括利用潜标设备实地直接测量和利用遥感观测间接测量。实地测量可以直接观察到内孤立波的水下结构。但是，实地测量通常很昂贵，并且只能设置一个或多个观测站点，无法得到内孤立波的波峰线空间特征。相比之下，具有良好空间成像能力的遥感观测手段可以清楚地获得内孤立波波峰线的位置分布。在遥感手段中，星载合成孔径雷达（SAR）是通过布拉格散射机制根据海面粗糙度变化观测内孤立波的有效设备（Wei and Guo，2017）。

按照垂直结构划分，内孤立波可分为两种类型：上升波和下降波（Chen，2007）。由于 SAR 图像中较亮和较暗的位置分别对应于海面上较粗糙和较平滑的区域，对于下降波，波传播方向前侧的海水表面会产生粗糙的毛细波，因而 SAR 图像上观察对应位置的海水较亮；而内孤立波后侧相对应的表面水由于发散而平滑，故从 SAR 图像上看相对较暗

(Zhao et al., 2004)。所以下降波会在 SAR 图像上形成沿传播方向先亮后暗的条纹；而沿着上升波传播方向，SAR 图像上的条纹先暗后亮。这些亮暗相间的条纹的位置对应着内孤立波波峰线的位置。

本书使用的 SAR 图像来源于 Sentine-1 卫星观测任务，欧洲航天局（European Space Agency，ESA）处理的 Sentine-1 数据产品可以通过其官网（https：//search. asf. alaska. edu）免费下载。Sentine-1 是一个全天时、全天候的雷达成像系统，它是欧洲委员会（European Commission，EC）和欧洲航天局基于哥白尼全球对地观测项目研制的首颗卫星，于 2014 年 4 月发射。Sentinel-1 任务包括一个由两颗极轨道卫星组成的星座，它们日夜运行，执行 C 波段合成孔径雷达成像，使它们无论天气如何都能获取图像。Sentine-1 卫星的成像系统能够实现全球海洋的大区域覆盖，分辨率最高可达 5 m，最大幅宽能够达到 400 km。本书中使用的遥感图像的波束模式为干涉宽幅模式，幅宽为 250 km，极化方式为 VV 极化。为了从 SAR 图像中获取准确的地理信息，对图像进行了地理编码和几何校正等预处理。搜集了 2017—2022 年 6 年间覆盖印尼海区的 SAR 图像共 39 330 张。SAR 图像几乎覆盖了印尼海全域，图像覆盖范围在图 13-1 中用红色实线框来表示。

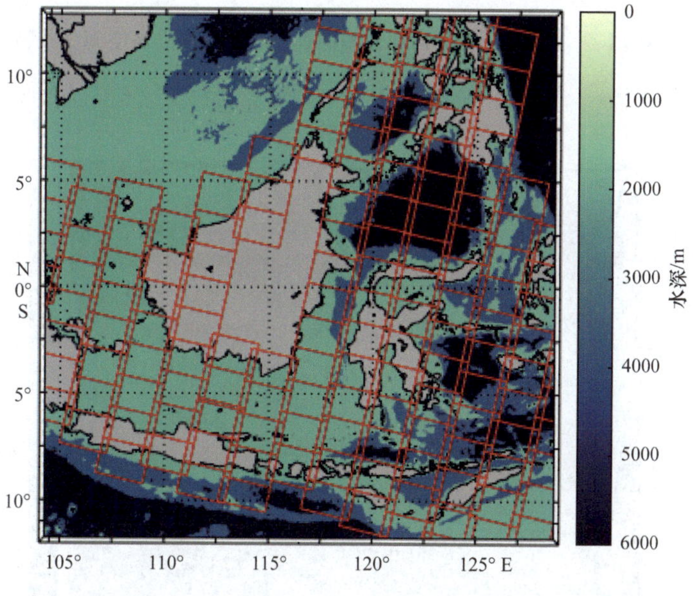

图 13-1　印尼海域 SAR 图像的图框覆盖范围（用红色实线框表示）

将 2017—2022 年基于 SAR 图像观测到的印尼海域所有内孤立波的波峰线用红色实线叠加在印尼海地形图上（图 13-1）可以看到，印尼海域内孤立波的空间分布特征十分明显，内孤立波基本上集中发生在几个特定海区，分别是苏禄海、苏拉威西海、马鲁古海、班达海、弗洛勒斯海、萨武海。这些海域的具体位置在图 13-2 和图 13-3 中标识。为了详细讨论印尼海域内孤立波的发生、传播规律，下面分别对这几个海区的内孤立波时空分布特征逐一讨论。

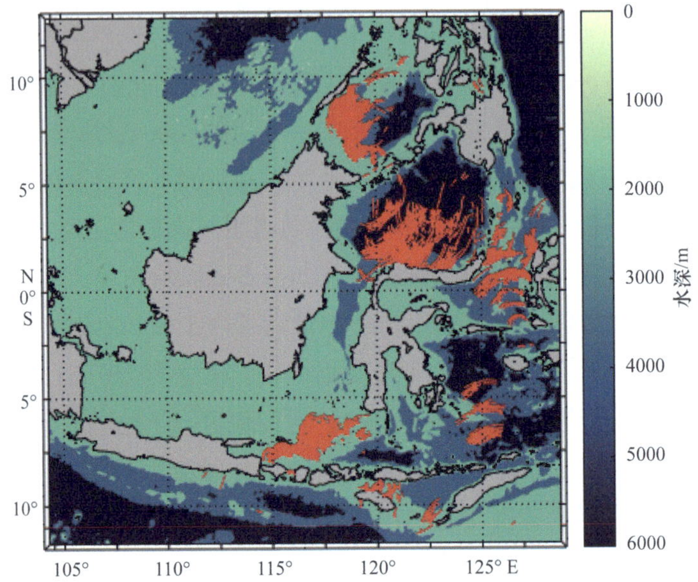

图 13-2　2017—2022 年 SAR 图像观察到的内孤立波空间分布特征

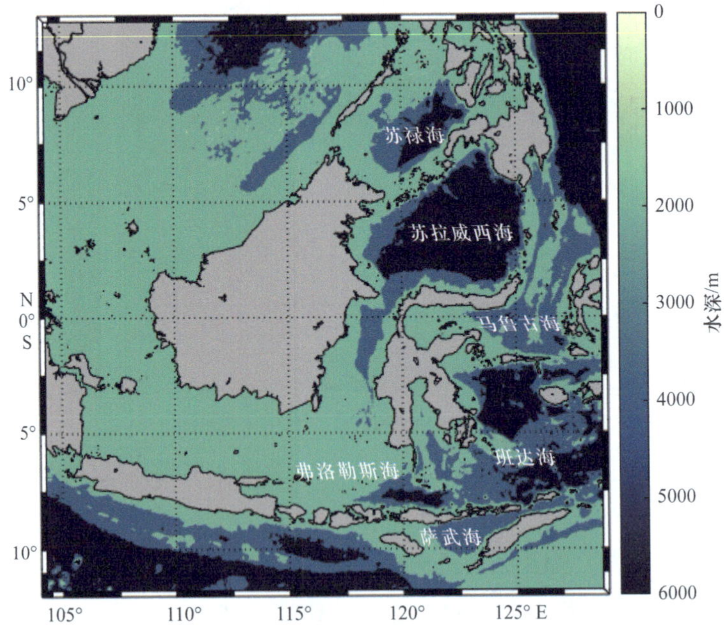

图 13-3　印尼海内孤立波主要发生海域位置标识图

13.1.2 印尼海主要海区内孤立波时空分布特征

13.1.2.1 苏禄海

苏禄海位于西南太平洋，被菲律宾的苏禄岛、巴拉望岛、棉兰老岛和马来西亚的沙巴岛所包围。苏禄海与南海、苏拉威西海相通，是全球海洋中内孤立波频繁发生的地区之一。

相关研究表明，该海域的内孤立波主要由半日潮产生，波源位置主要在苏禄海南偏西侧的锡布图岛和锡穆努尔岛附近海域与南偏东侧的苏禄群岛附近海域（张涛和张旭东，2020）。图 13-4 显示了苏禄海不同月份的内孤立波空间分布特征。从空间分布来看，内孤立波集中分布在苏禄海西部，内孤立波的传播方向较为单一，自苏禄海东南的波源区域产生后，持续地向着北偏西方向传播，横穿整个苏禄海海域，最终耗散于苏禄海西北部的巴拉望岛沿岸。该海域的传播特征验证了内孤立波保持其波形不变长距离传播的特性。从时间分布来看，该海域内孤立波的发生频次较多，春季（2—4 月）内孤立波发生的频次最大，可达 934 次；其次是冬季（11 月至翌年 1 月），485 次。夏季（5—7 月）和秋季（8—10 月）观察到的内孤立波数量相对较少。

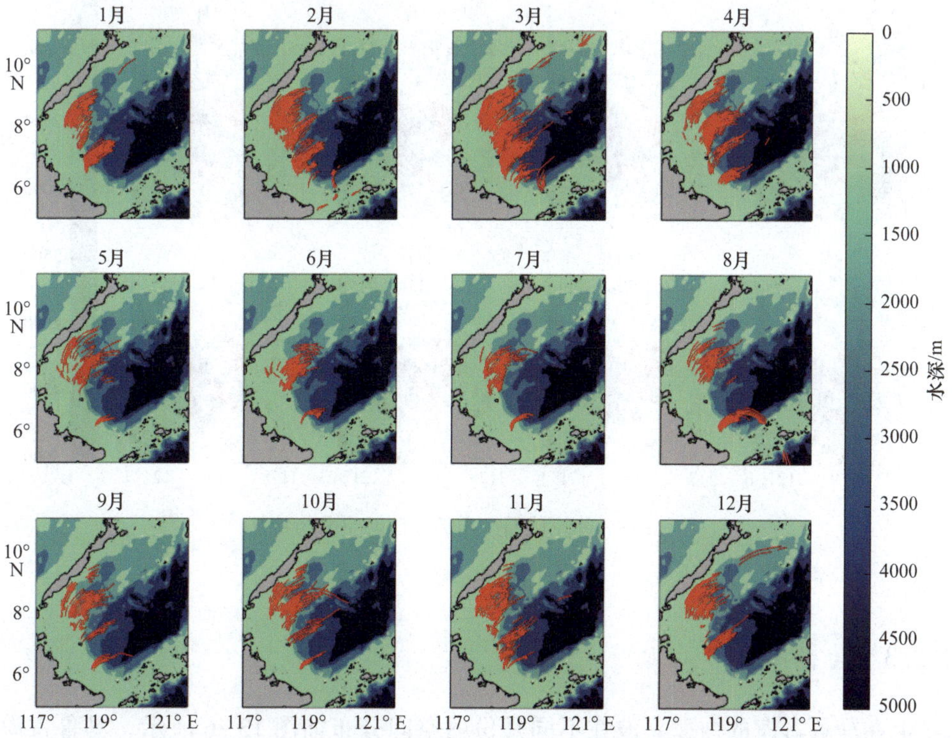

图 13-4 苏禄海内孤立波时空分布特征

13.1.2.2 苏拉威西海

图 13-5 显示了苏拉威西海不同月份的内孤立波空间分布特征。苏拉威西海位于苏禄海的南侧，以苏禄群岛相隔。苏拉威西海和苏禄海是沟通南海与印尼海的重要通道。相比于苏禄海，苏拉威西海内孤立波的发生频次更少，但是其空间分布特征更为复杂，传播方向存在明显的不一致。苏拉威西海内孤立波的主要发源地有两处：一处是位于苏拉威西海西北部的锡布图岛和锡穆努尔岛周边海域，大部分内孤立波由此产生，并沿着南偏东方向传播，最终耗散于苏拉威西海南部的德拉旺群岛；另一处是苏拉威西海东偏南的比亚罗岛周边海域，由该区域产生的内孤立波数量相对较少，自东向西传播，最终耗散于印尼北侧沿岸。从时间分布来看，7—9 月观察到内孤立波的发生频次较多，11 月至翌年 1 月和 5—6 月观察到内孤立波的发生频次较少。

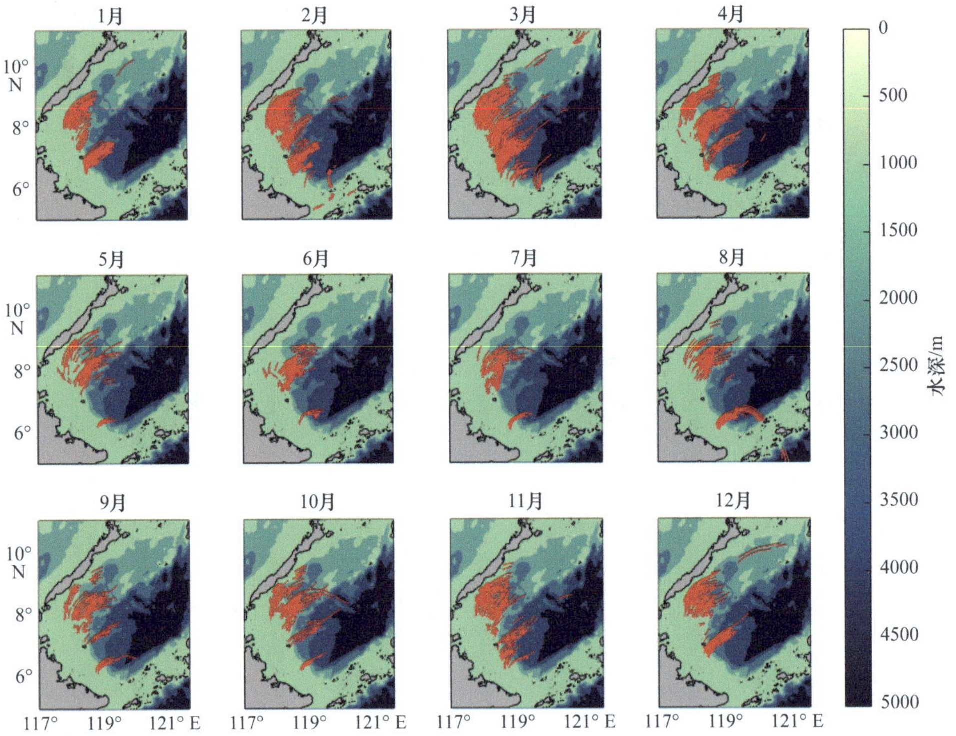

图 13-5　苏拉威西海内孤立波时空分布特征

13.1.2.3 马鲁古海

发生在马鲁古海的内孤立波在不同月份的空间分布如图 13-6 所示。马鲁古海位于苏拉维西海的东南侧，是连通苏拉维西海与班达海的通道。相比于苏禄海和苏拉威西海，马鲁古海内孤立波的发生频次大大降低。马鲁古海内孤立波的发生频次在5月最大，达到91次；7月和8月的发生频次最少，仅4次。从空间分布来看，马鲁古海内孤立波的主要发源地有两处：一处为南侧海峡口，大部分内孤立波由此产生，并由南向北传播；另一处为西北侧群岛，少数内孤立波由此产生并自西向东传播，直至哈马黑拉岛西侧附近消散。

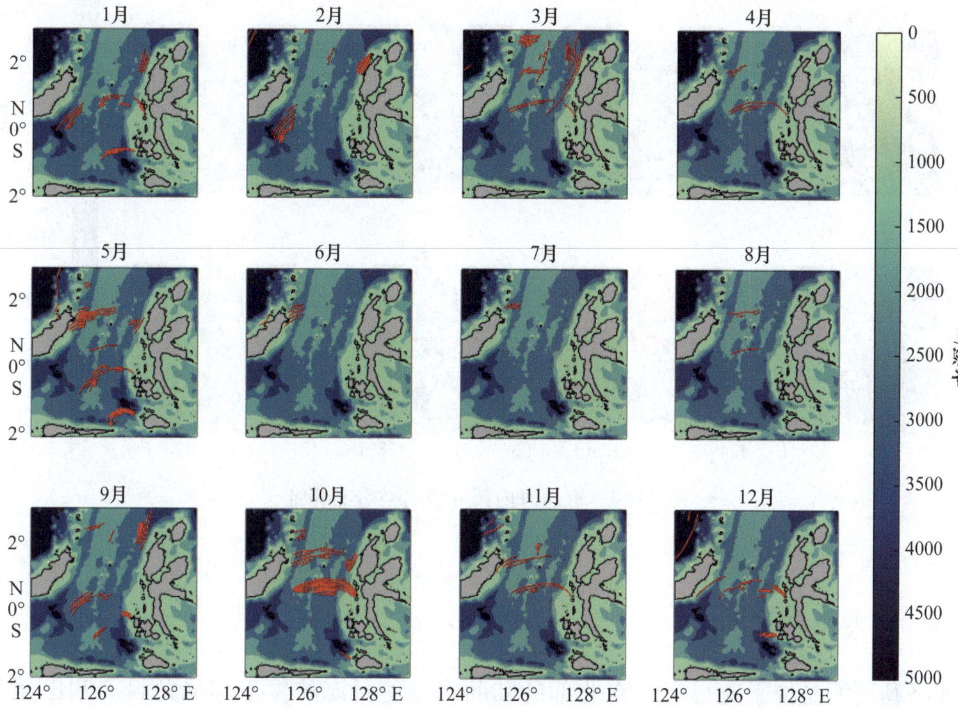

图 13-6 马鲁古海内孤立波时空分布特征

13.1.2.4 班达海

班达海位于马鲁古海南侧，东接太平洋，南邻帝汶海。班达海内孤立波的发生频次比马鲁古海更低，仅在3—6月、8—10月能够观测到内孤立波（图13-7）。内孤立波在3月、4月和10月最为明显，观察到的内孤立波频次超过15次。在其他月份观察到内孤立波的频次不超过10次。该海域内孤立波的可能发源地为翁拜海峡，内孤立波自翁拜海峡产生后沿北偏西方向传播500 km余进入班达海，传播方向十分稳定。对该地区M2斜压潮的模拟表明，翁拜海峡拥有较强的内部潮流，这给该海域内孤立波的产生创造了良好条件（Jackson，2007）。

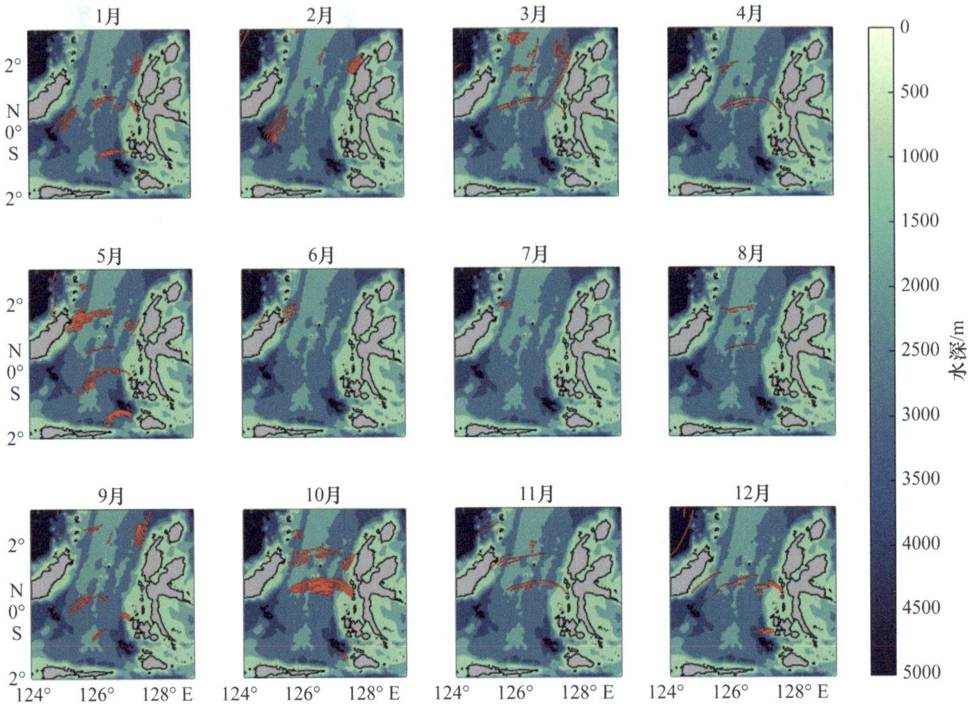

图 13-7　班达海内孤立波时空分布特征

13.1.2.5　弗洛勒斯海

弗洛勒斯海是位于龙目海峡东北部的陆间海。龙目海峡位于印尼龙目岛和巴厘岛之间，是印尼贯穿流的主要通道之一。它不仅是连接印尼群岛的纽带，也是太平洋和印度洋之间的海上交通堡垒，对航运和军事活动至关重要。龙目海峡以北海域内孤立波频发，给水下军事活动造成严重威胁。

图 13-8 显示了弗洛勒斯海内孤立波在各个月份的空间分布特征。显然，该海域的内孤立波来源比较复杂，季节分布差异明显。按照发源地来划分，可将该海域内孤立波分为两类：第一类是由内潮与龙目海峡地形作用后激发产生的内孤立波。龙目海峡是该海域内孤立波的主要发源地之一，龙目海峡激发的内孤立波呈圆弧状向北传播，在与海峡以北 60 km 处的岛屿发生碰撞后波峰线断裂，断裂后的内孤立波分别继续向着西北、东北两个方向传播。第二类是在龙目海峡东北部弗洛勒斯海腹地频繁发生的内孤立波。这类内孤立波传播方向大多为西向传播，根据前人的研究来看，这类内孤立波很可能发源于萨佩海峡的突出地形，它们的产生是弗洛勒斯海内潮与萨佩海峡地形的相互作用造成的（Karang et al.，2020）。从时间分布来看，由龙目海峡激发的第一类内孤立波在 10—12 月大量出现，并且在 1 月也较为明显。造成这一现象的可能原因是冬季通过海峡的南向流增强，因

而加强了潮流与地形的相互作用，导致内孤立波发生频次增加。而夏季则恰好相反，内孤立波的发生频率大大降低，很难通过 SAR 图像观测到内孤立波。第二类内孤立波则在 1—3 月发生频率较高，而在 6—9 月发生频率较低。

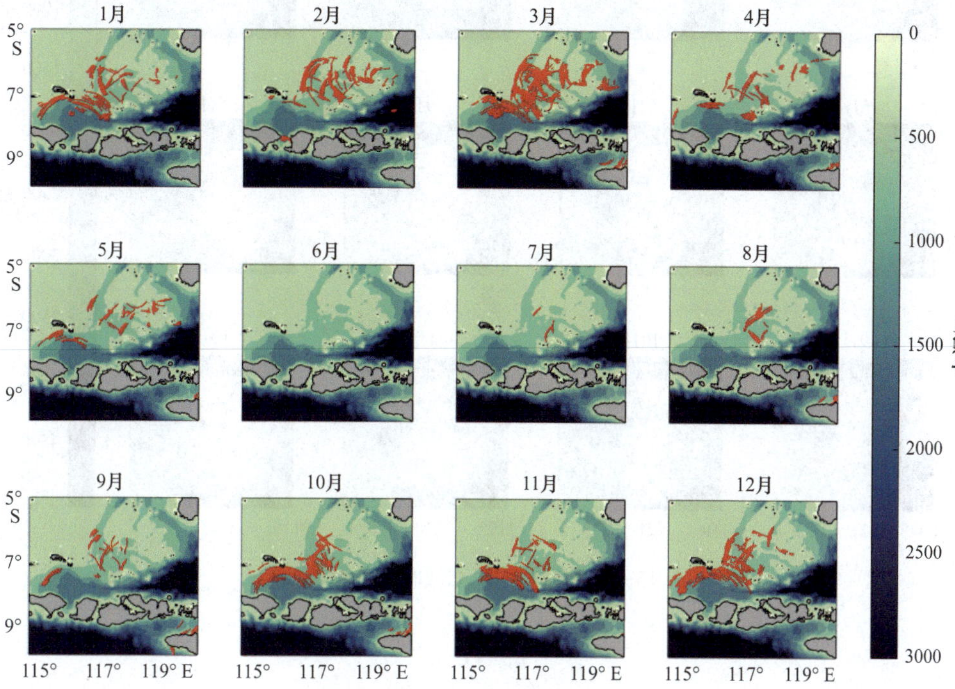

图 13-8　弗洛勒斯海内孤立波时空分布特征

13.1.2.6　萨武海

萨武海位于萨武岛以北，被东侧的罗地岛与帝汶岛、北及西北侧的弗洛勒斯岛和东北侧的松巴岛包围。萨武海南部及西部接印度洋，西北部接弗洛勒斯海，东北部接班达海。萨武海并非内孤立波的高频发生区，相比于苏禄海、弗洛勒斯海等内孤立波频发的海域，这一海域发生内孤立波的频次很少。从空间分布来看，这一海域的内孤立波主要发源于萨佩海峡，与弗洛勒斯海中出现的第二类内孤立波的发源地相同。内潮与萨佩海峡的起伏地形相互作用后，产生了经过松巴海峡东向传播的内孤立波波列。这些内孤立波的波峰线较短，并且传播距离较近，其可能的原因是地形狭窄导致的内孤立波破碎与耗散加剧。另一可能的发源地是萨武海东南部与帝汶海相连通的海峡，在 9 月有少数西北向传播的内孤立波很可能由此产生。从时间分布来看，该海域在 12 月、1 月和 2 月无可观测的内孤立波，其他月份仅有少量可观测的内孤立波。9 月是内孤立波观测频次最多的月份，达到 75 次(图 13-9)。

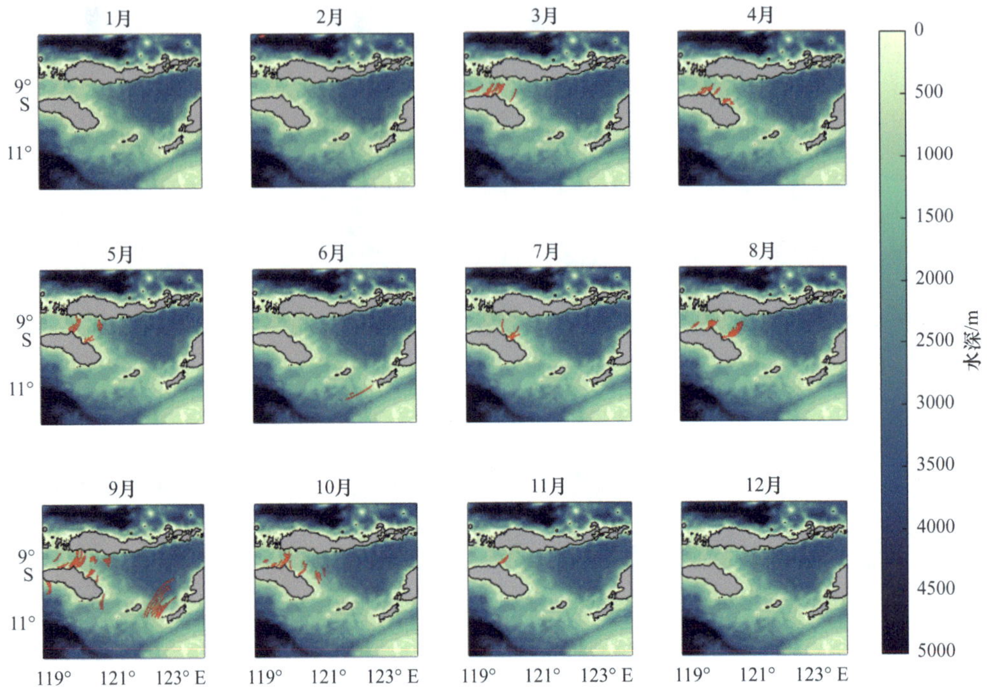

图 13-9　萨武海内孤立波时空分布特征

13.2　内孤立波参数遥感反演——帝汶海个例研究

虽然从遥感图像中可以获取内孤立波波峰线的位置信息，并基于这些信息统计内孤立波的时空分布特征，但是内孤立波的振幅、波长等主要参数，以及流场水下结构信息仍然无法被获取，而这些信息对评估内孤立波对潜艇的危害性而言也十分重要。本节在帝汶海选取了两个特征明显且经过潜标的内孤立波波列，基于 KdV 理论对这两个个例开展了内孤立波遥感参数反演与水下结构重建，并将反演结果与实测潜标数据对比验证。

13.2.1　数据来源

13.2.1.1　SAR 图像

SAR 图像来源于 Sentinel-1 飞行任务拍摄。SAR 图像覆盖范围在图 13-10 中用黑色虚线框表示。搜集了 2017—2022 年的 6 年间的 345 张 SAR 图像，并提取了 SAR 图像观测到的波峰线的位置（图 13-10）。

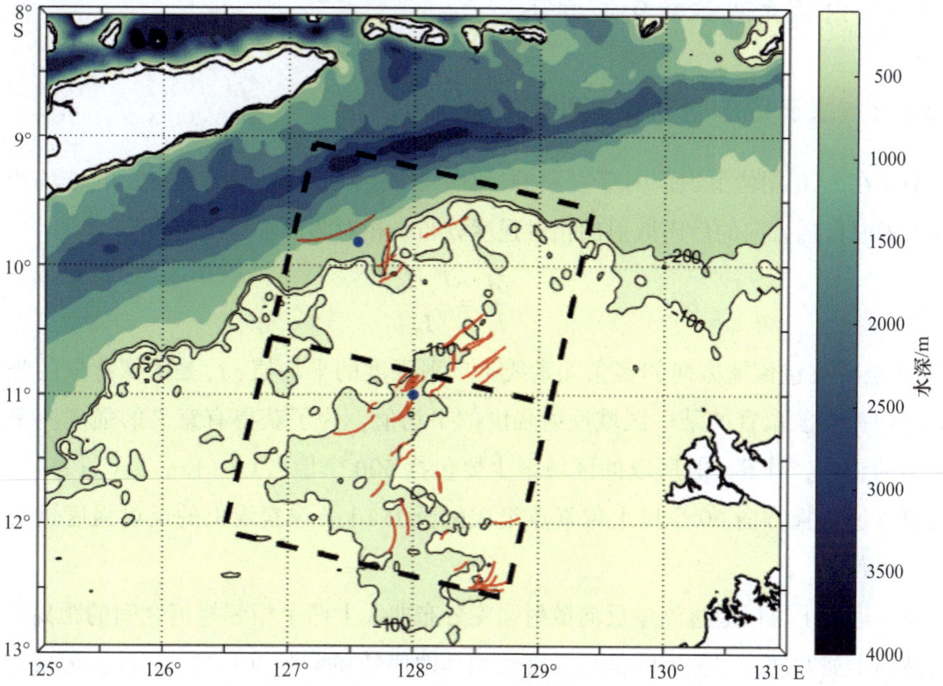

图 13-10 帝汶海内孤立波分布与 SAR 图像覆盖区域

两个虚线矩形框是 SAR 图像覆盖区域；红色弧线是内孤立波波峰线；

两个蓝色点是潜标系泊点；地形图上标注了 100 m 与 200 m 等深线

13.2.1.2 潜标数据

澳大利亚综合海洋观测系统（Integrated Marine Observing System，IMOS）在帝汶海布放了两个长期观测潜标系泊点，其位置如图 13-10 中蓝点所示。一个系泊点位于帝汶海槽的南大陆坡（9.828°S，127.558°E），水深 465 m。该海槽宽约 150 km，最大深度为 3000 m。系泊处南面是澳大利亚西北大陆架，深度约 100 m。系泊设备在 20 m、30 m、40 m、50 m、60 m、70 m、80 m、100 m、115 m、130 m、155 m、180 m、200 m、250 m、300 m、350 m、400 m 和 460 m 深度处装有热敏电阻，每 2 min 或更短时间采样一次。另一个系泊点位于澳大利亚西北大陆架 145 m 深处（11.008°S，128.008°E）。大陆架的地质区域被命名为波拿巴盆地。该潜标位于一个东北—西南走向的小峡谷中心，该峡谷宽约 20 km，深约 50 m。系泊设备在 20 m、30 m、40 m、50 m、60 m、70 m、80 m、100 m、120 m 和 140 m 深度处配备有热敏电阻，每 2 min 或更短时间采样一次。

13.2.2 内孤立波参数反演方法

13.2.2.1 基于 EMD 方法提取图像信息

为了在 SAR 图像上识别内孤立波的特征，采用 Ermakov 等（1998）的方法测量 SAR 图像上沿波传播方向的后向散射的相对强度分布。相对强度被定义为

$$\frac{\delta I}{I_0} = \frac{I - I_0}{I_0} \tag{13-1}$$

式中，I 是沿波包传播方向的多条像素线上反射强度的平均值；I_0 是图像背景的强度，来自远离内孤立波位置的某一区域反射强度的平均值。为了获得有意义的强度测量并排除异常值的影响，计算 I 时所取的区域至少要包括 500 个像素点（Ermakov et al.，1998）。取内孤立波传播方向 60 个以上像素点组成的至少 10 条像素线上的反射强度进行平均来满足该条件。

虽然理论上可以通过测量反向散射强度分布曲线上两个相邻峰值之间的距离来确定内孤立波的半波宽度，但是实际信号经常受到其他信号和噪声的干扰。因此，需要采用信号分析方法来提取内孤立波信号。经验模态分解（Empirical Mode Decomposition，EMD）是反演内孤立波参数的常用方法（Gong et al.，2021；Xu et al.，2014）。EMD 方法不需要预设任何基函数，特别适用于处理非线性和非平稳信号（Huang et al.，1998）。与小波分解或傅立叶变换等其他信号处理方法相比，EMD 方法具有分辨率高、适应性强、易于实现等优点。

EMD 方法假设该序列是许多固有模态函数（IMF）和残差的叠加。IMF 代表了时间序列在不同的尺度上的特征。EMD 方法的计算过程如下（Huang et al.，1998；1999）：

（1）对于序列 $x(t)$，找出它的所有局部最小值和最大值，然后用三次样条插值构造序列的上包络。

（2）上下包络的平均值被记录为平均包络。从平均包络中减去该序列，以获得新的序列 $x'(t)$。

（3）检查新系列 $x'(t)$ 是否符合 IMF 的定义。IMF 需要满足两个条件：第一，极值点的个数等于或者至多与过零点个数相差 1；第二，由局部极大值组成的上包络和由局部极小值组成的下包络的平均值为 0。如果满足以上条件，新系列就是 IMF。否则，对 $x'(t)$ 重复步骤（1）和步骤（2），直到满足条件为止。

（4）在使用上述步骤获得 IMF 之后，从原始序列 $x(t)$ 中减去 IMF 以获得新的序列 $x'(t)$。对 $x'(t)$ 重复步骤（1）到步骤（3），得到下一个 IMF，直到序列不能再分解为止。

通过计算 EMD 得到的各个模态的方差并归一化，可以估计出各个模态的相对能量。每种模态的归一化方差为

$$\sigma_i = \frac{var_i^2}{\sum_{i=1}^{m} var_i^2} \tag{13-2}$$

式中，m 为分解模态的数量；var_i^2 为通过 EMD 获得的第 i 个 IMF 的方差。由于内波信号的能量比较大，归一化方差 σ_i 最大的模态代表内波信号，其曲线形状应与后向散射强度的曲线形状相似。

13.2.2.2 基于 KdV 理论的水下结构重建

根据内波传播的水平尺度与水深的关系，有许多描述内波传播特性的模型。如果内波的波长远小于水深，那么 Benjamin One 方程是合适的（Amick，1994）。如果内波的波长接近水深，则应当采用 Joseph Kubota 方程（Joseph，1977）。然而，如果内孤立波的水平波长远大于水深，例如，在帝汶海仅保留非线性项与色散项一阶近似的 KdV 方程是适用的（Benjamin，1966）。

基于 KdV 理论，内孤立波水下结构重建常用的模型有连续分层模型和两层模型。一般来说，如果背景密度剖面是准确的，使用连续分层流体模型从 SAR 图像获得的振幅估计比使用两层海洋模型获得的振幅估计更准确（Jia et al.，2019）。然而，两层模型也有其优点，如物理意义明确、计算复杂度低等。下面介绍两种模型下的重建过程。

1）连续分层流体 KdV 方程

Small 等（1999）提出了在连续分层海洋中使用经典 KdV 方程的内孤立波振幅估计方法。在这里，我们简单描述一下该方法。在分层流体中，内孤立波的振幅满足 KdV 方程：

$$\frac{\partial \eta}{\partial t} + c\frac{\partial \eta}{\partial x} + \alpha\eta\frac{\partial \eta}{\partial x} + \beta\frac{\partial^3 \eta}{\partial x^3} = 0 \tag{13-3}$$

式中，x 为横坐标；t 为时间；c 为线性相速度。上述方程的经典解是

$$\eta = \eta_0 \mathrm{sech}^2\left(\frac{x - Vt}{L}\right) \tag{13-4}$$

式中，η_0 为内孤立波的振幅；$V = c + \frac{\alpha\eta_0}{3}$ 为孤子速度；$L = \sqrt{\frac{12\beta}{\alpha\eta_0}}$ 定义为孤子的特征半波宽度。在深度 H 的连续分层水中，非线性系数 α 和色散系数 β 表示为

$$\alpha = \frac{3c\int_H^0 (\mathrm{d}\varphi/\mathrm{d}z)^3 \mathrm{d}z}{2\int_H^0 (\mathrm{d}\varphi/\mathrm{d}z)^2 \mathrm{d}z} \tag{13-5}$$

$$\beta = \frac{c\int_H^0 \varphi^3 \mathrm{d}z}{2\int_H^0 (\mathrm{d}\varphi/\mathrm{d}z)^2 \mathrm{d}z} \tag{13-6}$$

式中，$\varphi(z)$ 为波的第一模态垂直本征函数，由 Sturm-Liouville 方程给出：

$$\frac{\mathrm{d}^2\varphi(z)}{\mathrm{d}z^2} + \frac{N^2(z)}{c^2}\varphi(z) = 0 \tag{13-7}$$

上式满足 $\varphi(H) = \varphi(0) = 0$ 的边界条件。$N(z)$ 是浮力频率，定义为

$$N^2(z) = -\frac{g}{\rho}\frac{\partial\rho}{\partial z} \tag{13-8}$$

式中，g 是重力加速度；ρ 是位势密度。对于 KdV 孤子，已经证明半波宽度 L 和 SAR 图像中亮条纹与暗条纹中心之间的距离 D 存在如下关系：

$$D = 1.32L \tag{13-9}$$

内孤立波振幅 η_0 可以根据 SAR 图像中的明暗条纹中心距离导出：

$$\eta_0 = \frac{12\beta}{\alpha L^2} = \frac{12\beta}{\alpha\left(\frac{D}{1.32}\right)^2} \tag{13-10}$$

2）两层流体 KdV 方程

如果海洋中存在稳定的密跃层，可以用两层流体假设来简化内孤立波水下结构重建过程。对于没有背景流的两层流体，可以在 Boussinesq 近似条件下得到以下方程：

$$c = \left(\frac{g\Delta\rho h_1 h_2}{\rho_0(h_1 + h_2)}\right)^{\frac{1}{2}} \tag{13-11}$$

$$\alpha = \frac{3}{2}c\frac{h_1 - h_2}{h_1 h_2} \tag{13-12}$$

$$\beta = \frac{c}{6}h_1 h_2 \tag{13-13}$$

式中，h_1 是上层水层的厚度，h_2 是下层水层的厚度。对于下降（上升）波，h_1 小于（大于）h_2。在两层模型中，除了浮力频率无穷大的界面外，浮力频率为 0。因此，为了通过两层近似来表示真实海洋，本研究选择最大浮力频率 N_{max} 的深度作为界面深度。

两层流体的相对密度差为

$$\frac{\Delta\rho}{\rho_0} = \frac{\rho_1 - \rho_2}{(\rho_1 + \rho_2)/2} \tag{13-14}$$

式中，ρ_1 是上层流体的平均密度；ρ_2 是下层流体的平均密度，计算如下：

$$\rho_1 = \frac{\int_0^{h_1}\rho(z)\mathrm{d}z}{h_1} \tag{13-15}$$

$$\rho_2 = \frac{\int_{h_1}^{h_1+h_2} \rho(z)\,\mathrm{d}z}{h_2} \tag{13-16}$$

振幅同样通过式（13-10）来计算。

3）内孤立波的流场

垂直速度通常看作是等密度线位移对时间的偏导数，其表达式为

$$w = \frac{\partial \eta}{\partial t} \tag{13-17}$$

结合不可压缩流体条件下的连续性方程 $\frac{\partial u}{\partial x} = -\frac{\partial w}{\partial z}$，内孤立波引起的水平流速为

$$u = -\eta_0 V \frac{\mathrm{d}\varphi}{\mathrm{d}z} \mathrm{sech}^2 \left[\frac{V(t_0 - t)}{L}\right] \tag{13-18}$$

13.2.3 个例分析

13.2.3.1 图像信息提取

为了研究帝汶海内孤立波的水下结构特征，并验证利用遥感图像重建内孤立波水下结构方法的准确性，选取了两幅内孤立波能够通过潜标处的 SAR 图像（图 13-11）。在图 13-11 中，红色点 M1 和点 M2 表示潜标所在的位置，白色箭头表示波列的传播方向。图 13-11（a）是 2017 年 7 月 29 日 21：04：30（北京时）拍摄的 SAR 图像。它显示了一列向东传播的内孤立波波包，包含两个显著的波峰，将其命名为 ISW0729。它的波峰线长度近 50 km。图像显示，在图像拍摄时，波列已经通过了潜标 M1，两者之间的垂直距离约为 25 km。图 13-11（b）是局部放大的 SAR 图像，拍摄于 2017 年 4 月 24 日 21：04：52。可以清楚地观察到几处波峰线较短的内孤立波波列。经过潜标 M2 的波列中心大约位于（10.92°S，127.95°E），其波峰线长只有 21 km 左右，将该波列命名为 ISW0424。在图像拍摄时，波列还没有到达潜标 M2，波列的先导波距离潜标 M2 约 7.8 km。

首先提取 SAR 图像上的亮暗条纹间距信息，使用 EMD 方法前后的波形信号如图 13-12 所示。蓝色曲线是原始的后向散射强度分布序列，红色曲线是基于 EMD 方法获得的具有最大归一化方差的 IMF。对于 ISW0729，模态 3 的信号的归一化方差最大。基于模态 3 信号的相邻极值之间的距离，可以确定亮区间和暗区间之间的平均距离是 1420 m，因此，根据式（13-9）可以计算 ISW0729 的半波宽度，大小为 1076 m。对于 ISW0424，模态 2 的信号的归一化方差最大，从模态 2 获得的亮间隔和暗间隔之间的平均距离为 230 m，因此，半波宽度为 205 m。考虑到图像分辨率为 30 m，半波宽度的估计误差为±15 m。

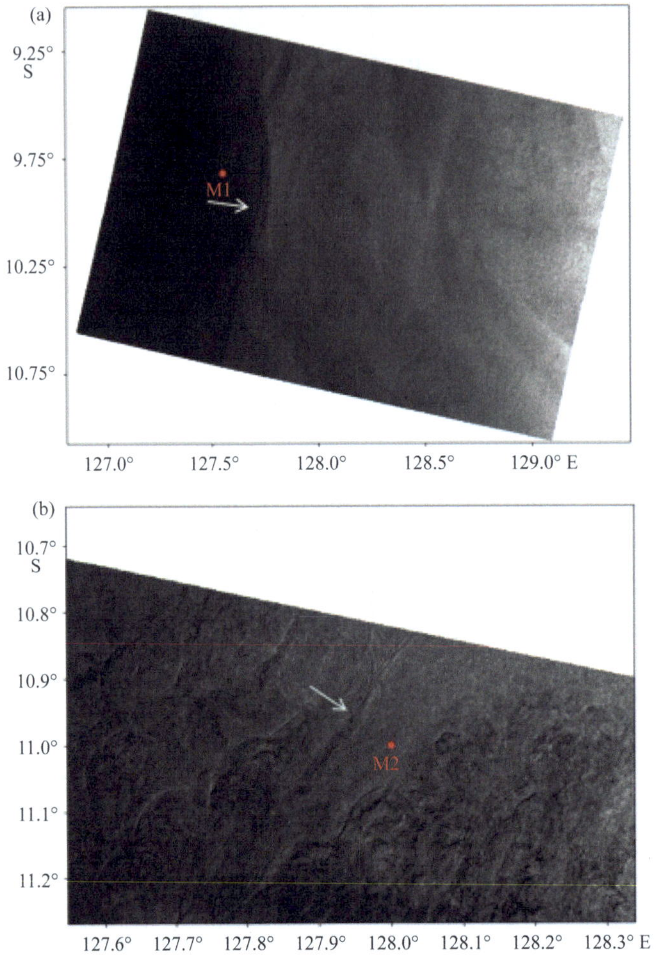

图 13-11　观测到内孤立波个例的 SAR 图像

（a）拍摄于 2017 年 7 月 29 日；（b）拍摄于 2017 年 4 月 24 日

13.2.3.2　水下结构重建

内孤立波水下结构重建需要计算第一模态的本征函数 $\varphi(z)$ 。基于哥白尼海洋环境监测服务（CMEMS）框架内的月平均温度和盐度的再分析数据产品，可以计算内孤立波发生位置的垂直密度剖面和浮力频率 N，然后使用经典的 Thomson-Haskell 方法（Fliegel and Hunkins，1975），通过式（13-7）获得第一模态的本征函数 $\varphi(z)$ 。图 13-13（a）和图 13-13（c）分别显示了 ISW0729 的 Brunt-Väisälä 频率和本征函数。可以发现，Brunt-Väisäläl 频率的最大值位于大约 90 m 的深度。而本征函数 $\varphi(z)$ 在 190 m 深度处达到最大值，根据连续分层流体的 KdV 理论，内波的最大振幅并不发生在温跃层附近，而是发生在温跃层以下约 100 m 深度处。局地水深约为 520 m，如果将本征函数 $\varphi(z)$ 达到

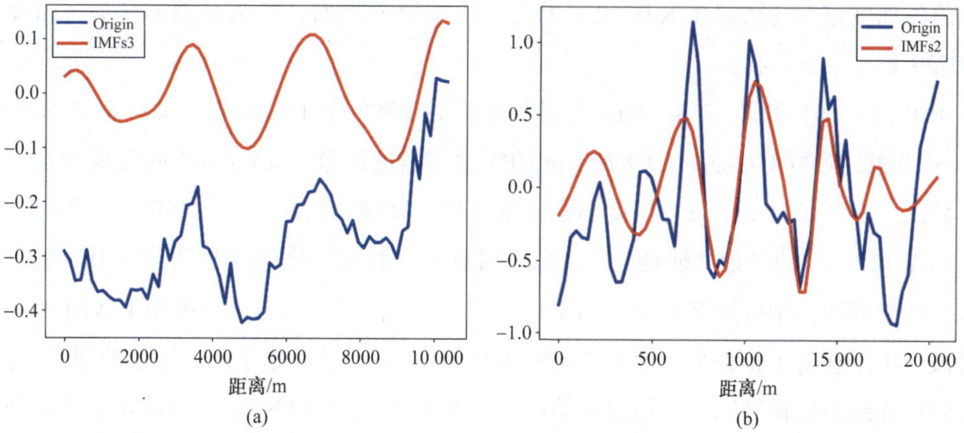

图 13-12　通过经验模态分解（EMD）得出的亮条纹和暗条纹之间的距离

（a）ISW0729；（b）ISW0424

蓝线是原始的（Origin）后向散射强度分布序列，红线是基于 EMD 获得的具有最大归一化方差的 IMF

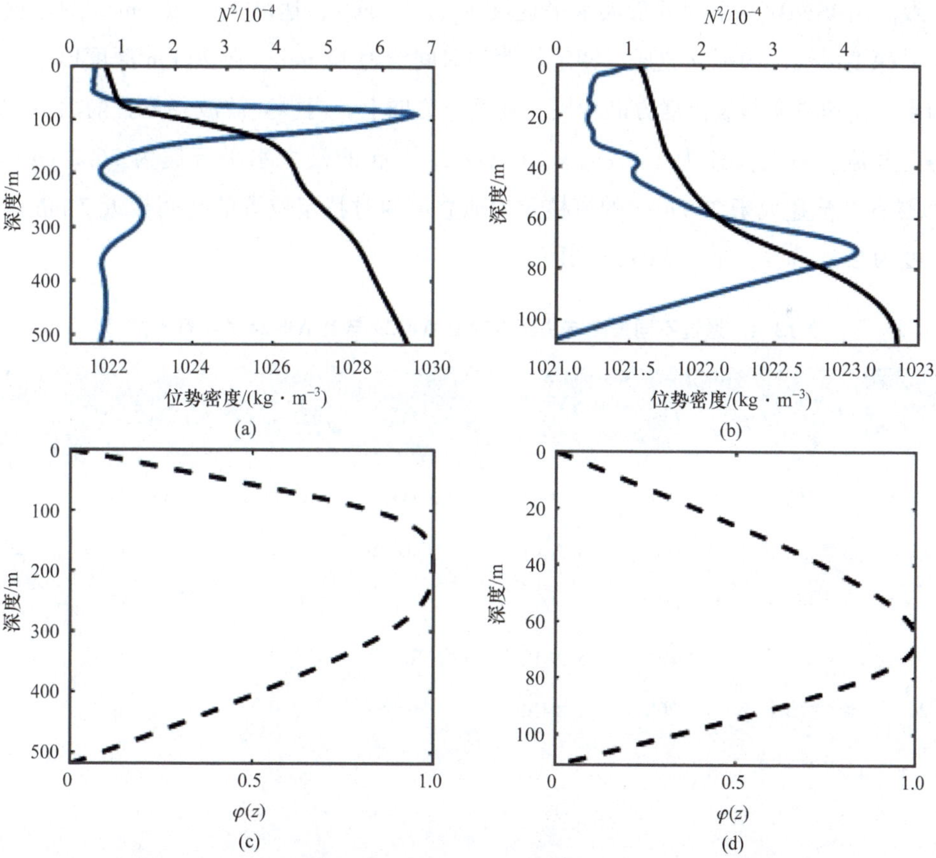

图 13-13　两个内孤立波个例的 Brunt-Väisälä 频率分布与本征函数

（a）ISW0729 的气候态位势密度和 Brunt-Väisälä 频率分布；（b）ISW0424 的气候态位势密度和 Brunt-Väisälä 频率分布；

（c）ISW0729 的第一模态本征函数 $\varphi(z)$；（d）ISW0424 的第一模态本征函数 $\varphi(z)$

最大值的深度作为两层流体 KdV 模型的上、下水层分界面，那么显然 $h_1<h_2$，由此推断 ISW0729 是一个下降波。

图 13-13（b）和图 13-13（d）分别显示了 ISW0424 的 Brunt-Väisälä 频率和本征函数。Brunt-Väisälä 频率的最大值在大约 74 m 的深度。本征函数 $\varphi(z)$ 在 67 m 深度处达到最大值，因此，本征函数 φ 的最大深度与密度剖面的深度吻合较好，这与 ISW0729 不同。该处局地水深 110 m，同样把本征函数 $\varphi(z)$ 达到最大值的深度作为两层流体 KdV 模型中上、下水层的分界面，则分别有 $h_1=67$ m 和 $h_2=43$ m。由于 $h_1>h_2$，可以推断 ISW0424 是一个上升波。由于获得了特征半宽度 L 和特征函数 $\varphi(z)$，以及确定了上、下层的厚度，因此，可以计算连续分层模型和两层模型下的内孤立波参数。ISW0729 和 ISW0424 主要参数的反演结果如表 13-1 所示。

图 13-14 显示了基于连续分层模型重建得到的 ISW0729 和 ISW0424 的水下振幅与流场结构。可以发现，ISW0729 是一个下降波，而 ISW0424 是一个上升波，这与两层模型的结论一致。由 ISW0729 引起的最大水平速度为 27.8 cm/s，速度大于 20 cm/s 的流核存在于 100 m 深度以浅。内孤立波通过特定位置的时间约为 12 min。在 200 m 深度以下，内孤立波的水平流速方向与波传播方向相反。在垂直方向上，内孤立波波谷位置前后分别有下降流与上升流，最大流速为 1.9 cm/s，ISW0424 引起的最大水平流速为 26.2 cm/s，在 85 m 以深存在流速大于 20 cm/s 的流核。内孤立波通过特定位置的时间接近 7 min。最大垂直速度为 2.8 cm/s，是 ISW0729 的两倍。

表 13-1　通过不同重建方法获得的 ISW0729 与 ISW0424 的特征参数

内孤立波名称	重建方法	L/m	α	β	c/（m·s^{-1}）	V/（m·s^{-1}）	η_0/m
ISW0729	两层模型	1076	-7.4×10^{-3}	2.31×10^4	2.21	2.29	32.4
	连续分层模型	1076	-1.26×10^{-2}	2.46×10^4	2.04	2.13	20.2
	潜标观测	/	/	/	/	1.92	15.7
ISW0424	两层模型	205	5.9×10^{-3}	275.77	0.56	0.59	18.4
	连续分层模型	205	7.8×10^{-3}	302.50	0.52	0.56	15.3
	潜标观测	/	/	/	/	0.47	11.1

13.2.3.3　对比验证

下面将理论模型反演结果与潜标实测的数据结果进行对比，以证明基于 KdV 理论的

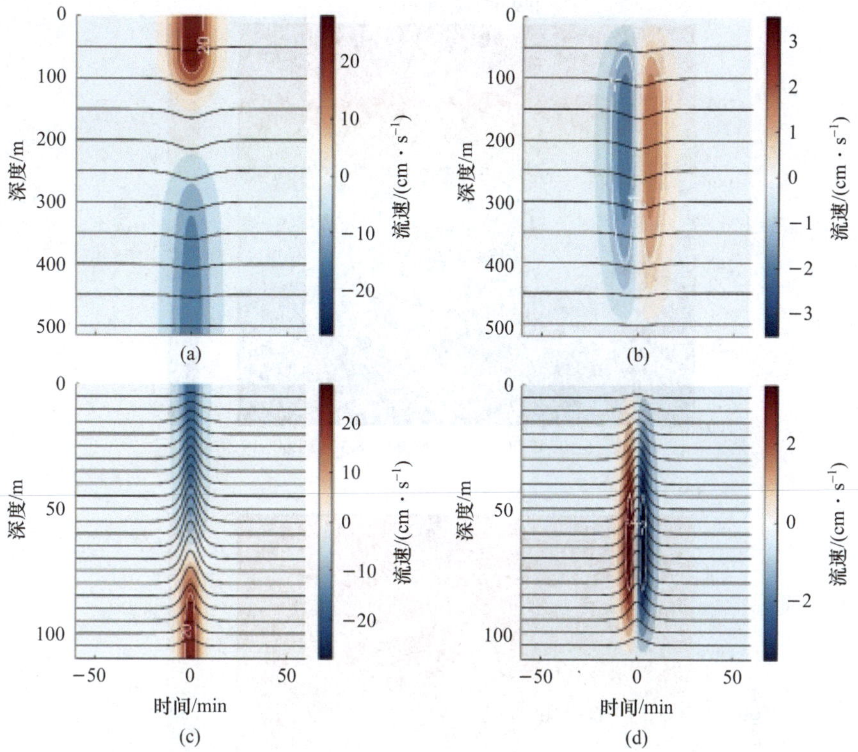

图 13-14 内孤立波的水下流场结构

（a）ISW0729 的水平流场；（b）ISW0729 的垂直流场；

（c）ISW0424 的水平流场；（d）ISW0424 的垂直流场

反演结果的有效性。用温度时间序列来表示内孤立波，如图 13-15 所示。对温度时间序列进行了 4 h 高通滤波处理，以消除潮汐等长周期信号对识别内孤立波的影响。潜标数据显示，ISW0729 的先导波出现在 2017 年 7 月 29 日 17：30 前后，潜标位置与 SAR 图像上峰线的垂直距离为 24.7 km，再结合 SAR 图像拍摄时间为 2017 年 7 月 29 日 21：04：30，可以推算出实际波速为 1.92 m/s。同理可推算出 ISW0424 的实际波速为 0.47 m/s。内孤立波的振幅即为等温线的最大波动幅度，ISW0729 的实际最大振幅为 15.7 m，ISW0424 的实际最大幅度为 11.1 m。

实测振幅和波速与两种重建模型的结果的比较如表 13-1 所示。显然，基于两种理论模型重建得到的振幅和波速相比于实测值均偏大，且基于连续分层模型得到的内孤立波参数更接近于实测值。因此，由连续分层模型获得的内孤立波参数更准确，连续分层模型比两层模型更适合描述该海域内孤立波的特征。

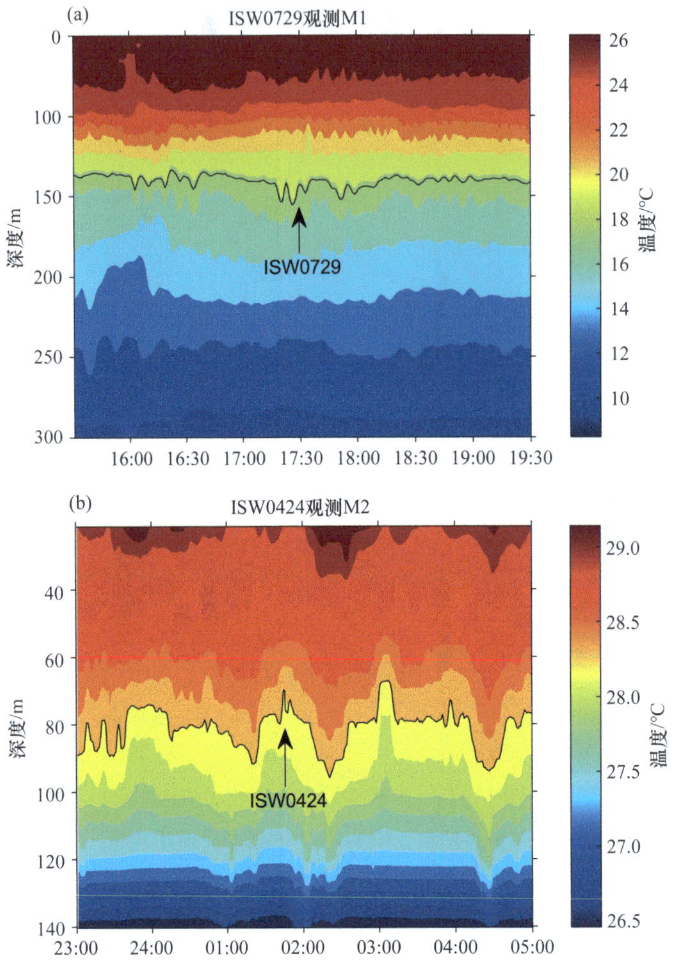

图 13-15　内孤立波期间在系泊处测量的温度剖面

ISW0729 和 ISW0424 用箭头标出。

(a) 2017 年 7 月 29 日 16：00 至 19：30 潜标 M1 的温度剖面；

(b) 2017 年 4 月 24 日 23：00 至 4 月 25 日 05：00 潜标 M2 的温度剖面

13.3　潜艇安全性环境风险评估

第 13.2 节介绍了基于 KdV 方程的内孤立波参数反演方法，并与实测潜标对比验证了反演的准确性。在衡量某一特定位置的潜艇安全性环境风险时，应当综合考虑内孤立波的振幅、波速等影响因素。然而，由于通过遥感图像统计的内孤立波数量庞大，且不同海深条件下不同类型的内孤立波适用的理论方程也不相同，因此，难以将第 13.2 节的方法应用于大量内孤立波的参数统计。下面仅以印尼海域内孤立波的时空分布特征为基础，开展基于内孤立波发生频率的潜艇安全性环境风险评估。

显然，内孤立波发生频率越高的位置，潜艇遭遇内孤立波的可能性越高，潜艇发生掉深事故的概率就越大。因此，将整个地图以 0. 25°的分辨率网格化，计算每个网格中内孤立波的发生频率，以单位网格中观测到内孤立波的频率作为衡量某一位置环境风险大小的特征指标。各个风险等级对应的指标见表 13-2。

表 13-2　潜艇航行安全性风险等级划分

风险等级	低风险	较低风险	中风险	较高风险	高风险
单位网格内孤立波的发生频率/（次·月$^{-1}$）	0~1	1~2	2~3	3~4	≥4

由于内孤立波的发生频率大小具有很强的季节特征，因此，本书按照春季（3—5 月）、夏季（6—8 月）、秋季（9—11 月）和冬季（12 月至翌年 2 月）4 个季节划分，分别评估不同季节的潜艇航行安全性海洋环境风险（图 13-16）。由图 13-16 中可以看出，不同季节的潜艇航行安全性环境风险分布与该季节内孤立波的空间分布特征相对应。

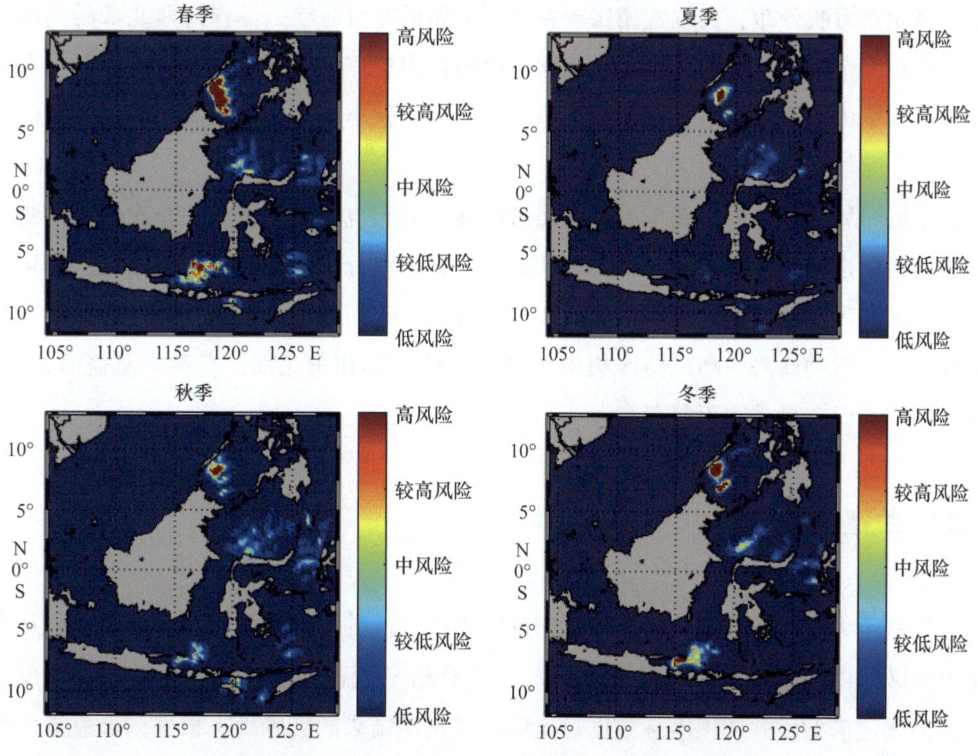

图 13-16　不同季节的潜艇航行安全性环境风险区划

春季的高风险区分布最为广泛，在苏禄海与龙目海峡以北的弗洛勒斯海均分布有大面积的高风险区海域，因此，潜艇在春季出航时应避免驶入这两处海域，以保证潜艇不会遭遇内孤立波。此外，在苏拉威西海西南部、萨武海西部分布有较高风险区、中风险区，马鲁古海北部、班达海南部分布有中风险区。

夏季，印尼海域内孤立波的发生频率普遍降低，对应的中、高风险区面积也大幅度缩减。弗洛勒斯海的高风险区全面退化消失，整个海域基本为低风险区，仅有几个小区域为较低风险区；而苏禄海的高风险区也大面积缩减，集中分布在苏禄海西北部（8°N，118.5°E）附近；位于苏拉威西海、马鲁古海等其他海域的中风险、较低风险区也全面减弱或消失。

秋季，印尼海域的风险区面积与强度相比于夏季有所增加。弗洛勒斯海位于龙目海峡以北的中、高风险区重新出现，但风险区面积与强度相比于春季仍然相对较小。苏禄海西北部的高风险区大小与夏季基本相同，但位置相对于夏季略向西北偏移。苏拉威西海、马鲁古海与班达海风险区的面积与强度均有所增加。

冬季，印尼海域的风险区面积相对缩减，空间分布更为集中，但主要风险区域的风险强度有所增加。在弗洛勒斯海，龙目海峡北部的风险区相比于秋季强度增大，高风险区呈弧形围绕龙目海峡分布，且位置相比于春季更加靠近龙目海峡。苏禄海西北部的高风险区集中分布在两个区域，且相比于夏季和秋季影响范围更广。苏禄海、马鲁古海的主要风险区分布更为集中，风险度略有增加。班达海与萨武海秋季出现的中风险、较低风险区已不存在，整个海域均为低风险区。

从印尼海域整体来看，春季风险区强度最强，分布也比较广泛，冬季次之，而夏季风险区覆盖面积最小，强度也相对较弱。从高风险区空间分布来看，苏禄海西北部稳定存在一处显著的高风险区，其位置集中于（8°N，118.5°E）附近，基本不会随着季节变化而发生变化；弗洛勒斯海的高风险区集中于龙目海峡北部和东北部，在春季覆盖面积最大，其次是冬季，而在夏季则不复存在。

13.4 本章小结

本章基于大量遥感观测资料统计了印尼海内孤立波的时空分布特征，分析了印尼海各个主要海区的内孤立波特征与可能发源地；基于 KdV 理论建立了内孤立波的参数反演与水下结构重建模型，并使用潜标数据对比验证了反演结果的准确性；根据内孤立波的发生频率建立了潜艇安全性环境风险评估模型，开展了不同季节下印尼海域潜艇安全性环境风险评估与区划，得到以下结论。

（1）印尼海的内孤立波主要集中发生在 6 个海域：苏禄海、苏拉威西海、马鲁古海、班达海、弗洛勒斯海和萨武海，其中苏禄海内孤立波的发生频次最大，其次是弗洛勒斯海。

（2）基于两层流体与连续分层流体 KdV 理论重建了两个内孤立波个例的参数和水下结构，与实测潜标的比较表明两种重建方法得到的内孤立波波速与振幅均偏大，但连续分层模型得到的结果偏差更小。

（3）根据单位网格内孤立波发生频率划分风险等级，开展了潜艇安全性风险评估与区划。结果显示高风险区集中分布于苏禄海、弗洛勒斯海，影响范围表现出明显的季节波动：高风险区春季的覆盖范围最大，夏季大幅度减小，秋、冬两季有所回升但仍不及春季。

第十四章　海洋环境对水雷战影响评估与智能决策

水雷是海军作战的重要武器，生产成本低，易于部署，在历次海战中成功率较高，对作战效果影响大，是当今具有战略威慑和战术毁伤双重功能的常见武器，对争取海上战争的主动权具有重大意义。任何雷区，不论实际造成的伤害多小，都被视作一种严重的威胁，这种威胁的不确定性迫使进攻方投入巨大的人力和物力来反水雷。由于大多数水雷部署在滨海海洋环境中，受海浪、海流、水深和地形等海洋环境要素的影响。本书旨在梳理影响水雷战的海洋环境要素，以博斯普鲁斯海峡出现水雷事件为例分析海洋环境特征，为水雷战的海洋环境保障提供意见建议。

14.1　海洋学与水雷战

水雷可分为两大类：锚雷和沉底雷。锚雷具有正浮力，漂浮在海面以下预定深度。沉底雷的浮力为负，附着在海床上。此外，还有一种随海流方向移动的漂雷，其一般设计为漂浮在海面或水下。1907 年《海牙公约》禁止使用漂雷。但如果锚雷被切断锚索后，其可能随着海流或潮流移动。如博斯普鲁斯海峡附近出现的水雷可能来自乌克兰港口布设的锚雷。

清除水雷的两个主要措施是扫雷和猎雷。扫雷是使用拖在扫雷舰后面的感应扫雷或机械扫雷。感应扫雷旨在模拟海表或水下目标的磁性和/或声学特征来引爆水雷。机械扫雷使用连接在扫雷缆上的切割器切断锚雷的锚索，使水雷浮到海面上进行后续处理。猎雷使用声呐来探测和分类水雷。一旦归类为“可能的”水雷，就可以部署遥控水下水雷处置装置或清除水雷潜水员来识别和摧毁或引爆水雷。与扫雷相比，猎雷的主要优势在于猎雷使用前视声呐，这使舰船在搜索时避免越过雷区。它是目前唯一实用的清除水压水雷的技术。

水雷是海军武器库中性价比最高的武器之一，是有效的力量倍增器。水雷体积小，容易隐蔽，价格便宜，几乎不需要维护，易于在任何类型的平台上布放。水雷可用于阻止敌军进入近岸区域，保护重要目标（如港口、锚地和海上设施）免受两栖或海上攻击。水雷可迅速消灭或严重削弱水面舰艇和潜艇力量的作战效能。另一方面，敌方布设的水雷难以有效清除。这些因素都促使水雷成为海军可以使用的最有效和最致命的武器之一。

水雷为作战提供了巨大的优势，使其能够通过引导、封锁、绕行、干扰或拖延敌方部队并阻止他们实现控制近岸作战区域的目标。水雷还可破坏海上运输线，使其无法满足空军和地面部队行动所需的海上物资、设备和燃料供应等。由于支援这些部队作战的大多数物资是通过海上运输的，所以封锁重要水道的能力对陆地行动构成了战略威胁。

海军行动越来越集中在近岸区域和邻近的陆地区域，这对海军来说是一个重大变化。因此，水雷战和反水雷战同样重要。在发生冲突时，控制近岸地区在很大程度上是靠清除或划定水雷威胁区域，并及时为后续部队做好战场准备。

对于防御方，只需要释放部署水雷的情报就可以产生与实际建立雷区同样的效果。在有情报表明可能存在水雷后，敌方部队就不太可能冒险进攻。此外，在海底地形复杂区域，有许多类水雷状物，防御方可以借此创造出一个高效的雷区，即只用少数的水雷，配合假水雷或类似水雷的物体放置在雷区。这些物体可能会使反水雷战更加复杂，因为它们必须被识别和分类，以确保不是真正的水雷。这些情况使敌方水雷部队难以区分真实的威胁和想象中的威胁。

14.2 海洋学对水雷战影响

根据海洋物理特性，可将近岸作战区域分为拍岸浪区（水深 0~3 m）、极浅水区（水深 3~12 m）、浅水区（水深 12~60 m）和深水区（水深>60 m）。拍岸浪区包括从水深 3 m 到高潮水位标志处的水域。拍岸浪带的水体混合非常充分，但拍岸浪使该区域很嘈杂，几乎所有声学和光学都不透明。拍岸浪带区泥沙输送率较高，对水雷掩埋影响较大。极浅水区是一个复杂的区域，表面和底部的埃克曼边界层重合。海水分层通常是临时的。河流的浮力通量起着重要作用，流体运动由波浪、潮汐或低频流主导。浅水区和深水区是表面和底部埃克曼边界层形成和存在的区域，运动主要是由风驱动。在这两个区域，海面上的波浪只会引起海底轻微变动，分层显著地影响环流动力学和声学。该深度范围内的沉积物特征将根据海底附近的底质和流体而变化。

雷区通常布设在近岸、海峡通道，该区域地形复杂，且受到大气海洋环境强烈影响。下面分析不同的气象海洋环境对水雷战的作战任务产生的影响。

14.2.1 气象条件的影响

气象变化对近岸水雷战的影响可以是直接的，也可以是间接的。直接影响主要是大气条件对传感器效能的影响。例如，碎云覆盖会使光学传感器产生阴影，而密云和雨则会降低光学和声学传感的性能。间接影响主要与大气驱动的流体运动有关。此类运动影响布雷及其应对之策。在小范围内，局地风浪会给潜水员的行动带来困难，并影响水雷掩埋或冲刷的速度。在大范围内，风可以驱动陆架环流，并显著地改变水体的局部光学和声学特性。在近岸地区，海表风的类型受局地沿海地形强烈影响，日变化明显。同样地，来自附近河流和河口流出的混浊水通常强烈依赖于当地的大气条件。

14.2.2 水深的影响

水深作为波浪和海流冲刷或覆盖和底部杂乱特征的边界条件，成为水雷识别问题中重要的一环。水深作为近岸波动和海流的边界条件受到关注。在浅水区中，水深变得更加复杂：①流体动力学对小尺度特征越来越敏感（陆架尺度的运动在较大区域内取平均，并通过边界层和层结效应与水深分开）；②时间变化越来越重要；③传统的调查方法无法使用。在整个海水剖面上，水雷的掩埋难度在水体环境中变化很大，通常随深度的减小而增大。在深水区和浅水区，需要在布设水雷后对水雷进行掩埋，从而提高水雷的隐蔽性。另一方面，由于极浅水区的地形种类繁多，水深变化迅速，水雷会被迅速冲刷或被海水覆盖。其中，锚雷的最小布设深度约为 4.5 m，小型锚雷的最大布局深度是 460 m，中等水雷是 915~1645 m，大型水雷可超过 1525 m。沉底雷能被布放在小于 50 m 的浅水中，而为了对付潜艇可置于大约 200 m 的深度。相对于锚雷，沉底雷更难被探测或扫除，当水深大于 70 m 时，它们的有效性显著降低。

14.2.3 潮汐的影响

在极浅水区中，潮汐驱动的海面高度变化从微不足道到十几米不等。在浅水区和深水区，这些高度变化对猎雷行动影响甚小。潮汐效应主要影响极浅水区和拍岸浪带的水雷战。尽管在拍岸浪带，与波浪驱动流相比，潮流通常可以忽略不计，但近海表水雷可能在极低潮时显现，大大增加其被遥感侦测到的可能性。潮流会导致海面波动，显著改变锚雷的深度，会导致湍流及不同温盐海水混合，改变声和压力感应场，影响感应水雷的响应，增加对沉底雷的冲刷，造成沉底雷的翻滚运动，产生虚警，也会使锚雷发生偏移，影响其隐蔽性能。在拍岸浪带外，潮流流速通常会超过 1 kn，大大影响“蛙人”的行动。此外，拍岸浪取决于深度，增加了猎雷和“蛙人”行动的难度。因此，选择在适当的潮汐阶段实施“蛙人”行动可大大提高安全性和有效性。

14.2.4 海流的影响

海流会直接影响水雷布设的位置和隐蔽性，也会影响沉积物对水雷的冲刷或掩埋。随着深度变浅，海流运动的主导空间长度和时间尺度普遍减小。深水区和浅水区的海流是由地球自转引起的，且是低频的（可预报），而极浅水区和拍岸浪带的海流更可能直接通过风、海浪驱动或由于径流或河流流出引起的浮力驱动。一般而言，可预报性随着深度的降低而降低。

14.2.5 光学的影响

除了拍岸浪带外，在极浅水区、浅水区和深水区，拍岸浪引起水体中的气泡和沉积物的悬浮，增加了光学传感器探测水雷的难度。水下光学在潜水员完成任务过程中，以及通过视频图像、其他光学技术探测和分类水雷及解释遥感高光谱图像过程中都发挥着作用。后者与通过卫星遥感测定水深有关。海水的能见度是影响潜水员的安全探测和识别水雷能力的关键要素。潜水员需要知道他们在自然阳光下垂直和水平的视觉距离极限，在夜间或在潜水带以下使用人工光源的可见范围，以及他们在海表暴露的风险。在此过程中，潜水员需要光衰减系数的详细垂直结构，而不是整个水体的平均值，以便为规划任务提供有价值的信息。例如，具有完全不同光学性质的薄层可以作为光学避风港或屏蔽区，但薄层的光学性质变化也可能会把原本清澈的水体中能看到的底部掩盖住。

由直升机操作的水下视频成像的小型探测和测距（激光雷达）系统用于猎雷和对水雷进行分类。一些与潜水员有关的问题也适用于照相机和激光探测系统。如果海水浑浊或吸收性高，光信号就将迅速退化，限制光学传感器的检测距离。浊度会降低直升机系统有效探测的深度，减少拖曳系统可以有效探测的区域。如果了解局部固有光学特性知识，就可以评估光学测量的可靠性，包括不同浊度条件下不同大小和形状水雷的边界，以及在低透明度条件下相机或激光雷达测量是否值得收集的标准。关于光学的垂直结构信息可以为水中传感器的部署提供指导。

在滨海地区，光学环境往往是随垂直和水平变化的。空间变异的原因包括浮游植物斑块，潮汐和河流径流，以及地形强迫混合，导致水体中的吸收物和散射物重新分布，沉积物重新悬浮起来。一些产生沿海地区光学特性空间变化的机制也是产生时间变化的原因。具有足够高空间分辨率的光学遥感是将固有光学特性的局部测量扩展到沿海地区更大范围的背景和基础。

14.2.6 声学的影响

水雷可以通过声信号来触发，既有宽带噪声，也有窄带线结构，其频率与船上螺旋桨和机器发出的频率相似。目标位置也可以通过改变出现在水体特定位置的辐射信号强度和激活定向发射器来模拟。这个过程可以通过声模拟特定的高价值目标（例如，运输船和航母）或具有反水雷能力的船只来进一步细化。

水雷既可以是直径 1 m 的球体，也可以是直径 7 m 的圆柱体，这些尺寸定义了有效扫雷所需的探测分辨率。将相关水域划分为大小合适的体积单元，以估算在该区域搜索水雷所需的时间。水域划分一旦完成，下一步就包括将水雷与类似水雷的物体分离出来。后者需要使用潜水员或其他传感器进行更密切地研究。如上所述，识别和分离真正的水雷和类似水雷的物体所需大量时间，从而减慢了搜索速度，海军大规模任务需推迟或取消。

声学可见性与光学可见性不同。声学图像的解释信息比视频图像少得多。由于声呐图像的分辨率更低，许多自然物体可能被识别为潜在的水雷，因此，需要额外的图像处理或其他消除潜在危险的方法。

14.2.7 海底底质的影响

在近岸区域，了解海底底部类型对水雷战行动的成功与否至关重要。海底及其物理、化学和磁性特性在水雷战的各个方面都很重要。例如，水雷掩埋概率，是沉积物特性的函数，推动了识别和清除水雷战术决策；海底电导率和地形是确定磁性扫描路径的关键因素；底部反射率是机载激光雷达性能的一个重要因素；底部泥沙特征是泥沙输送的关键因素，影响海水透明度和水雷掩埋；寻雷声呐的性能通常受到底部混响的限制；沉积物的特性决定了冲击波的传播，这是一种在海浪区影响水雷是否失效的因素。

在拍岸浪带对水雷进行识别和清扫是极其困难的。拍岸浪带的湍流和气泡通常使光学和声学搜索无法正常进行。在沙质环境中，水的透明度通常小于 1 m，并且在细颗粒沉积物和生物成分的存在下迅速下降。潜水搜索几乎不可能，搜索条件取决于当地河流的影响方向和程度或当地风驱动的上升流或下降流。这些情况通常可以通过模型预报，并可以纳入以后的水雷清理计划。拍岸浪中的大气泡既是噪声源，也是有源声能的有效吸收器。

14.3 海洋环境特征仿真分析

2022 年 3 月 26 日，土耳其国防部发布消息称，一艘民用商船于当日凌晨在博斯普鲁斯海峡附近海域发现一个高度疑似水雷的物体。3 月 28 日，土耳其国防部又发布了在黑海海岸几英里外的土耳其伊格内达海域发现了第二枚水雷。发现第一枚水雷时，土耳其曾短暂封闭海峡，直至专家小组拆除水雷后才得以重新开放。

博斯普鲁斯海峡是沟通黑海和地中海的必经之路，也是全球贸易重要海上通道和军事咽喉要道，水雷对博斯普鲁斯海峡航运和安全造成严重威胁（图 14-1）。本节将以此海域为例，进行海洋环境特征仿真分析。

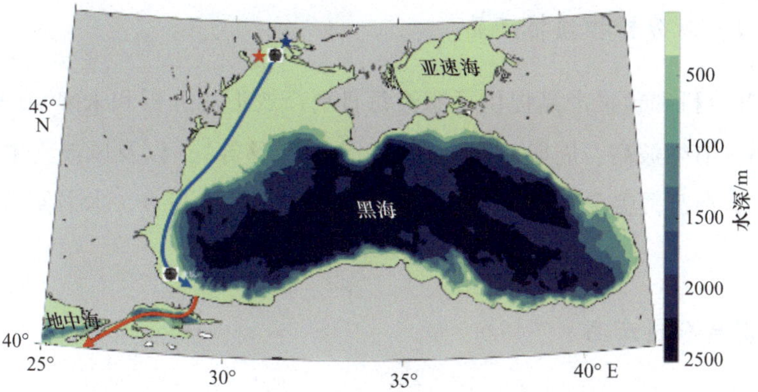

图 14-1 黑海和博斯普鲁斯海峡地形特征

红色和蓝色五角星分别为敖德萨港和奥恰科夫港。蓝线为水雷可能移动路径，红线为水雷未来可能移动路径

14.3.1 数据

本书使用到的数据包括三维温盐流再分析产品、三维温盐流实时分析和预报产品、海浪实时分析和预报产品，以及海况再分析产品。

14.3.1.1 三维温盐流再分析产品

哥白尼海洋环境监测服务（CMEMS）全球再分析产品包括三维热力学变量（温度、盐度）、三维动力学变量（纬向流、经向流）、海表面高度和海冰（密集度、厚度和水平速度）的时空演变。水平分辨率为（1/12）°（约 8 km），垂直分为 50 层。本书使用的数据集为其月平均气候学数据（1993—2019 年），从表层到底层的三维海流信息。

14.3.1.2 三维温盐流实时分析和预报产品

CMEMS 全球分析预报产品提供了三维温盐流每周更新的汇总分析和 10 d 预报（每日更新）产品，包含三维位温、盐度和海流信息，以及二维海表面高度、底位温、混合层厚度、海冰厚度、海冰密集度和海冰移动速度信息。水平分辨率为（1/12）°（约 8 km），垂直分为 50 层。本书使用的数据集为三维日平均海流，以及表面和融合海流（surface and merged ocean currents，SMOC）数据集。SMOC 包括了海流、潮流和浪致流 3 个物理分量的逐小时纬向和经向表面速度场，以及这 3 个物理分量的线性叠加。这个产品是描述海洋环流、潮汐和波浪的数据同化模式的组合，其中一些模式是 CMEMS 系统，比如，全球高分辨率的物理系统（海流）或全球高分辨率海浪模式（浪致流）。

14.3.1.3 海浪实时分析和预报产品

CMEMS 全球分析和预报产品提供了海浪每日更新的汇总分析和未来 10 d 预报产品，是根据总波浪谱（有效波高、周期、方向、斯托克斯漂移等），以及风浪、主涌浪和次涌浪的综合参数。该产品覆盖全球，水平分辨率（1/12)°（约 8 km）。本书使用的数据集为 3 h 瞬时值。

14.3.1.4 海况再分析产品

ERA5 是全球气候和天气的第五代欧洲中期天气预报中心（European Centre for Medium-Range Weather Forecasts，ECMWF）再分析产品。ERA5 取代了 ERA-Interim 再分析。数据为 1979—2020 年逐月数据。10 m 海面风场（纬向风和经向风）的水平分辨率为 0.25°× 0.25°，海浪（总海浪、风浪和涌浪）的水平分辨率为 0.5°× 0.5°。

14.3.2 气候态特征

如图 14-2 所示，整个 3 月，黑海海盆东西两侧的风场显著不同：西黑海和马尔马拉海以西北风为主，而东黑海是一个气旋式风场，风速总体上西侧大于东侧。整个黑海平均风速约为 0.64 m/s，大值区分布在东黑海的北部和东部，西黑海的南部和马尔马拉海。黑海的平均有效波高约为 0.80 m，西黑海的大于东黑海的，最大波高不超过 1.5 m。黑海中部以北向浪为主，其东、西两侧分别呈顺时针和逆时针旋转。海浪由风浪和涌浪共同组成，前者的有效波高为 0.49 m，后者的为 0.52 m，两者基本相当。风浪在黑海西北侧更大，而涌浪在深海盆较显著。

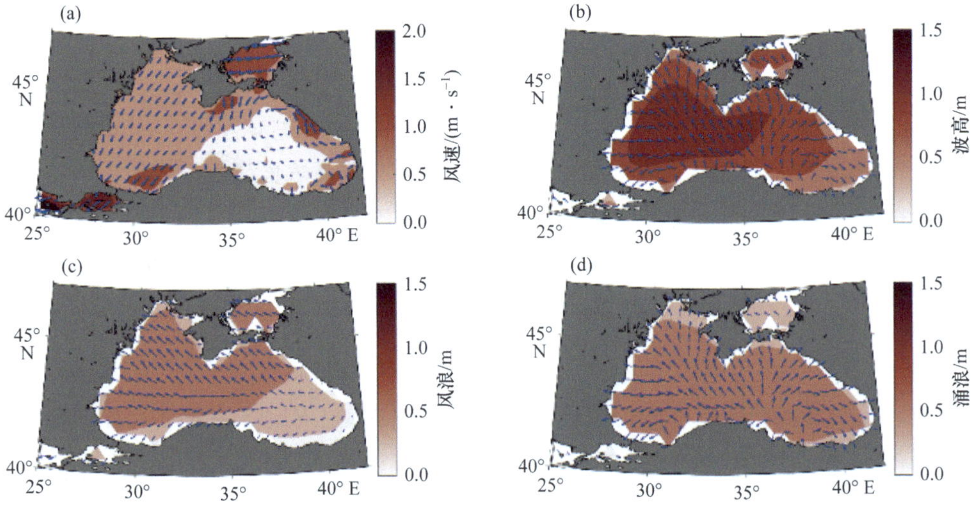

图 14-2 3 月黑海气候态 10 m 风（a）、波高（b）、风浪（c）和涌浪（d）（1979—2021 年）

3 月表层和次表层（29 m）流场如图 14-3 所示。黑海海盆尺度环流基本沿着大陆架呈逆时针旋转，西黑海陆架处海流较弱，基本沿海岸呈西南向流动。这也是图 14-1 中蓝色表示的水雷移动路径。黑海海水含盐量较地中海低，因此，会发生特殊的水交换现象，即表层经博斯普鲁斯海峡流向地中海，次表层反之。海峡的表层和次表层的流速分别为 0. 17 m/s 和 0. 06 m/s，流向相反。

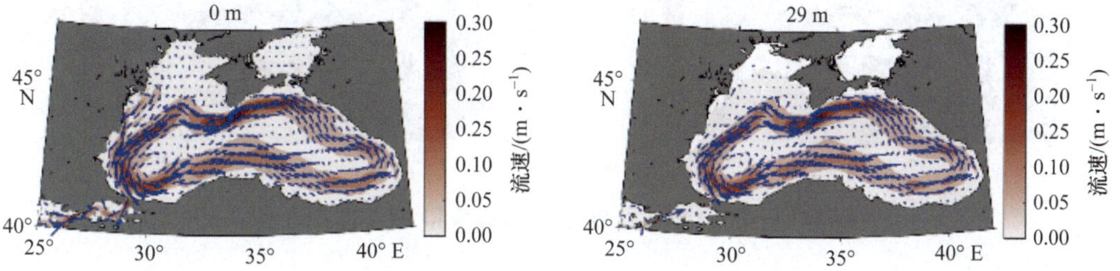

图 14-3　黑海 3 月表层和 29 m 深度平均流场（1993—2019 年）

14. 3. 3　天气学特征

黑海海浪的日变化较大（图 14-4）。2022 年 3 月 26 日 12 时之前主要为（偏）北向浪，平均波高为 0. 52~0. 55 m，最大值区在东黑海南侧。18 时波向转为西向浪，波高开始增大，平均波高约为 0. 62 m，最大值在东黑海南侧。24 时波向转为西南向浪，波高为 0. 85 m，最大值分布在西黑海陆架区域和东黑海北部，以及亚速海。

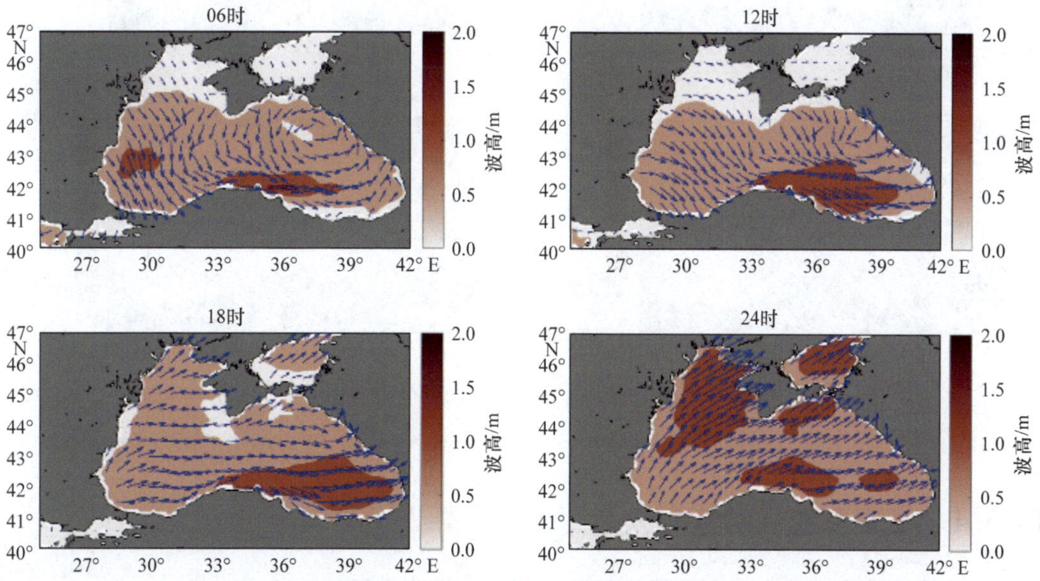

图 14-4　2022 年 3 月 26 日各时刻（06 时、12 时、18 时和 24 时 UTC）黑海波高和波向

2022 年 3 月 26 日黑海环流（图 14-5）与气候态（图 14-3）类似，表现为横跨深海盆的逆时针环流圈，但流速更快。博斯普鲁斯海峡表层流速为 0.24 m/s，南向流；而次表层流速为 0.025 m/s，北向流。

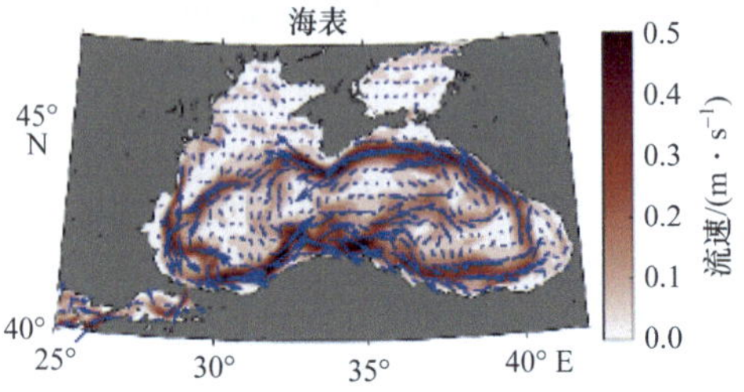

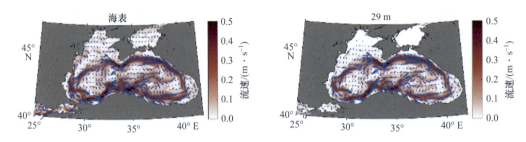

图 14-5　2022 年 3 月 26 日黑海海表和 29 m 深度海流

黑海表现为正规半日潮特征（图 14-6）。在海盆内部潮流较弱，但在博斯普鲁斯海峡（图 14-6 中红色方框）处为显著的往复流。08 时至 14 时为北向流，流速大小为 0.23 m/s；20 时至次日 02 时为南向流，流速大小为 0.19 m/s。

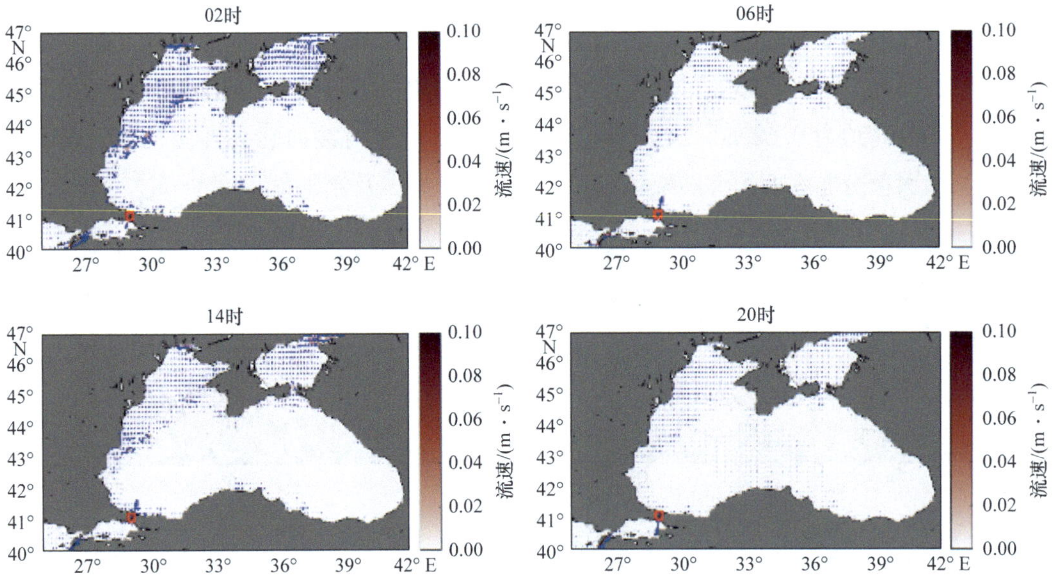

图 14-6　2022 年 3 月 26 日各时刻（02 时、08 时、14 时和 20 时 UTC）黑海潮流

14.3.4　水雷可能移动路径分析

将敖德萨港作为起点，利用寻优函数近似方法推测水雷的移动轨迹：

$$\mathrm{dir}_{\mathrm{mine}} \in \operatorname{argmin}\left(\left|\mathrm{dir}_{\mathrm{mine}} - \alpha \cdot d_{\mathrm{current}}\right|\right) \tag{14-1}$$

式中，dir_{mine} 为水雷可能的移动方向；$d_{current}$ 为风生流、潮流和浪致流的矢量和方向；α 为流场对水雷移动的影响系数。

水雷的移动速度如下：

$$\boldsymbol{V}_{mine}=\boldsymbol{V}_{mine}^{0}+\boldsymbol{V}_{current}\cos\theta \tag{14-2}$$

$$\theta=\frac{\boldsymbol{V}_{mine}\cdot\boldsymbol{V}_{current}}{\|\boldsymbol{V}_{mine}\|\|\boldsymbol{V}_{current}\|} \tag{14-3}$$

式中，$\boldsymbol{V}_{mine}$、$\boldsymbol{V}_{current}$ 分别为水雷的移动速度和流场（风生流、潮流和浪致流）的流速；θ 为水雷与流场流向的夹角。

水雷移动路径估计算法步骤如下：

步骤 1：输入初始环境场（流场），确定水雷初始位置；

步骤 2：基于最优函数，确定水雷移动方向；

步骤 3：计算水雷移动速度；

步骤 4：计算水雷移动轨迹并计时；

步骤 5：每 24 h 更新一次环境场（流场），重复步骤 2~步骤 5；

步骤 6：到达指定时间或水雷达到指定位置，程序终止。

由寻优函数近似推测水雷的移动轨迹显示（图 14-7），若 3 月 1 日水雷从敖德萨港海域附近脱落，在黑海西侧沿岸的西南向流作用下，5 d 后，移动到圣格奥尔基附近海域，移动速度约为 3.94 km/d。10 d 前后，移速加快，达到 18.48 km/d。整体移动速度约为 12.54 km/d，因此，大概经过 25 d 左右，水雷从敖德萨港移至博斯普鲁斯海峡附近海域。

通过对黑海气候态和天气尺度的环境特征分析，发现黑海西侧有一支常年沿岸的南向流，2022 年 3 月 26 日前后西侧沿岸的南向流速较气候态平均值显著增强。因此，在海流作用下，位于敖德萨等港口处布设的水雷脱锚后大概率会沿着海流流向博斯普鲁斯海峡。甚至在海峡表层流的作用下，水雷可能穿越达达尼尔海峡，最终流入地中海。

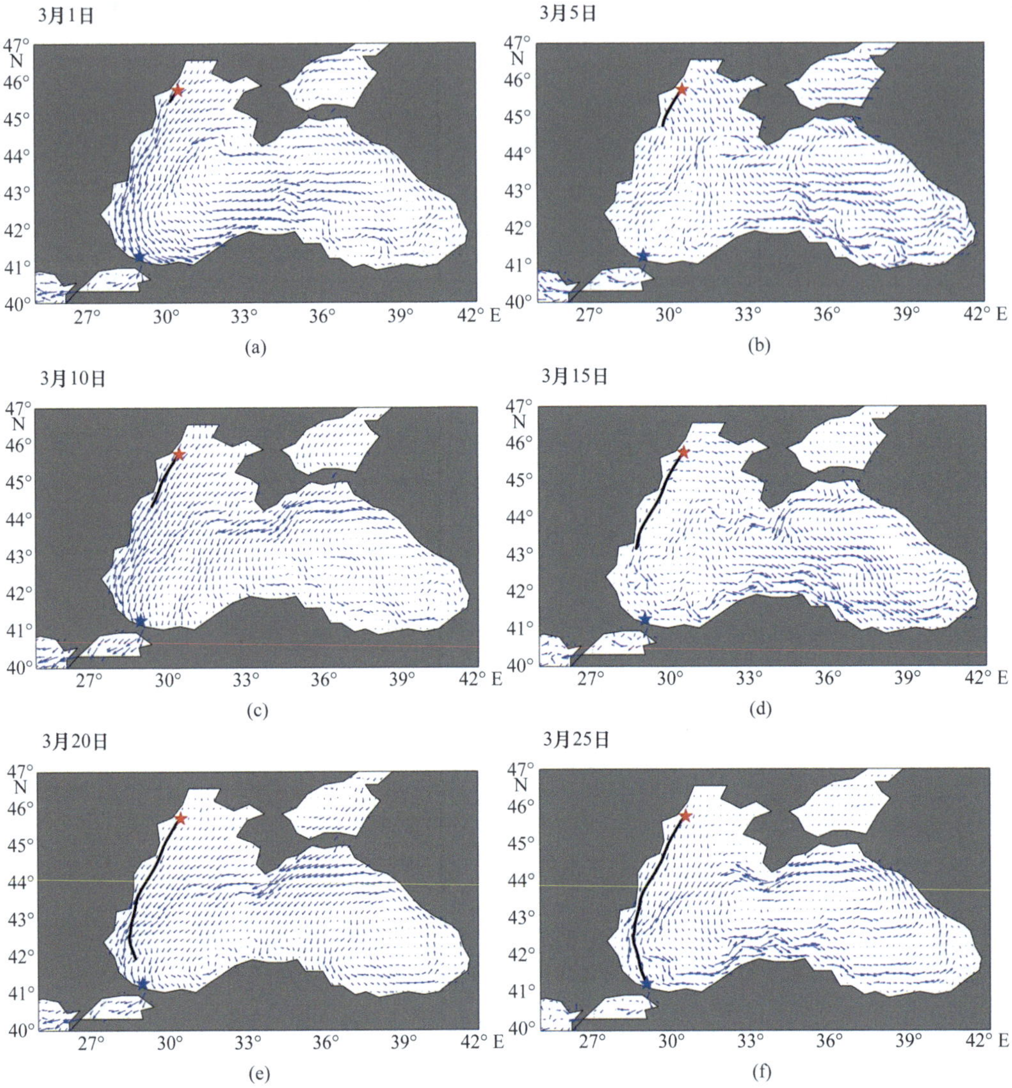

图 14-7　2022 年 3 月 1—25 日水雷漂移的路径

粗线是水雷漂移的轨迹，红色和蓝色五角星分别为敖德萨港和奥恰科夫港，蓝色带箭头线条为风生流、潮流和浪致流共同作用的流场，箭头方向代表流向，每 24 h 更新一次环境场

第十五章　海洋环境对两栖登陆作战影响评估与智能决策

本章主要探究了海洋环境与兵力态势影响下的登陆场风险影响评估与智能决策，以及海洋环境与兵力态势影响下的登陆作战方案评估与智能优选两个问题。

本章将武器装备作为承险体在海洋环境的影响下产生风险的特性称为脆弱性；将自然环境孕育风险的特性称为危险性。为了对登陆场和作战任务的风险进行量化分析，本章构建了风险指数。根据风险的形成机制，从武器装备的参数性质和参数值构建脆弱性指数，从海洋环境的指标性质和实测数据构建危险性指数。本章将风险指数定义如下：风险指数=脆弱性指数×危险性指数。其中，脆弱性指数为各武器装备表现出的物理暴露性、应对打击的敏感性及抗击风险的能力；危险性指数为各海洋环境要素造成财产损失、人员伤亡及其他损失的致险能力。

15.1　海洋环境与兵力态势影响下的登陆场影响评估与智能决策

登陆作战处于海权与陆权的交界位置，是海洋力量向陆地力量转化的途径。登陆作战是后续纵深作战的前驱，在规划登陆作战方案时必须考虑此登陆场是否有利于后续陆上战斗。受限于登陆工具的技术条件，登陆作战行动对登陆场环境及武器装备情况有着较大的依赖。

15.1.1　问题描述

登陆场的选取一般是根据作战要求在目标区域内几个可能的登陆区域中进行综合考虑，经过不断地研究加以确定。登陆场的优劣是登陆作战计划规划的基础，甚至可以决定登陆作战成功与否。因此，登陆场的选择一般需要综合评估备选登陆场的海洋环境与兵力态势对其造成的风险大小，选取作战风险最小的作为最优登陆场。

本节的研究内容为：在海洋环境与兵力态势影响下，研究针对若干登陆时次，若干个登陆场的风险评估与决策问题。针对研究问题，提出了最小二乘灰色关联分析模型进行风险评估与智能决策，最后得出各个登陆场的风险值与决策结果，以及最优登陆场的登陆时次的风险值与决策结果。具体的风险评估与智能决策流程如图 15-1 所示。

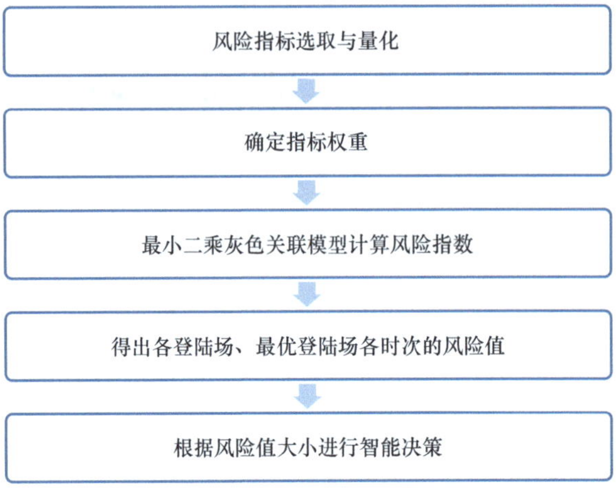

图 15-1　海洋环境与兵力态势影响下的登陆场影响评估与智能决策流程

15.1.2　海洋环境与兵力态势影响下的登陆场评估与智能决策模型

15.1.2.1　登陆场评估的风险指标选取与量化

根据前文分析，风险指数被量化为脆弱性指数与危险性指数的乘积。因此，在构建登陆场风险指数时，需要先完成脆弱性指数与危险性指数的构建。由于不同指标的量纲不同，在进行指数构建之前需要先完成风险指标的选取与标准化量化，包括脆弱性指标的选取与量化，以及危险性指标的选取与量化。

脆弱性指标量化各种武器装备作为承险体对登陆场作战风险的影响，武器装备包括潜艇、水面舰艇、水下无人平台、雷达、导弹、舰载机、两栖登陆车和其他空中单位；危险性指标量化各种海洋环境要素作为致险因子对登陆场作战风险的影响，海洋环境指标包括气象（风）、气压、水位、气温、海浪、海流、盐度、云和潮汐。最终，根据专家经验与文献参考（江静婷和黄炎焱，2019；吴航海，2017），构建出登陆场评估的风险指标体系，如图 15-2 所示。

1）脆弱性指标的选取与量化

在两栖登陆作战中，登陆场的选取尤为重要。登陆场的脆弱性是指登陆场上配备的兵力态势不同，各武器装备表现出的物理暴露性、应对打击的敏感性及抗击风险的能力不同，进而对登陆场的作战风险造成的影响。为了量化武器装备作为承险体对登陆场作战风险的影响，本书构建了脆弱性指数。由于不同武器装备的参数不同及对风险的影响属性不同，在构建脆弱性指数之前，需要对不同的脆弱性指标进行标准化处理。

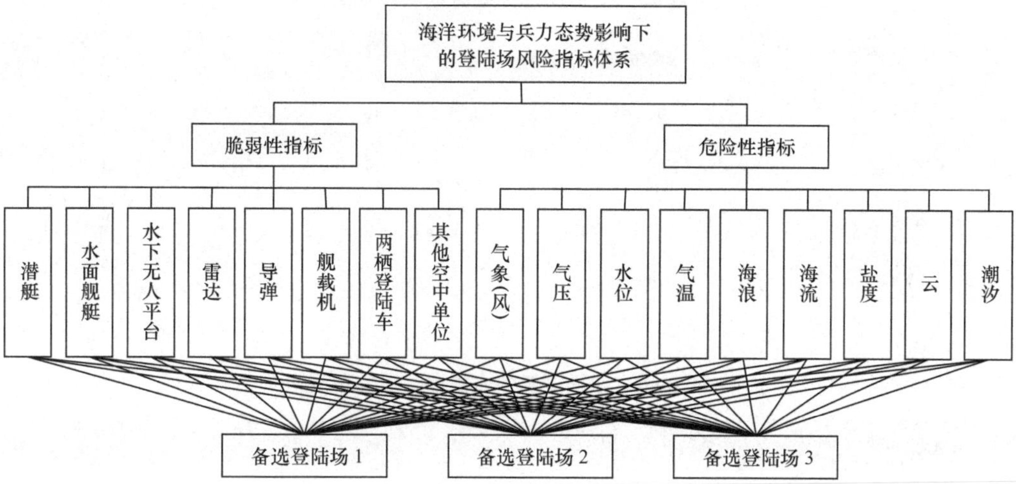

图 15-2 海洋环境与兵力态势影响下的登陆场风险指标体系

本书选取了潜艇、水面舰艇、水下无人平台、雷达、导弹、舰载机、两栖登陆车、其他空中单位共 8 种武器装备参与评估，这些武器装备的作战性能受到不同参数的影响，当参数值越大时武器装备的脆弱性越高，定义此种参数的属性为正向，反之，当参数值越小时武器装备的脆弱性越高，定义此种参数的属性为负向。在进行武器装备的脆弱性分析之前，需要对武器装备的参数值进行标准化处理，消除不同量纲的影响，将其转换成 0~1 之间的数据，值越大表示越脆弱。

由于武器装备的参数在制造时有一定的范围，假设 max 表示参数的最大值，min 表示参数的最小值。假设原始数据为 x_i ，标准化的数据为 s_i ，则

对于正向属性的参数：

$$s_i = \frac{x_i - \min}{\max - \min} \qquad (15-1)$$

对于负向属性的参数：

$$s_i = \frac{\max - x_i}{\max - \min} \qquad (15-2)$$

例如，假设弹道导弹潜艇 094 型属于潜艇类武器，其参数指标为长度、宽度、排水量，参数值分别为 80 m、11 m、3000 t，则通过归一化公式，该武器的长度指标值为 (80 - min)/(max - min)，宽度指标值为(11 - min)/(max - min)、排水量指标值为 (max - 3000)/(max - min)， 其中，max 与 min 值为潜艇类所有武器装备中相应参数的最大值乘以 2 与最小值除以 2。

上述 8 种武器装备的相关参数，参数范围及属性分别如表 15-1 至表 15-8 所示。

表 15-1　潜艇的主要参数及其范围

重要参数	参数范围	单位	属性
航速	[5，70]	kn	负
潜航深度	[120，600]	m	负
全长	[37.15，266]	m	正
全宽	[4.2，26]	m	正

表 15-2　水面舰艇的主要参数及其范围

重要参数	参数范围	单位	属性
最高航速	[10，100]	节	负
续航距离	[100，16 000]	n mile	负
全长	[21.3，612.8]	m	正
全宽	[5.57，150]	m	正
功率	[6865，400 000]	马力	负

表 15-3　水下无人平台的主要参数及其范围

重要参数	参数范围	单位	属性
长	[0.475，30]	m	正
直径	[0.095，11.6]	m	正
航程	[7.5，60 000]	km	负
工作深度	[5，12 000]	m	负

表 15-4　雷达的主要参数及其范围

重要参数	参数范围	单位	属性
方位精度	[0.5，2]	°	负
距离精度	[250，1000]	m	负
功率	[0，6000]	W	负
探测距离	[150，2000]	km	负
水平波束宽度	[0.95，10.4]	°	负

续表

重要参数	参数范围	单位	属性
垂直波束宽度	[12.5, 52]	°	负
处理能力	[50, 200]	批	负

表 15-5 导弹的主要参数及其范围

重要参数	参数范围	单位	属性
重量	[1250, 366 000]	kg	正
长度	[4, 65.2]	m	正
直径	[0.285, 6.7]	m	正
作战范围	[150, 100 000]	km	负
最大速度	[0.325, 100]	马赫	负

表 15-6 舰载机的主要参数及其范围

重要参数	参数范围	单位	属性
长度	[5.65, 46.07]	m	正
翼展	[5.35, 30]	m	正
旋翼直径	[5.95, 38]	m	正
推力	[44.5, 260]	kN	负
最大速度	[125, 5102]	km/h	负
最大载重	[931.5, 10 000]	kg	负
最大航程	[330, 7400]	km	负

表 15-7 两栖登陆车的主要参数及其范围

重要参数	参数范围	单位	属性
重量	[4.3, 120]	t	正
载员	[13, 400]	人	负
载重	[0.7, 200]	t	负
陆地最大速度	[10.26, 144.84]	km/h	负

续表

重要参数	参数范围	单位	属性
水面最大速度	[5.25, 30.6]	km/h	负

表 15-8　其他空中单位的主要参数及其范围

重要参数	参数范围	单位	属性
长度	[7.555, 97]	m	正
翼展	[12.19, 112.8]	m	正
最大起飞重量	[6577, 440 000]	kg	负
最大速度	[405, 2328]	km/h	负
最大航程	[2850, 32 464]	km	负

2）危险性指标的选取与量化

在选择登陆场时，需要考虑不同登陆场的海洋环境要素。各海洋环境要素造成财产损失、人员伤亡及其他损失的致险能力有所不同，不同的海洋环境要素及同种海洋环境要素值的不同大小都会对登陆场的作战风险造成不同的影响。登陆场危险性指数量化了海洋环境要素作为致险因子对登陆场的作战风险造成的影响。由于不同的海洋环境要素的单位及对风险的影响属性不同，在构建危险性指数之前需要对不同的危险性指标进行标准化处理。

在两栖登陆作战中，共考虑 9 类海洋环境要素对登陆场优选的影响，包括气象（风）、气压、水位、气温、海浪、海流、盐度、云、潮汐。本文将上述海洋环境要素在 6 个时次实测数据的均值作为评估模型的输入数据，在登陆场排序决策时，假设危险性指标 i 在第 n 个登陆场的量化值为 X_{in}，该指标在 6 个登陆时次的实测数据分别为 S_1、S_2、S_3、S_4、S_5、S_6，则

$$X_{in} = \frac{S_1 + S_2 + S_3 + S_4 + S_5 + S_6}{6} \tag{15 - 3}$$

以此类推，最终得到 n 个登陆场所有危险性指标的量化值。

危险性指标的性质不同、量纲不同，因此，在评估之前需要对其进行标准化。不同的海洋环境要素对登陆场风险的影响不同，因此，将其划分为值越大越危险的正向指标、值越小越危险的负向指标和值越靠中越危险的中间型指标，在进行登陆场评估与决策之前，需要对海洋环境数据进行标准化处理，将其转换为 0 和 1 之间的数，值越大表示危险

性越大。

假设某个危险性指标的量化值为 $x_i(i=1, 2, \cdots, n)$，标准化的数据为 $s_i(i=1, 2, \cdots, n)$。

正向指标：

$$s_i = \frac{x_i - \min(x_i)}{\max(x_i) - \min(x_i)} \tag{15-4}$$

负向指标：

$$s_i = \frac{\max(x_i) - x_i}{\max(x_i) - \min(x_i)} \tag{15-5}$$

中间型指标，假设该中间型指标对应 n 个登陆场的 n 个指标值的中位数为 b：

$$s_i = 1 - \frac{\max(|x_i - b|) - |x_i - b|}{\max(|x_i - b|) - \min(|x_i - b|)} \tag{15-6}$$

15.1.2.2 指标权重归一化

环比打分法（DARE）是一种通过确定各因素的相对重要性系数来确定权重的方法（刘宁等，2021）。它指令第一个被比较的指标的重要度值为 1（作为基数），从上到下依次比较相邻两个指标的重要程度，依次修正重要性比值，最后计算相对重要性。环比评分法适用于各个评价对象之间有明显的可比关系，能直接对比，并能准确地评定功能重要度比值的情况，简单易行，不需要专家意见和主观判断，能够客观地反映指标的相对重要性。在运用时每个要素只与上、下要素进行对比，不与全部的要素进行对比。评分时从实际出发，灵活确定比例，没有限制。

假设共有 n 个指标需要确定权重，第 i 个指标的权重为 $w_i(i=1, 2, \cdots, n)$，f_{ii+1} 表示第 $i+1$ 个指标相对于第 i 个指标的重要度值。表达式如下：

$$w_i = \frac{\prod_{j=1}^{i-1} f_{jj+1}}{\sum_{i}^{n} \prod_{j=1}^{i-1} f_{jj+1}} \tag{15-7}$$

例如，若需要为 A、B、C、D 4 个指标确定归一化权重，假设以指标 A 为基准，专家对其重要度的环比打分值为 1，指标 B 的重要度环比打分值为 k，指标 C 的重要度环比打分值为 m，指标 D 的重要度环比打分值为 n，则 A、B、C、D 4 个指标环比打分的计算过程如表 15-9 所示，最后得出所有指标的归一化权重值，该权重值后续会代入相应的风险评估模型进行登陆场登陆风险的量化评估与决策。（此方法中以 A 或 D 为基准均可行，计算原理均一致。）

表 15-9　环比打分计算过程

指标	A	B	C	D	合计
环比打分值	1	k	m	n	
基准值	1	$k\times 1$	$k\times m$	$k\times m\times n$	z
归一化权重	$1/z$	k/z	$k\times m/z$	$k\times m\times n/z$	1

15.1.2.3　最小二乘灰色关联模型计算风险指数

灰色关联分析法（陆营波等，2023）是一种数学解析法，能够实现定性分析、定量计算的有机结合，适用于处理那些评估指标无法准确量化的问题，并且能够排除人为主观意见带来的影响。其基本思想是：根据序列曲线几何形状的相似程度来判断其联系是否紧密。曲线越接近，相应序列之间的关联度就越大，反之就越小。考虑到灰色关联分析法具有很强的数据处理能力，可充分利用海洋环境数据进行计算，可靠性强；同时能够较好地解决海洋环境要素难以准确量化的问题，避免人为判定的过程，具有较强的客观性。因此，该方法非常适用于海洋环境与兵力态势影响下的登陆场影响评估与智能决策问题。

一般情况下，当某一方案与正理想方案关联最大时，其与负理想方案关联也就最小，灰色关联分析法就是基于以上思想进行方案的评估优选，但有时会出现同一个方案与正、负理想方案的关联都是最大的情况，也就是说，灰色关联分析法会出现评估结果自相矛盾的情况。本文在灰色关联分析法的基础上，使用最小二乘法解决灰色关联分析法带来的评估结果自相矛盾的问题，两种方法的结合使用能够得到很好的评估结果。以下介绍最小二乘灰色关联分析模型的具体计算步骤。

假设待评估的登陆场个数为 n，用于登陆场评估的指标个数为 m，则 $A=\{a_1, a_2, \cdots, a_n\}$ 和 $C=\{c_1, c_2, \cdots, c_m\}$ 分别表示待评估的登陆场集合和评估登陆场优劣的指标集，从而确定评估矩阵 $\boldsymbol{Y}=(y_{ij})_{m\times n}$，其中 y_{ij} 则表示指标 c_i 在登陆场 a_j 时的量化值，以此类推，所有的 y_{ij} 组成一个 $m\times n$ 的矩阵，该矩阵即为评估矩阵 $\boldsymbol{Y}$。

步骤 1：标准化评估矩阵。

采用以下 3 种方法对评估矩阵数据进行标准化处理：

第一类指标为正向指标，若 y_{ij} 越大，其对登陆场的影响值越大，则标准化公式为 $x_{ij}=\dfrac{y_{ij}-\min\limits_{1\leqslant j\leqslant n} y_{ij}}{\max\limits_{1\leqslant j\leqslant n} y_{ij}-\min\limits_{1\leqslant j\leqslant n} y_{ij}}$。

第二类指标为负向指标，若 y_{ij} 越小，其对登陆场的影响值越大，则标准化公式为 $x_{ij}=$

$\frac{\max\limits_{1\leq j\leq n} y_{ij} - y_{ij}}{\max\limits_{1\leq j\leq n} y_{ij} - \min\limits_{1\leq j\leq n} y_{ij}}$。

第三类为适中指标，若 y_{ij} 为适中型因素，设该适中指标对应 n 个登陆场的 n 个指标值的中位数为 m，则 $x_{ij} = 1 - \frac{\max\limits_{1\leq j\leq n}|y_{ij} - m| - |y_{ij} - m|}{\max\limits_{1\leq j\leq n}|y_{ij} - m| - \min\limits_{1\leq j\leq n}|y_{ij} - m|}$。

最终得到标准化评估矩阵 $\boldsymbol{X} = (x_{ij})_{m\times n}$。

步骤 2：确定正、负理想向量。

取 $x_i^* = \max\limits_j x_{ij}$，$(i = 1, 2, \cdots, m; j = 1, 2, \cdots, n)$，则正理想向量为 $\boldsymbol{X}^* = [x_1^*, x_2^*, \cdots, x_m^*]$。取 $x_i^- = \min\limits_j x_{ij}$，$(i = 1, 2, \cdots, m; j = 1, 2, \cdots, n)$，则负理想向量为 $\boldsymbol{X}^- = [x_1^-, x_2^-, \cdots, x_m^-]$。

步骤 3：计算灰色关联系数。

以正理想向量为参考向量，登陆场 $\boldsymbol{X}_j$ 向量 与其关联系数为

$$\delta_i(\boldsymbol{X}_j, \boldsymbol{X}^*) = \frac{\min\limits_j \min\limits_i |x_{ij} - x_i^*| + u \max\limits_j \max\limits_i |x_{ij} - x_i^*|}{|x_{ij} - x_i^*| + u\max\limits_j \max\limits_i |x_{ij} - x_i^*|} \tag{15-8}$$

对于负理想向量，登陆场 X_j 向量 与其关联系数为：

$$\delta_i(X_j, X^-) = \frac{\min\limits_j \min\limits_i |x_{ij} - x_i^-| + u\max\limits_j \max\limits_i |x_{ij} - x_i^-|}{|x_{ij} - x_i^-| + u\max\limits_j \max\limits_i |x_{ij} - x_i^-|} \tag{15-9}$$

式中，u 为分辨系数，$u \in (0, 1)$，u 的值越小表明分辨率越大，本书令 $u = 0.5$。

步骤 4：计算各指标归一化权重。

邀请专家用 1~9 内的数字为各个登陆场的各风险指标进行环比打分，引入第 15.1.2.2 节环比评分法计算所有危险性指标归一化权重 ω_i、所有脆弱性指标归一化权重 π_i。

步骤 5：计算危险性指数。

风险评估值为

$$u_j = \frac{1}{1 + \left[\frac{\sum\limits_{i=1}^{m} \omega_i \delta_i(\boldsymbol{X}_j, \boldsymbol{X}^*)}{\sum\limits_{i=1}^{m} \omega_i \delta_i(\boldsymbol{X}_j, \boldsymbol{X}^-)}\right]^4} \tag{15-10}$$

式中，ω_i 表示所有危险性指标的归一化权重。则危险性指数可用 u_j 的值表示，u_j 值 越小，表明该登陆场的危险性越小。

步骤 6：计算脆弱性指数和风险指数。

脆弱性指数=脆弱性指标值×该脆弱性指标对应的归一化权重值。其中，脆弱性指标

值为武器装备的初始设定值经过标准化后的数值，具体量化方法详见第 15.1.2.1 节。最终，登陆场风险指数=危险性指数×脆弱性指数。

此外，登陆时次的评估同理。计算出最优登陆场后，选取最优登陆场所有时次的危险性指标实测值，重复上述步骤，得出登陆时次风险指数=危险性指数×脆弱性指数。本研究中，每个登陆场所有时次选用的武器装备均相同，因此，此时最优登陆场所有时次的脆弱性参数均为同一数值。

15.1.2.4 各登陆场和最优登陆场各时次的风险值与智能决策

最终，根据风险指数（值）=危险性参数×脆弱性参数，计算出 n 个备选登陆场各登陆时次的风险值大小后，按照风险值大小进行排序，风险值越小，则该登陆场的作战风险越小，应优选此登陆场作为两栖作战的登陆地。

在得到最优登陆场后，根据登陆时次风险指数=危险性指数×相应的脆弱性指数，计算出各登陆时次的风险值大小，按照风险值大小进行排序，风险值越小，则在该登陆时次进行登陆作战的风险越小，应优选此登陆场的最优登陆时次开展登陆作战行动。

15.1.3 仿真案例

假设在某次两栖登陆作战过程中，我方计划从某湾岛登陆，选定了东港、西港、中港共 3 个备选登陆场，现需要考虑 2022 年 11 月 1—6 日共 6 个登陆时次内登陆场的决策问题。

考虑到湾岛地形和数据可获取性，本次登陆选取水面舰艇、导弹、两栖登陆车作为武器装备（即脆弱性指标），选取气象（风）、水位、气温、海浪、海流作为海洋环境要素（即危险性指标），属性分别为正、负、正、正、正。

各脆弱性指标的参数值如表 15-10 所示，各危险性指标 6 个登陆时次的不同登陆场数据如表 15-11 所示。

表 15-10　所有脆弱性指标的参数值

武器装备	重要参数	参数值	参数值范围	单位	属性
水面舰艇	最高航速	45	[10，100]	kn	负
	续航距离	200	[100，16000]	n mile	负
	全长	250	[21.3，612.8]	m	正
导弹	长度	50	[4，65.2]	m	正
	作战范围	90 000	[150，100 000]	km	负

续表

武器装备	重要参数	参数值	参数值范围	单位	属性
两栖登陆车	载重	100	[0.7, 200]	t	负
	水面最大速度	20	[5.25, 30.6]	km/t	负

表 15-11 各登陆场所有危险性指标 2022 年的实测数据

登陆场	指标	11 月 1 日	11 月 2 日	11 月 3 日	11 月 4 日	11 月 5 日	11 月 6 日
东港	气象（风）/（$m\cdot s^{-1}$）	3	2	2.5	2.8	3.2	3
	水位/km	100	80	88	90	92	90
	气温/℃	28	26	25	27	28	26
	海浪/m	0.2	0.3	0.4	0.5	1	0.4
	海流/（$cm\cdot s^{-1}$）	11	14	20	40	50	60
西港	气象（风）/（$m\cdot s^{-1}$）	2	3	2.2	2.2	3	2.8
	水位/km	60	70	80	90	100	110
	气温/℃	28	26	27	28	28	27
	海浪/m	1	1.1	1.2	0.8	0.8	1
	海流/（$cm\cdot s^{-1}$）	30	40	30	46	45	50
中港	气象（风）/（$m\cdot s^{-1}$）	3	3	3.4	3.2	3.5	3
	水位/km	90	100	110	105	99	98
	气温/℃	25	26	24	22	24	23
	海浪/m	0.3	0.5	1	0.9	0.9	1
	海流/（$cm\cdot s^{-1}$）	50	50	55	60	75	68

接下来，按照本文提出的评估模型进行 3 个登陆场评估与决策，具体步骤如下。

1）风险指标量化

根据第 15.1.2.1 节提出的风险指标标准化公式，计算脆弱性指标与风险性指标的标准化数据。脆弱性指标的标准化数据为［0.6111，0.9937，0.3866，0.7516，0.1002，

0.5018，0.4181]，3 个登陆场危险性指标的标准化数据分别为 [2.75，90，26.67，0.47，32.5]，[2.53，85，27.33，0.98，40.17]，[3.18，100.33，24，0.77，59.67]。

2）指标权重归一化

邀请专家为各风险指标进行两两比较打分，得出各指标的初始权重如表 15-12 所示。然后根据第 15.1.2.2 节介绍的环比打分法计算各指标的归一化权重。

表 15-12　所有风险指标的打分值

类别	风险指标	打分值		归一化权重
脆弱性指标	水面舰艇	最高航速	1	0.3949
		续航距离	3	0.3949
		全长	2	0.1316
	导弹	长度	6	0.0658
		作战范围	7	0.0110
	水面舰艇	载重	5	0.0016
		水面最大速度	1	0.0003
危险性指标	气象（风）/（$m \cdot s^{-1}$）	/	1	0.4590
	水位/km	/	7	0.4590
	气温/℃	/	6	0.0656
	海浪/m	/	2	0.0109
	海流/（$cm \cdot s^{-1}$）	/	8	0.0055

3）最小二乘灰色关联分析模型计算风险指数

根据第 15.1.2.3 节所提出的模型计算得出各个登陆场的风险指数。各登陆场的危险性指数为 [0.5327，0.5742，0.4414]，脆弱性指数为 0.7360。

4）各登陆场与最优登陆场各登陆时次的风险值与智能决策

各登陆场的风险值分别为 [0.3921，0.4226，0.3249]。因此，根据风险值越小登陆场越优的排序方法，中港为最佳登陆场。中港的各登陆时次的风险值为 [0.3753，0.0994，0.1983，0.1240，0.6748，0.0977]，因此，最佳登陆时次为 2022 年 11 月 6 日。

15.2 海洋环境与兵力态势影响下的登陆作战方案评估与智能优选

作战方案是作战行动的核心，作战行动的展开须按照作战方案的指导进行。作战方案是作战单位通过执行该方案将作战目标由初始状态导向期望状态的行动指导。作战方案需要指引作战单位在相应的时间、相应的地点执行相应的任务。作战方案的主要要素为作战任务、任务执行顺序及作战资源，作战方案优选就是要解决作战任务规划问题。简而言之，作战方案即为作战行动的序列。

15.2.1 问题描述

作为一种适用性较强的作战任务规划方法，层次任务网络法（易侃等，2023）将可以直接执行的任务称为原子性任务，将可以继续层次化划分的任务称为非原子性任务。将非原子性任务细分为原子性任务的过程称为任务分解。原子性任务之间存在着组合关系，任务之间的关系有顺序关系和并行关系，通过这两种基础关系可以组合出多种任务关系，形成多种作战预案。

登陆作战方案评估与智能优选的研究问题为：在海洋环境与兵力态势影响下，研究针对 n 个任务执行时次，m 个原子性任务的作战方案风险评估与优选问题。最后得出 m 个原子性任务的风险值，以及最优任务执行时次及其执行风险，作战预案的总风险值，从而选出执行总风险最小的作战预案作为最优作战方案执行。具体的风险评估流程如图 15-3 所示。

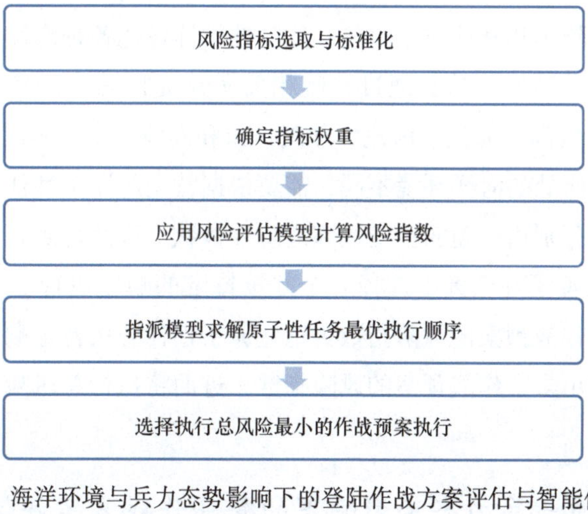

图 15-3 海洋环境与兵力态势影响下的登陆作战方案评估与智能优选流程

由于作战方案由众多细小的原子性任务构成，所以在构建作战方案的风险指数之前需要先完成原子性任务的风险指数构建。登陆作战方案的风险指标体系如图 15-4 所示。

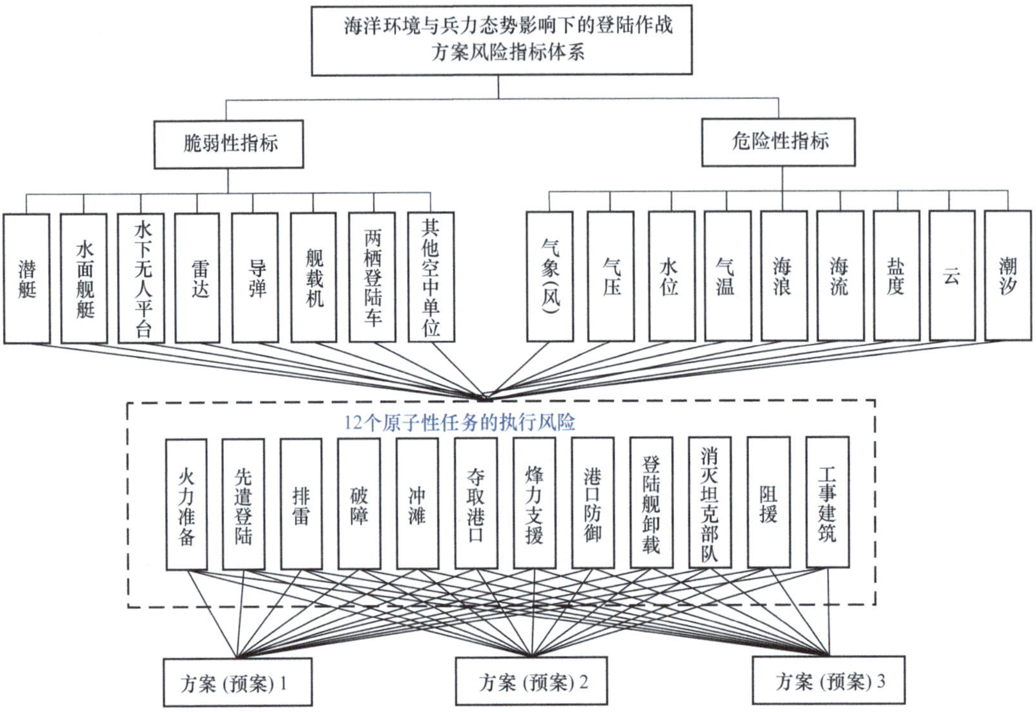

图 15-4　海洋环境与兵力态势影响下的登陆作战方案风险指标体系

脆弱性指标量化各种武器装备作为的承险体对原子性任务执行风险的影响，通过查阅相关文献资料得知，登陆作战的武器装备包括潜艇、水面舰艇、水下无人平台、雷达、导弹、舰载机、两栖登陆车和其他空中单位；危险性指标量化各种海洋环境要素作为致险因子对原子性任务执行风险的影响，通过查阅相关文献资料得知，海洋环境指标包括气象（风）、气压、水位、气温、海浪、海流、盐度、云和潮汐。由于不同原子性任务在执行时所使用的武器装备和所处的海洋环境不同，需要根据特定的原子性任务选择相应的武器装备和海洋环境要素，分别构建脆弱性指数和危险性指数，进而得到各个原子性任务的风险指数。然后，从 m 个原子性任务中选择 n 个并按特定的顺序执行形成作战预案（在本章中，$m=12$，$n=6$），作战预案的风险指数为这些原子性任务按特定顺序执行的风险指数之和，重复多次，构建出多个作战预案的风险指数，进而将执行总风险最小的作战预案作为最优作战方案。

15.2.2　海洋环境与兵力态势影响下的登陆作战方案评估

根据任务分解原理，将作战方案分解成各个细小的原子性任务，在确定作战方案的风险大小之前，需要先构建各个原子性任务的风险指数，作战方案的风险为各个原子性任务按一定的顺序执行的风险之和。根据风险分析方法，原子性任务的风险形成包括承险体与致险因子两个部分。承险体造成的作战风险称为脆弱性，致险因子造成的作战风险称为危险性，各个原子性任务的风险指数等于脆弱性指数与危险指数的乘积。在构建各个原子性任务的风险指数之前，需要先构建各个原子性任务的脆弱性指数和危险性指数。

15.2.2.1 构建各个原子性任务的脆弱性指数

1）各个原子性任务的脆弱性指数介绍

各个原子性任务的脆弱性指数是量化武器装备作为承险体对任务执行风险造成的影响。各武器装备表现出的物理暴露性、应对打击的敏感性及抗击风险的能力不同，进而对原子性任务的作战风险造成的影响。由于不同武器装备的参数不同及对风险的影响属性不同，在构建脆弱性指数之前，需要对不同的脆弱性指标进行标准化处理。

2）各个原子性任务的脆弱性指标选取与标准化

通过查阅相关文献资料，本章考虑 12 个原子性任务，分别是火力准备、先遣登陆、排雷、破障、冲滩、夺取港口、火力支援、港口防御、登陆舰卸载、消灭坦克部队、阻援、工事建筑（吴航海，2017）。在登陆作战过程中，这些原子性任务需要配备的武器装备不尽相同，不同的武器装备具有不同的特点和参数，导致原子性任务的脆弱性不同。

通过查阅相关文献资料，本章考虑潜艇、水面舰艇、水下无人平台、雷达、导弹、舰载机、两栖登陆车和其他空中单位共 8 种武器装备，这些武器装备的作战性能受到不同参数的影响，当参数值越大时武器装备的脆弱性越高，定义此种参数的属性为正向，反之，当参数值越小时武器装备的脆弱性越高，定义此种参数的属性为负向。在进行武器装备的脆弱性分析之前，需要对武器装备的参数值进行标准化处理，消除不同量纲的影响，将其转换成 0~1 之间的数据，值越大表示越脆弱。

由于武器装备的参数在制造时有一定的范围，假设 max 表示参数的最大值，min 表示参数的最小值。

假设原始数据为 x_i，标准化的数据为 s_i。

对于正向属性的参数：$s_i = \dfrac{x_i - \min}{\max - \min}$；

对于负向属性的参数：$s_i = \dfrac{\max - x_i}{\max - \min}$。

上述 8 种武器装备的主要参数及其范围与登陆场影响评估与智能决策部分相同，如表

15-1 至表 15-8 所示。

3）环比打分法确定脆弱性指标权重

为原子性任务选择对应的武器装备并设定相应参数值之后，需要对其进行环比打分，根据环比打分计算相应的权重。在标准化武器装备参数值之后，将其加权平均，可获得该原子性任务的脆弱性指数。同理在确定各个原子性任务的危险性指标之后，需要通过对海洋环境指标进行环比打分，确定各个原子性任务危险性指标权重。

4）计算脆弱性指数

在对武器装备的参数值进行标准化及权重归一化之后，加权平均即可获得该原子性任务的脆弱性指数。

15.2.2.2 构建各个原子性任务的危险性指数

1）各个原子性任务的危险性指数介绍

在渡海登陆作战中，作战的风险性极易受到海洋环境的影响。危险性指数量化海洋环境要素对任务作战风险的影响。不同的海洋环境要素造成财产损失、人员伤亡及其他损失的致险能力有所不同。由于不同的海洋环境要素的单位及对风险的影响属性不同，在构建危险性指数之前需要对不同的危险性指标进行标准化处理。

2）危险性指标选取与标准化

在渡海登陆作战中，作战的风险性极易受到海洋环境的影响，通过查阅相关文献资料，本章考虑的海洋环境要素包括气象（风）、气压、水位、气温、海浪、海流、盐度、云、潮汐。本章考虑上述海洋环境要素在 6 个时次的数据。根据特定原子性任务的执行特点，为各个原子性任务选择对其风险产生影响的海洋环境要素，并对其重要性进行环比打分。由于不同的海洋环境要素对作战风险的影响不同，将其划分为值越大越危险的正向指标、值越小越危险的负向指标和值越靠中越危险的中间型指标，在进行原子性任务的危险性分析之前，需要对海洋环境数据进行标准化处理，将其转换为 0~1 之间的数，值越大表示越危险。

在获得原子性任务相应的海洋环境影响要素标准化数据之后，根据环比打分确定权重，之后加权平均，可获得该原子性任务的危险性指数。

根据上文的风险分析，可获得该原子性任务的风险指数。将上述步骤重复 12 次，即可获得所有原子性任务的风险指数。

3）环比打分法确定危险性指标权重

确定各个原子性任务的危险性指标之后，根据其环比打分，确定各个原子性任务危险性指标权重。

4）计算危险性指数

在对选取的海洋环境数据进行标准化及权重归一化之后，加权平均即可获得该原子性任务的危险性指数。

15.2.2.3 构建各个原子性任务的风险指数

根据上文的风险分析方法，将风险指数定义为风险指数=脆弱性指数×危险性指数。基于脆弱性指数与危险性指数可以计算风险指数。重复 m 次，为每个原子性任务配置武器装备及选择可能产生影响的海洋环境要素，分别进行脆弱性指标、危险性指标的数据标准化处理及环比打分计算权重，分别加权平均计算脆弱性指数和危险性指数，将二者相乘，即可获得 m 个原子性任务在 n 个时次的执行风险系数矩阵。

15.2.3 海洋环境与兵力态势影响下的登陆作战智能优选

15.2.3.1 作战任务指派模型

在渡海登陆作战中，作战方案由若干个原子性任务按照特定的时次执行构成。不考虑具有特定执行顺序的原子性任务，由于每个原子性任务受到的海洋环境影响不同及配置的武器装备不同，不同的原子性任务在执行时往往具有不同的风险，于是产生了应指派哪个原子性任务在哪个时次执行使完成的作战方案的总体执行风险最小的问题，这类问题称为指派问题。

作战任务指派问题（王文璨等，2022）的标准形式如下：有 n 个原子性任务和 n 个执行时次，已知第 i 个原子性任务在第 j 个时次执行的风险为 $c_{ij}(i, j=1, 2, \cdots, n)$，由此构成的矩阵称为系数矩阵或效率矩阵，要求确定原子性任务与执行时次之间的一一对应的指派方案，使这个作战方案的总风险最小，解题时需要引入变量 x_{ij}，其取值只能是 0 或 1。

建立该指派问题的数学模型，引入 n^2 个 0~1 变量：

$$x_{ij}=\begin{cases}1, & \text{若指派第 } i \text{ 个原子性任务在第 } j \text{ 个时次执行} \\ 0, & \text{若不指派第 } i \text{ 个原子性任务在第 } j \text{ 个时次执行}\end{cases} \quad (i, j=1, 2, \cdots, n)$$

当要求作战方案的执行总体风险极小时，数学模型为

$$\min z=\sum_{i=1}^{n}\sum_{j=1}^{n} c_{ij}x_{ij}$$

$$
\text{s. t.}\begin{cases}\sum_{i=1}^{n} x_{ij}=1,\ j=1,\ 2,\ \cdots,\ n\\ \sum_{j=1}^{n} x_{ij}=1,\ i=1,\ 2,\ \cdots,\ n\\ x_{ij}=0\text{ 或 }1,\ i,\ j=1,\ 2,\ \cdots,\ n\end{cases} \tag{15-11}
$$

约束（15-11）表示每个时次必有且只有一个原子性任务，约束（15-12）表示每个原子性任务必做且只能在一个时次执行。本项目使用匈牙利解法（陈营波等，2023）对该指派模型进行求解。

匈牙利解法（李智明，2015）的关键：若从指派问题的系数矩阵 $\boldsymbol{C}=(c_{ij})_{n\times n}$ 的某行（或某列）各元素分别减去一个常数 k，得一个新的矩阵 $\boldsymbol{C}'=(c'_{ij})_{n\times n}$，则以 $\boldsymbol{C}$ 和 $\boldsymbol{C}'$ 为系数矩阵的两个指派问题有相同的最优解。由于系数矩阵的这种变化并不影响数学模型的约束方程组，而只是使目标函数值减少了常数 k。所以，最优解不改变。

步骤 1：变换各个原子性任务的执行风险矩阵（系数矩阵）。先对各行元素分别减去本行中的最小元素得矩阵 $\boldsymbol{C}'$，再对 $\boldsymbol{C}'$ 的各列元素分别减去本列中最小元素得 $\boldsymbol{C}''$。这样，系数矩阵 $\boldsymbol{C}''$ 中每行及每列至少有一个零元素，同时不出现负元素。

步骤 2：在变换后的系数矩阵中确定独立零元素。若独立零元素有 n 个，则已得出最优解；若独立零元素少于 n 个，则做能覆盖所有零元素的最少直线数目的直线集合。

步骤 3：继续变换系数矩阵。方法是在未被直线覆盖的元素中找出一个最小元素对未被直线覆盖的元素所存行（或列）中各元素都减去这一最小元素。这样，在未被直线覆盖的元素中势必会出现零元素，但同时却又使已被直线覆盖的元素中出现负元素。为了消除负元素，只要对它们所存列（或行）中各元素都加上这一最小元素（可以看作减去这一最小元素的相反数）即可。返回步骤 2。

15.2.3.2 构建作战预案

从 12 个原子性任务（火力准备、先遣登陆、排雷、破障、冲滩、夺取港口、火力支援、港口防御、登陆舰卸载、消灭坦克部队、阻援、工事建筑）中选择 6 个（6 个时次）并排序作为预案。需要注意的是，某些原子性任务在实际作战中有必然的先后顺序，比如，先遣登陆—冲滩—夺取港口。选取多组原子性任务，形成多个作战预案，下文使用指派模型匈牙利解法求解每个预案的最优执行顺序。

15.2.3.3 作战方案智能优选

重复构建作战预案的流程，选择多组原子性任务。根据指派模型的匈牙利解法求解每组原子性任务总执行风险最小的执行顺序，并计算总体执行风险，选择总体风险最小的作战预案作为最优作战方案。

15.2.4 仿真案例

本节考虑12个原子性任务，分别是火力准备、先遣登陆、排雷、破障、冲滩、夺取港口、火力支援、港口防御、登陆舰卸载、消灭坦克部队、阻援、工事建筑；8种武器装备，分别是潜艇、水面舰艇、水下无人平台、雷达、导弹、舰载机、两栖登陆车和其他空中单位；9个海洋环境要素，分别是气象（风）、气压、水位、气温、海浪、海流、盐度、云和潮汐；构建6个时次的登陆作战方案评估与智能优选模型。

15.2.4.1 步骤1：原子性任务脆弱性指标量化

以火力准备的脆弱性指标量化为例，假设其选择的武器装备为水面舰艇和舰载机。水面舰艇的参数、参数属性及参数值分别为“最高航速 正 45”“续航距离 200”和“全长 250”；舰载机的参数、参数属性及参数值分别为“长度 正 42”“翼展 正 12”“旋翼直径 正 11”和“推力 负 50”。根据表15-2和表15-6的最大值和最小值范围数据及标准化公式对脆弱性指标进行标准化，结果分别为［0.3889，0.0063，0.6134］和［0.8993，0.2698，0.1576，0.9745］，值越大表示脆弱性越强。

15.2.4.2 步骤2：脆弱性指标权重归一化（危险性指标同理）

为了确定武器装备参数的权重，需要进行环比打分。以火力准备的舰载机参数为例，按1~9的尺度进行环比打分，分别为［1，2，1，3］，值越大表示越重要，对应的权重越大。根据环比打分法计算得到［长度，翼展，旋翼直径，推力］的权重分别为［0.0909，0.1818，0.1818，0.5455］。同理，计算根据火力准备的武器装备的参数环比打分［1，2，1］，计算权重分别为［0.2，0.4，0.4］。

15.2.4.3 步骤3：计算脆弱性指数

将武器装备脆弱性指标参数值进行加权平均并假定不同武器装备的重要性相同，计算得到火力准备的脆弱性指数为0.5083。

15.2.4.4 步骤4：原子性任务危险性指标量化

以火力准备的危险性指标量化为例，假定其受到的海洋环境影响因素为“海浪”“气温”和“气流”。6个时次的实测数据分别为［15，20，18，25，26，24］、［15，10，12，9.6，8.9，7］和［20，5，8，9，6.5，8.7］；属性分别为正向型、负向型和中间型，根据式危险性指标标准化公式计算得到，上述3种海洋环境要素的标准化量化结果分别为

[0.0, 0.4545, 0.2727, 0.9091, 1.0, 0.8182]、[0.0, 0.625, 0.375, 0.675, 0.7625, 1.0] 和 [1.0, 0.2655, 0.0, 0.02655, 0.13274, 0.0]。

15.2.4.5 步骤5：危险性指标权重归一化

火力准备的3种海洋环境影响因素“海浪”“气温”和“气流”的环比打分为 [2, 3, 4]，根据环比打分法计算得到权重分别为 [0.0625, 0.1875, 0.75]。

15.2.4.6 步骤6：计算危险性指数

将火力准备的3种海洋环境影响因素6个时次的数据按权重进行加权平均计算得到火力准备在6个时次的危险性指数分别为 [0.75, 0.3447, 0.0874, 0.2033, 0.3050, 0.2386]。

15.2.4.7 步骤7：原子性任务风险指数计算

根据上文的风险分析方法，风险指数=脆弱性指数×危险性指数，可以计算得到火力准备在6个时次执行的风险指数分别为 [0.3343, 0.153 63, 0.038 93, 0.090 63, 0.135 93, 0.1064]。同理，分别为12个原子性任务选择武器装备和海洋环境影响要素，重复步骤1~步骤7共12次可以计算得到12个原子性任务分别在6个时次执行的风险系数矩阵。假设风险系数矩阵为 $\boldsymbol{C}$= {[0.3343, 0.153 63, 0.038 93, 0.090 63, 0.135 93, 0.1064], [0.001, 0.012, 0.03, 0.01, 0.05, 0.09], [0.9, 0.5, 0.6, 0.4, 0.7, 0.3], [0.04, 0.5, 0.7511, 0.09, 0.08, 0.69], [0.75, 0.25, 0.0889, 0.55, 0.105, 0.056], [0.89, 0.153 36, 0.753, 0.48, 0.59, 0.68], [0.15, 0.36, 0.357, 0.985, 0.6, 0.357], [0.12, 0.32, 0.369, 0.34, 0.36, 0.5], [0.36, 0.39, 0.68, 0.39, 0.364, 0.369], [0.36, 0.354, 0.311, 0.269, 0.3, 0.6], [0.69, 0.37, 0.39, 0.84, 0.368, 0.31], [0.2, 0.36, 0.34, 0.36, 0.369, 0.354]}。

15.2.4.8 步骤8：构建作战预案

为了构建作战任务在6个时次执行的作战预案，需要从12个原子性任务中选择6个任务并使用匈牙利解法求解风险最小的执行顺序。需要注意的是，某些原子性任务在实际作战中有必然的先后顺序，比如，先遣登陆—冲滩—夺取港口。假如选取的3个预案任务组合分别为

预案1：[火力准备，先遣登陆，排雷，破障，夺取港口，阻援]；

预案2：[排雷，破障，冲滩，港口防御，阻援，工事建筑]；

预案3：[火力支援，港口防御，登陆舰卸载，消灭坦克部队，阻援，工事建筑]。

15.2.4.9 步骤9：作战方案智能优选

根据选择的预案任务组合分别使用作战任务指派模型匈牙利解法求解执行总风险最小的执行顺序及其风险值，结果分别为

预案1：[先遣登陆—夺取港口—火力准备—破障—阻援—排雷]，1.2124；

预案2：[冲滩—港口防御—工事建筑—破障—阻援—排雷]，2.1680；

预案3：[火力支援—港口防御—工事建筑—消灭坦克部队—登陆舰卸载—阻援]，1.7530。

选择执行总风险的预案即预案1作为最优作战方案。最优作战方案为［先遣登陆—夺取港口—火力准备—破障—阻援—排雷］，执行总风险为1.2124。

15.3 本章小结

本章旨在研究海洋环境与兵力态势影响下的登陆场影响评估与智能决策、登陆作战方案评估与智能优选问题。通过阅读相关文献和咨询相关专家，完成了武器装备和海洋环境的风险特征分析，确定海洋环境危险要素与武器装备指标，构建评估指标体系，选择合适的风险评估模型，通过定量评估算法对登陆场风险大小和各个作战原子性任务及作战预案的风险大小进行排序，最终达到优选登陆场和作战方案的目的。

在海洋环境与兵力态势影响下的登陆场影响评估与智能决策部分，我们首先确定了武器装备脆弱要素和海洋环境危险要素，并采用环比打分方法确定了指标归一化权重，然后构建了海洋环境与兵力态势影响下的登陆场评估指标体系，通过最小二乘灰色关联分析模型对登陆场风险大小进行排序，选出最优的登陆场和登陆时次排序。

在海洋环境与兵力态势影响下的登陆作战方案评估与智能优选部分，我们同样确定了武器装备脆弱要素和海洋环境危险要素，并采用环比打分方法确定了指标归一化权重，然后构建了海洋环境与兵力态势影响下的作战方案评估指标体系，计算出各个原子性任务在各个时次的风险指数。构建原子性任务执行最小化的指派模型，采用匈牙利解法求解风险最小化的作战任务执行顺序，选择风险最小的作战预案作为作战方案。

本章采用了多种方法，包括风险分析方法、环比打分法、最小二乘灰色关联分析、指派模型匈牙利解法等，通过这些方法，我们得到了科学的评估结果，并为登陆场和作战方案风险评估与优选提供了决策支持。

参考文献

白薇,2001. 城市洪水风险分析及基于 GIS 的洪水淹没范围模拟方法研究[J]. 哈尔滨:东北农业大学.

蔡锋,苏贤泽,等,2008. 全球气候变化背景下我国海岸侵蚀问题及防范对策[J]. 自然科学进展,18(10):1093-1103.

蔡榕硕,陈际龙,黄荣辉,2006. 我国近海和邻近海的海洋环境对最近全球气候变化的响应[J]. 大气科学,(30)5:1019-1033.

常大勇,张丽丽,1995. 经济管理中的模糊数学方法[M]. 北京:北京经济学院出版社.

陈俊勇,1994. 论全球变化中的海平面上升及其灾情风险评估[J]. 科技导报,(11):46-49.

陈渭民,2003. 雷电学原理[M]. 北京:气象出版社.

陈文河,2004. 气候对我国海洋渔业的影响[J]. 河北渔业,6:19-22.

陈宜瑜,丁永建,于之祥,等,2005. 中国气候与环境演变评估(Ⅱ):中国气候与环境变化的影响与适应对策[J]. 气候变化研究进展,1(2):51-56.

陈正江,汤国安,任晓东,2005. 地理信息系统设计与开发[M]. 北京:科学出版社.

迟国泰,王化增,程砚秋,2010. 基于储量价值评估的油田开发规划模型及应用[J]. 财经问题研究,(7):10. DOI:10.3969/j.issn.1000-176X.2010.07.005.

邓松,刘雪峰,游大伟,等,2006. 广东省 1991—2005 年 5 种主要海洋灾害概况[J]. 广东气象,(4):19-22,29.

邓希海,2008. 渔业生产中 pH 值的作用及调节[J]. 齐鲁渔业,(11):50-52.

丁燕,史培军,2002. 台风灾害的模糊风险评估模型[J]. 自然灾害学报,(1):34-43.

丁一汇,2008. 人类活动与全球气候变化及其对水资源的影响[J]. 中国水利,2:20-27.

杜栋,庞庆华,吴炎,2008. 现代综合评价方法与案例精选[M]. 北京:清华大学出版社.

樊琦,梁必骐,2000. 热带气旋灾害经济损失的模糊数学评测[J]. 气象科学,20(3):360-365.

范道津,陈伟珂,2010. 风险管理理论与工具[M]. 天津:天津大学出版社.

甘应爱,田丰,等,2005. 运筹学[M]. 3 版. 北京:清华大学出版社.

葛全胜,邹铭,郑景云,等,2008. 中国自然灾害风险综合评价初步研究[M]. 北京:科学出版社.

管卫华,顾朝林,林振山,2006. 中国能源消费结构的变动规律研究[J]. 自然资源学报,21(3):401-407.

国家海洋局,2008. 2007 年中国海平面公报.

国家海洋局,2010. 2009 年中国海平面公报.

国家海洋局,2013. 2013 年中国海洋行政执法公报.

侯定丕,王战军,2001. 非线性评估的理论探索与应用[M]. 合肥:中国科学技术大学出版社.

侯云,先林文,1994. 农业气象灾害定量指标研究[J]. 河南农业科学,12(4):11-13.
胡国华,夏军,2001. 风险分析的灰色-随机风险率方法研究[J]. 水利学报,32(4):1-6.
胡庆亮,2008. 印度海洋战略及其对中国能源安全的影响[J]. 南亚研究季刊,(1):21-25,83.
胡汝骥,马虹,樊自立,等,2002. 新疆水资源对气候变化的响应[J]. 自然资源学报,17(1):22-27.
黄崇福,2001. 自然灾害风险分析[M]. 北京:北京师范大学出版社.
黄崇福,2005. 自然灾害风险评价:理论与实践[M]. 北京:科学出版社.
黄崇福,2008. 综合风险评价的一个基本模式[J]. 应用基础与工程科学学报,16(3): 371-381.
黄崇福,王家鼎,1995. 模糊信息优化处理技术及其应用[M]. 北京:航空航天大学出版社.
黄日飞,梁位桐,1996. 警报:第 15 号台风袭击机场[J]. 中国空军,6:4-6.
黄衍顺,李红涛,王震,2001. 随机横浪中船舶倾覆概率计算[J]. 船舶力学,5(5):15-20.
黄勇,李崇银,王颖,2009. 西北太平洋热带气旋频数变化特征及其与海表温度关系的进一步研究[J]. 热带气象学报,(03):273-280.
季荣耀,罗章仁,陆永军,等,2009. 广东省海岸侵蚀特征及主因分析[C]. 第十四届中国海洋(岸)工程学术讨论会, 730-735.
季子修,施雅风,1996. 海平面上升、海岸带灾害与海岸防护问题[J]. 自然灾害学报,(2):56-64.
江静婷,黄炎焱,2019. 海战场环境对两栖舰艇兵力投送影响分析[J]. 南京理工大学学报,43(3): 275-279.
江新风,2008. 日本的国家海洋战略[J]. 外国军事学术,5:39-42.
金菊良,张欣莉,丁晶,2002. 评估洪水灾情等级的投影寻踪模型[J]. 系统工程理论与实践,22(2): 140-144.
乐肯堂,1998. 我国风暴潮灾害风险评估方法的基本问题[J]. 海洋预报,15(3):39-44.
雷瑞波,王文辉,等,2008. 全球气候变化对我国海岸和近海工程的影响[J]. 海岸工程,27(1):67-72.
黎鑫,2010. 南海-印度洋海域海洋环境风险分析体系与评估技术研究[D]. 南京:解放军理工大学.
李柏年,2007. 模糊数学及其应用[M]. 合肥:合肥工业大学出版社.
李德毅,孟海军,史雪梅,1995. 隶属云和隶属云发生器[J]. 计算机研究与发展,(6):15-20.
李登峰,许腾,2007. 海军作战运筹分析及应用[M]. 北京:国防工业出版社.
李杰群,赵庆,2010. 企业战略风险研究综述[J]. 生产力研究,2:239-241.
李克让,1993. 中国干旱灾害的分类分级和危险度评价方法研究[M]. 北京:中国科学技术出版社,46-53.
李坤刚,2003. 我国洪旱灾害风险管理[J]. 中国水利 B 刊,(6):47-48.
李立新,徐志良,2006. 海洋战略是构筑中国海外能源长远安全的优选国策——缓解“马六甲困局”及其他[J]. 海洋开发与管理,4:3.
李维涛,王静,陈丽棠,2003. 海堤工程防风暴潮标准研究[J]. 水利规划与设计,(4):5-9.
李旭,2008. 气候变化的响应研究概况[J]. 广州农业科学,(3):87-90.
李智明,2015. 指派问题匈牙利解法的注记[J]. 新疆大学学报(自然科学版),32(3): 286-288,303.
廖永丰,王五一,张莉,2007. 城市 NO_x 人体健康风险评估的 GIS 应用研究[J]. 地理科学进展,26(4):

44-50.

刘长建,杜岩,张庆荣,等,2007. 海洋对全球变暖的响应及南海观测证据[J]. 气候变化研究进展,3(3):8-13.

刘殿伯,2002. 海洋渔业实用指南[M]. 徐州:中国矿业大学出版社.

刘俊,2009. 关注全球气候变化[M]. 北京:军事科学出版社.

刘宁,刘宇,龚先政,等,2021. 基于关联环比评分法的水足迹评价背景数据遴选模型研究[J]. 质量与认证,(6):65-68.

刘胜,张玉廷,于大泳,2012. 动态三角模糊数互反判断矩阵的一致性及修正[J]. 兵工学报,33(2):237-243.

刘思峰,党耀国,方志耕,2004. 灰色系统理论及其应用(第3版)[M]. 北京:科学出版社.

刘小艳,孙娴,等,2009. 气象灾害风险评估研究进展[J]. 江西农业学报,21(8):123-125.

刘新立,2006. 风险管理[M]. 北京:北京大学出版社.

刘学萍,2001. 烟台海域海难事故气象条件分析及预防对策[J]. 气象,27(3):55-57.

刘引鸽,缪启龙,高庆九,2005. 基于信息扩散理论的气象灾害风险评价方法[J]. 气象科学,25(1):84-89.

刘允芬,2000. 气候变化对我国沿海渔业生产影响的评价[J]. 中国农业气象,21(4):1-5.

陆营波,丁士洲,江宜航,等,2023. 基于灰色关联的体系效能评估指标筛选[J]. 空天防御, 6(3): 25-28.

吕学都,2003. 我国气候变化研究的主要进展. 全球气候变化研究:进展与展望[M]. 北京:气象出版社,15.

马寅生,等,2004. 地质灾害风险评价的理论与方法[J]. 地质力学学报,10(1):7-18.

牛叔超,刘月辉,王延贵,1998. 气象灾害风险评估方法的探讨[J]. 山东气象,71(1):14-17.

庞云峰,张韧,徐志升,等,2009. 基于多级层次结构的潜艇作战效能水下环境影响评估[J]. 解放军理工大学学报(自然科学版),10(增刊):33-37.

钱龙霞,王红瑞,蒋国荣,等,2011. 基于 Logistic 回归和 FNCA 的水资源供需风险分析模型[J]. 自然资源学报,26(12):2039-2049.

秦大河,丁一汇,苏纪兰,等,2005. 中国气候与环境演变评估[I]:中国气候与环境变化及未来趋势[J]. 气候变化研究进展,1(1):4-8.

邱启荣,陈秋华,2009. 基于创新能力培养的工科研究生矩阵论课程的教学研究与实践[J]. 中国科技纵横,(12):220-221.

邵帼瑛,张敏,2006. 东南太平洋智利竹荚鱼渔场分布及其与海表温关系的研究[J]. 上海水产大学学报,15(4):468-472.

申晓辰,2009. 印度海洋战略中的海上通道策略[J]. 外国军事学术,5:36-60.

施能,魏风英,封国林,等,1997. 气象场相关分析及合成分析中蒙特卡洛检验方法及应用[J]. 南京气象学院学报,20(3):88-92.

石家铸,2008. 海权与中国[M]. 上海:上海三联书店,144.

苏桂武,高庆华,2003. 自然灾害风险的行为主体特性与时间尺度问题[J]. 自然灾害学报,12(1):9-16.

孙伟,刘少军,田光辉,等,2009. GIS 支持下的海南岛热带气旋灾害风险性评价[J]. 热带作物学报,30(8):1215-1220.

孙智辉,王春乙,2010. 气候变化对中国农业的影响[J]. 科技导报,28(4):110-117.

覃志豪,徐斌,李茂松,等,2005. 我国主要农业气象灾害机理与监测研究进展[J]. 自然灾害学报,14(2):61-67.

谭宗坤,1997. 广西农业气象灾害风险评价及灾害风险区划[J]. 广西气象,18(1):44-50.

唐逸民,1999. 海洋学[M]. 2 版. 北京:中国农业出版社.

唐永顺,2004. 应用气候学[M]. 北京:科学出版社.

陶声,1999. 谁将"长尾鲨"抛入深渊 [J]. 当代海军,(6): 27-28.

王国庆,王云璋,2000. 径流对气候变化的敏感性分析[J]. 山东气象,20(3):17-20.

王红瑞,钱龙霞,许新宜,2009. 基于模糊概率的水资源短缺风险评价模型及其应用[J]. 水利学报,40(7):813-820.

王化增,迟国泰,程砚秋,等,2010. 基于 BP 神经网络的油气储量价值等级划分[J]. 中国人口·资源与环境,20(6):6. DOI:CNKI:SUN:ZGRZ.0.2010-06-009.

王历荣,陈湘舸,2007. 中国和平发展的海洋战略构想[J]. 求索,7:33-36.

王清印,崔援民,赵秀恒,等,2001. 预测与决策的不确定性[M]. 北京:冶金工业出版社.

王伟光,郑国光,2009. 应对气候变化报告(2009):通向哥本哈根[M]. 北京:社会科学文献出版社.

王文璨,巩梨,刘林忠,2022. 基于混合算法求解指派问题目标规划模型[J]. 计算机应用与软件,39(6):269-272,308.

王者茂,刘克秀,1984. 20 种海产经济鱼类在致死状况下水中溶氧的含量[J]. 海洋渔业,6(6):260-262.

王铮,郑一萍,等,2001. 气候变化下中国粮食和水资源的风险分析[J]. 安全与环境学报,1(4):19-23.

魏一鸣,金菊良,杨存建,等,2002. 洪水灾害风险管理[M]. 北京:科学出版社.

文世勇,赵冬至,陈艳拢,等,2007. 基于 AHP 法的赤潮灾害风险评估指标权重研究[J]. 灾害学,22(2):9-14.

吴航海,2017. 两栖登陆作战方案的规划与评估分析[D]. 南京:南京理工大学.

吴洪鳌,1984. 兰彻斯特作战理论[J]. 自然杂志,(11).

谢丽,张振克,2010. 近 20 年中国沿海风暴潮强度,时空分布与灾害损失[J]. 海洋通报,29(6):690-696.

徐国祥,2005. 统计预测与决策[M]. 上海:上海财经大学出版社.

徐培德,余滨,马满好,等,2003. 军事运筹学基础[M]. 长沙:国防科技大学出版社.

徐树宝,2002. 俄罗斯油气储量和资源分类规范及其分类标准[J]. 石油科技论坛,(01):31-36.

徐泽水,2002. 三角模糊数互补判断矩阵的一种排序方法[J]. 模糊系统与数学,16(1):47-50.

许利平,曾玉仙, 2012. 试析南海争端及其解决思路——基于国外学者观点的分析[J]. 太平洋学报,20(2):92-98.

许茂祖,张桂花,1997. 高等教育评估理论与方法[M]. 北京:中国铁道出版社.

许小峰,2009. 气象服务效益评估理论方法与分析研究[M]. 北京:气象出版社.

许小峰,顾建峰,李永平,2009. 海洋气象灾害[M]. 北京:气象出版社.

许小峰,王守荣,任国玉,等,2006. 气候变化应对战略研究[M]. 北京:气象出版社,90-91.

杨文鹤,2000. 中国海岛[M]. 北京:海洋出版社.

杨郁华,1983. 美国田纳西河是怎样变害为利的[J]. 地理译报,3.

易侃,张杰勇,焦志强,等,2023. 基于层次任务网络的作战任务-系统功能映射方法[J]. 系统工程与电子技术,45(10):3183-3191.

尹卓,2010. 中国海军低配置舰展望[J]. 现代舰船,(6):14-15.

游松财,KIYOSHI TAKAHASHI,YUZURU MATSUOKA,2002. 全球气候变化对中国未来地表径流的影响[J]. 第四纪研究,22(2):148-157.

于文金,吕海燕,张朝林,等,2009. 江苏盐城海岸带风暴潮灾害经济评估方法研究[J]. 生态经济,(7):154-159.

余良晖,孙婧,陈光升,等,2006. 透视中国能源消费结构[J]. 中国国土资源经济,19(7):7-9. DOI:10.3969/j.issn.1672-6995.2006.07.003.

於琍,曹明奎,李克让,2005. 全球气候变化背景下生态系统的脆弱性评价[J]. 地理科学进展,24(1):61-69.

袁俊鹏,江静,2009. 西北太平洋热带气旋路径及其与海温的关系[J]. 热带气象学报,25(B12):69-78.

张成豪,2011. 中美战略与经济对话机制及其对中美关系的影响[J]. 华中人文论丛,(2):117-120.

张海滨,2010. 气候变化与中国国家安全[M]. 北京:时事出版社.

张继权,冈田宪夫,多多纳裕一,2006. 综合自然灾害风险管理——全面整合的模式与中国的战略选择[J]. 自然灾害学报,15(10):29-37.

张继权,李宁,2007. 主要气象灾害风险评价与管理的数量化方法及其应用[M]. 北京:北京师范大学出版社,1-537.

张继权,梁警丹,周道玮,2017. 基于GIS技术的吉林省生态灾害风险评价[J]. 应用生态学报,(8):1765-1770.

张继权,魏民,1994. 加权综合评分法在区域玉米生产水平综合评价与等级划分中的应用[J]. 经济地理,14(5):21.

张建平,赵艳霞,王春乙,等,2005. 气候变化对我国南方双季稻发育和产量的影响[J]. 气候变化研究进展,1(4):151-155.

张铭,李昀英,韩伟,2000. 考虑气象条件的兰彻斯特战斗模型[J]. 气象科学,20(4):70-78.

张涛,张旭东,2020. 基于MODIS和VIIRS遥感图像的苏禄-苏拉威西海内孤立波特征研究[J]. 海洋与湖,51(5):991-1000.

张晓慧,冯英浚,2005. 一种非线性模糊综合评价模型[J]. 系统工程理论与实践,25(10):54-59.

张晓慧,冯英浚,白莽,2003. 一种反映突出影响因素的评价模型[J]. 哈尔滨工业大学学报,35(10):1168-1170.

张月鸿,吴绍洪,戴尔阜,等,2008. 气候变化的新型分类[J]. 地理研究,27(4):763-774.

章国材,2009. 气象灾害风险评估与区划方法[M]. 北京:气象出版社,12-13.

钟万强,2004. 雷电灾害风险评估的参数研究与模型设计[D]. 南京:南京气象学院.

周成虎,万庆,黄诗峰,等,2000. 基于GIS的洪水灾害风险区划研究[J]. 地理学报,55(1):15-24.

朱金龙,1997. 海洋环境条件对石油开发的影响[J]. 中国海洋平台,12(1):35-40.

左其亭,吴泽宁,赵伟,2003. 水资源系统中的不确定性及风险分析方法[J]. 干旱区地理,26(2):116-121.

左书华,李蓓,张征,等,2008. 海上搜救仿真动态可视化平台的开发与研究[J]. 中国海事,(10):18-21.

ALEXANDER DAVID,2000. Confronting Catastrophe:New Perspectives on Natural Disasters[M]. Amsterdam: Terra Publishing.

AMICK C J,1994. On the Theory of Internal Waves of Permanent Form in Fluids of Great Depth [J]. Transactions of the American Mathematical Society,346(2): 399-419.

ANDREWS K R,1971. The concept of corporate Strategy[M]. New York:Dow Jones-Irwin.

ARCEO H O,QUIBILAN M C,ALINO P M,et al. ,2001. Coral bleaching in Philippine Reefs:coincident evidences with mesoscale thermal anomalies[J]. Bulletin of Marine Science,69(2):579-593.

AVEN T,2007. A unified framework for risk and vulnerability analysis and management covering both safety and security[J]. Reliability Engineering and System Safety,92:745-754.

AVEN T,2010. On how to define,understand and describe risk[J]. Reliability Engineering and system safety,95: 623-631.

AVEN T,2011. On some recent definitions and analysis frameworks for risk,vulnerability,and resilience[J]. Risk Analysis,31(4):515-522.

AVEN T,RENN O,2009. On risk defined as an event where the outcome is uncertain[J]. Journal of Risk Research,12:1-11.

BENJAMIN T B,1966. Internal Waves of Finite Amplitude and Permanent Form [J]. Journal of Fluid Mechanics, 25(2): 241-270.

CABINET OFFICE,2002. Risk: improving government's capability to handle risk and uncertainty[R]. Stategy unit report. UK.

CHAMBERS R,1989. Vulnerability. Editorial introduction[J]. IDS Bulletin,20(2),Sussex,1-7.

CHEN C,2007. An experimental study of stratified mixing caused by internal solitary waves in a two-layered fluid system over variable seabed topography [J]. Ocean Engineering,34(14): 1995-2008.

DAVIDSON V J,RYKS J,FAZIL A,2006. Fuzzy risk assessment tool for microbial hazards in food systems[J]. Fuzzy Sets and Systems,157:1201-1210.

DEYLE R E,FRENCH S P,OLSHANSKY R B, et al. ,1998. Hazard assessment: the factual basis for planning and mitigation[A]//R J Bushy(ed.). Cooperating wish Nature: Con-fronting Natural Hazards wish Land-Use Planning for Sustainable Communities[C]. Washington: Joseph Henry Press,119-166.

DILLEY M, CHEN R S, DEICHMANN U,et al. ,2005. Natural Disaster Hotspots: A Global Risk Analysis[J]. Environmental Science, Geography,178326407.

ERMAKOV S A,DA SILVA C B,ROBINSON I S,1998. Role of surface films in ERS SAR signatures of internal waves on the shelf:2. Internal tidal waves[J]. Journal of Geophysical Research,103(C4):8033-8043.

ERMAKOV S A,DA SUVA J C B,ROBINSON I S,1998. Role of surface films in ERS SAR signatures of internal waves on the shelf 2. Internal tidal waves [J]. Journal of Geophysical Research Oceans, 103 (3334): 8033-8043.

FAN S,YANG Z,BLANCO-DAVIS E,et al. ,2020. Analysis of maritime transport accidents using Bayesian networks[J]. Proceedings of the Institution of Mechanical Engineers,Part O:Journal of Risk and Reliability,234(3):439-454.

FLIEGEL M,HUNKINS K,1975. Internal Wave Dispersion Calculated Using the Thomson-Haskell Method [J]. Journal of Physical Oceanography,5(3): 541-548.

GONG Y,SONG H,ZHAO Z,et al. ,2021. On the vertical structure of internal solitary waves in the northeastern South China Sea [J]. Deep Sea Research Part Ⅰ: Oceanographic Research Papers,173(0): 103550.

GONG Y,XIE J,XU J,et al. ,2022. Oceanic internal solitary waves at the Indonesian submarine wreckage site [J]. Acta Oceanologica Sinica,41(3): 109-113.

GUSTAVSON K R,LONERGAN S C,RUITE2 BEEK H L,1999. Selection and modeling of sustainable development indicators: A case study of the Fraser River Basin,British Columbia [J]. Eco logical Economics,(28): 117-132.

HAHN H,2003. Indicators and other disaster risk management instruments for Communities and Local Governments[J]. The German Technical Cooperation Agency,GTZ.

HAIMES Y Y,2009. On the complex definition of risk: a systems-based approach[J]. Risk Analysis,29(12): 1647-1654.

HEGERL G C, ZWIERS F W, et al. , 2007. Understanding and Attributing Climate Change. In: Climate Change 2007: The Physical Science Basis. Contribution of Working Group I to the Fourth Assessment Report of the Intergovernmental Panel on Climate Change. Cambridge University Press,Cambridge,United Kingdom and New York,NY,USA.

HUANG N E,SHEN Z,LONG S R,et al. ,1998. The empirical mode decomposition and the Hilbert spectrum for nonlinear and non-stationary time series analysis [J]. Proceedings Mathematical Physical & Engineering Sciences,454(1971): 903-995.

HUANG N E,SHEN Z,LONG S R,et al. ,1999. New view of nonlinear water waves: The Hilbert spectrum [J]. Annual Review of Fluid Mechanics,31(1): 417-457.

HURST N W,1998. Risk Assessment: the Human Dimension[M]. Cambridge: The Royal Society of Chemistry,1-101.

IPCC,2007a. Climate Change 2007: The Physical Science Basis. Contribution of Working Group Ⅰ to the Fourth Assessment Report of IPCC [R]. Cambridge: Cambridge University Press.

IPCC,2007b. Climate Change 2007:Impacts,Adaptation and Vulnerability. Contribution of Working Group Ⅱ to the Fourth Assessment Report of IPCC[R]. Cambridge:Cambridge University Press.

ISO,2002. Risk management vocabulary[R]. ISO/IEC Guide 73.

JACKSON C,2007. Internal wave detection using the Moderate Resolution Imaging Spectroradiometer (MODIS) [J]. Journal of Geophysical Research Oceans,112(11): C11012.

JIA T,LIANG J,LI X,et al. ,2019. Retrieval of Internal Solitary Wave Amplitude in Shallow Water by Tandem Spaceborne SAR [J]. Remote Sensing,11(14): 1706.

JON C H,1994. Treatment of uncertainty in performance assessment for complex system [J]. Risk Analysis,14 (4):483-511.

JOSEPH R I,1977. Solitary Waves in a Finite Depth Fluid [J]. Journal of Physics A-mathematical and General, 10(12): 225-227.

KAPLAN S,GARRICK B J,1981. On the quantitative definition of risk[J]. Risk Analysis,1(1):11-27.

KARANG I W G A,CHONNANIYAH,OSAWA T,2020. Internal solitary wave observations in the Flores Sea using the Himawari-8 geostationary satellite [J]. International Journal of Remote Sensing,41(15): 5726-5742.

KARIMI I,HULLERMEIER E,2007. Risk assessment system of natural hazards: A new approach based on fuzzy probability[J]. Fuzzy Sets and Systems,158:987-989.

LIRER L,PETROSINO P,ALBERICO I,2001. Hazard assessment at volcanic fields: the Campi Flegrei case history[J]. Journal of Volcanology and Geothermal Research,112:53-73.

LOWRANCE W,KLERER JULIUS,1976. Of acceptable risk:science and the determination of safety[J]. Journal of the Electrochemical Society,123373C.

MASKREY A,1989. Disaster Mitigation: A Community Based Approach[M]. Oxford: Oxfam,1-100.

MCCABE G J, CLARK M P, SERREZE M C, 2001. Trends in Northern Hemisphere surface cyclone frequency and intensity[J]. J. Clim. ,14,2763-2768.

NATH B,HENS L,COMPTON P,et al. ,1996. Environmental Mannagement[M]. Beijing: Chinese Environmental Science Publishing House.

ROSA E A,1998. Metatheoretical foundations for post-normal risk[J]. Journal of Risk Research,1:15-44.

SMALL JUSTIN,ZACK HALLOCK,GARY PAVEY,et al. ,1999. Observations of large amplitude internal waves at the Malin Shelf edge during SESAME 1995[J]. Continental Shelf Research,(19):1389-1439.

SMITH K,1996. Environmental Hazards: Assessing Risk and Reducing Disaster[M]. London: Routledge,1-389.

SURESH K R,MUJUMDAR P P,2004. A fuzzy risk approach for performance evaluation of an irrigation reservoir system [J]. Agriculture Water Management,69:159-177.

TAYLOR J G,1979. Recent deveiopments in Lanchester Theory of combat[M]. Amsterdam:North-Holland Publishing Company.

TERJE AVEN,2010. On how to define,understand and describe risk[J]. Reliability Engineering and system safety,95:623-631.

TOBIN C, MONTZ B E, 1997. Natural Hazards: Explanation and Integration[M]. New York: The Guilford Press,1-388.

UNISDR,2002. Living with Risk: A global review of disaster reduction initiatives-Report for the International Strategy for Disaster Reduction Secretariat.

UNISDR,2004. Living with Risk: A Global Review of Disaster Reduction Initiatives[R]. www. unisdr. org.

UNDP,2004. Human development report 2004: cultural liberty in today's diverse world[R]. New York: United Nations Development Programme.

UNITED NATIONS Department of Humanitarian Affairs, 1991. Mitigating Natural Disasters: Phenomena Effects and Options WA Manual for Policy Makers and Plannersp[R]. New York: United Nations, 1-164.

UNITED NATIONS Department of Humanitarian Affairs, 1992. Internationally Agreed Glossary of Basic Terms Ralated to Disaster Management[R]. DNA/93/36, Geneva.

WANG T, HUANG X, ZHAO W, et al. , 2022. Internal Solitary Wave Activities near the Indonesian Submarine Wreck Site Inferred from Satellite Images [J]. Journal of Marine Science and Engineering, 10(2): 197.

WEI Y, GUO L, 2017. Simulation of scattering on a time-varying sea surface beneath which an internal solitary wave travels [J]. International Journal of Remote Sensing, 38(18): 5251-5270.

WHITE P, PELLING M, SEN K, et al. , 2005. Disaster Risk Reduction: A Development Concern[R]. DFID.

XU X, WANG J, MENG X, et al. , 2014. Internal wave parameter inversion based on Empirical Mode Decomposition [J]. The Journal of China Universities of Posts and Telecommunications, 21(6): 87-93.

YU Q, TEIXEIRA Â P, LIU K, et al. , 2021. An integrated dynamic ship risk model based on Bayesian Networks and Evidential Reasoning[J]. Reliability Engineering & System Safety, 216: 107993.

ZHANG S, 2002. Discussion of goodness-of-fit index for curve regression[J]. Chinese Journal of Health Statistics, 19: 9-11.

ZHAO Z, KLEMAS V, ZHENG Q, et al. , 2004. Estimating parameters of a two-layer stratified ocean from polarity conversion of internal solitary waves observed in satellite SAR images [J]. Remote Sensing of Environment, 92(2): 276-287.